单片微型机（第五版）
原理、应用与实验

张友德　赵志英　涂时亮·编著

复旦大学出版社

内容提要

本书在1992年版、1996年版、2000年版、2003年版的基础上，根据单片机基础教学的要求重新修订，具体内容和习题都作了较大的增删。

全书共分10章，以AT89C52为典型产品系统地介绍了单片机的系统结构、指令系统、汇编语言和C51程序设计方法、单片机典型的功能模块原理与应用技术、单片机的扩展、设备接口和编程技术以及应用系统的设计和调试方法。最后介绍了单片机的实验设备，编排了适合于各层次对象的16个实验。

本书在内容上将工作原理、应用技术和实例紧密结合，兼顾了教学的循序性、内容的系统性和先进性。本书可作为各类高等学校（包括本科、大中专、高职班）电子类专业的单片机基础教材，也可以作为从事电子产品设计的相关科技人员的参考书。

前 言

单片机是指在一个芯片上集成了中央处理器、存贮器和各种 I/O 接口的微型计算机 (MCU),它主要面向控制性应用领域,因此又称为嵌入式微控制器(Embedded Microcontroller)。单片机诞生 30 多年以来,其品种、功能和应用技术都得到飞速的发展,单片机的应用已深入国民经济和日常生活的各个领域。

在培养电子应用产品设计工程师的各个大专院校电子类专业,已将"单片机"作为一门必修课程。《单片机原理、应用与实验》一书作为教材已沿用了 10 多年,虽经几次修订,由于作者时间关系,未作大的变动,其内容跟不上单片机发展。应读者要求,这次再版作者花很多时间,根据单片机教学和产品开发经验,兼顾教学上的循序性、内容的系统性和先进性,对本书进行了全面的改写。

自从 Intel 公司推出 MCS-51 单片机以来,世界上许多著名的半导体厂商都开发了这个系列的新产品,形成了一个品种众多、功能齐全的 51 单片机系列产品,国内外的 51 开发工具得到相当的普及和提高,使 51 单片机成为教学和应用的典型产品。

本书选用 ATMEL 公司中档产品 89C52 作为典型产品来阐明单片机的一般原理和应用技术,但不局限于该产品,内容上反映了单片机的新部件和新技术,原理上具有普遍性。书中不带 * 部分自成系统为基本内容,可作为大中专教学内容。带 * 部分的章节和例题是深层的原理论述和应用技术介绍,连同基本内容可以作为本科生的教材。

全书分 10 章。第 1 章介绍单片机的基本部件、基本概念、基础知识和典型产品;第 2 章介绍单片机的系统结构;第 3 章介绍 51 指令系统和汇编语言程序设计方法;第 4 章介绍单片机的功能模块的工作原理、应用技术与应用实例;第 5 章介绍系统扩展、设备接口技术和编程方法;第 6 章介绍常用程序的算法、流程和程序设计;第 7 章概括介绍标准 C 知识,重点阐述 C51 对标准 C 扩展的内容,以典型实例介绍 C51 的程序设计方法;第 8 章介绍单片机应用系统的硬件、软件、可靠性设计方法,以及调试工具和调试方法;第 9 章介绍了典型的实验设备;第 10 章编排了适用于各层次对象的 16 个实验。

本书由张友德主编,涂时亮、赵志英参与第 3、第 5、第 6 章的编写,并审阅了全书。杨胜球、薛剑虹曾为本书出版做了大量工作,陈章龙教授、丁荣源先生、梁玲博士对本书提了很多指导性意见,在此一并表示谢意。

编 者
2006 年 5 月

目 录

第1章 单片机基础知识 1
  §1.1 概述 1
    1.1.1 计算机 1
    1.1.2 微型计算机 2
    1.1.3 单片机 2
    1.1.4 嵌入式系统 3
  §1.2 单片机中数的表示方法 3
    1.2.1 数制及其转换 3
    1.2.2 BCD 码 6
    1.2.3 ASCII 码 6
    1.2.4 单片机中数的表示方法 7
  §1.3 单片机的内部结构 11
    1.3.1 中央处理器 CPU 11
    1.3.2 单片机中的数据运算 12
    1.3.3 单片机的存贮器 16
    1.3.4 单片机的输入/输出接口(I/O) 17
  §1.4 典型单片机产品 18
    1.4.1 单片机的类型和特性 18
    1.4.2 典型的单片机产品 18
  §1.5 单片机的应用和应用系统结构 21
    1.5.1 单片机的应用 21
    1.5.2 单片机应用系统的结构 22
  习题 23

第2章 51系列单片机系统结构 24
  §2.1 总体结构 24
    2.1.1 51系列单片机一般的总体结构 24
    2.1.2 89C52的总体结构 24
  §2.2 存贮器组织 27
    2.2.1 程序存贮器 28
    2.2.2 内部 RAM 数据存贮器 29
    2.2.3 特殊功能寄存器 30
    2.2.4 位地址空间 31

2.2.5 外部 RAM 和 I/O 口 ……………………………………………… 33
§2.3 时钟、时钟电路、CPU 定时 ……………………………………… 33
§2.4 复位和复位电路 …………………………………………………… 36
　2.4.1 外部复位 …………………………………………………… 37
*2.4.2 内部复位 …………………………………………………… 38
　2.4.3 系统复位 …………………………………………………… 38
§2.5 中断系统 …………………………………………………………… 39
　2.5.1 中断概念 …………………………………………………… 39
　2.5.2 89C52 中断系统 …………………………………………… 39
　2.5.3 外部中断触发方式选择 …………………………………… 44
*2.5.4 51 系列其他单片机的中断系统 …………………………… 44
习题 ……………………………………………………………………… 45

第3章 51系列指令系统和程序设计方法 …………………………… 46

§3.1 指令格式和常用的伪指令 ………………………………………… 46
§3.2 寻址方式 …………………………………………………………… 48
§3.3 程序状态字和指令类型 …………………………………………… 50
§3.4 数据传送指令 ……………………………………………………… 51
　3.4.1 内部数据传送指令 ………………………………………… 51
　3.4.2 累加器 A 与外部数据存贮器传送指令 …………………… 55
　3.4.3 查表指令 …………………………………………………… 55
§3.5 算术运算指令 ……………………………………………………… 56
　3.5.1 加法指令 …………………………………………………… 56
　3.5.2 减法指令 …………………………………………………… 59
　3.5.3 乘法指令 …………………………………………………… 60
　3.5.4 除法指令 …………………………………………………… 61
§3.6 逻辑运算指令 ……………………………………………………… 61
　3.6.1 累加器 A 的逻辑操作指令 ………………………………… 61
　3.6.2 两个操作数的逻辑操作指令 ……………………………… 63
§3.7 位操作指令 ………………………………………………………… 65
　3.7.1 位变量传送指令 …………………………………………… 65
　3.7.2 位变量修改指令 …………………………………………… 66
　3.7.3 位变量逻辑操作指令 ……………………………………… 66
§3.8 控制转移指令 ……………………………………………………… 67
　3.8.1 无条件转移指令 …………………………………………… 67
　3.8.2 条件转移指令 ……………………………………………… 69
　3.8.3 调用和返回指令 …………………………………………… 71
§3.9 程序设计方法 ……………………………………………………… 74

3.9.1　程序设计的步骤 …………………………………………………… 74
　　3.9.2　程序框图和程序结构 ……………………………………………… 74
　　3.9.3　循环程序设计方法 ………………………………………………… 76
　　3.9.4　子程序设计和参数传递方法 ……………………………………… 81
习题 …………………………………………………………………………………… 86

第4章　51系列单片机的功能模块及其应用 …………………………………… 91
§4.1　并行口及其应用 ……………………………………………………………… 91
　　4.1.1　P1口 ………………………………………………………………… 92
　　4.1.2　P3口 ………………………………………………………………… 93
　　4.1.3　P2口 ………………………………………………………………… 94
　　4.1.4　P0口 ………………………………………………………………… 95
　　4.1.5　并行口的应用——蜂鸣器、可控硅的接口和编程 ……………… 96
　　4.1.6　并行口的应用——拨码盘的接口和编程 ………………………… 98
　　4.1.7　并行口的应用——4×4键盘的接口和编程 …………………… 100
　　*4.1.8　并行口的应用——串行接口器件的接口和编程 ……………… 102
§4.2　定时器及其应用 …………………………………………………………… 104
　　4.2.1　定时器的一般结构和工作原理 …………………………………… 104
　　4.2.2　定时器T0、T1的功能和使用方法 ……………………………… 106
　　*4.2.3　定时器T0的应用——定时中断控制可控硅导通角 …………… 113
　　4.2.4　定时器T2的功能和使用方法 …………………………………… 115
　　*4.2.5　T2的应用——定时读键盘 ……………………………………… 118
　　*4.2.6　T2捕捉方式应用——测量脉冲周期 …………………………… 121
　　*4.2.7　可编程的计数器阵列(PCA)的功能和使用方法 ……………… 123
　　*4.2.8　PCA的应用——软件控制的双积分A/D ……………………… 131
§4.3　串行接口UART …………………………………………………………… 131
　　4.3.1　串行接口的组成和特性 …………………………………………… 132
　　4.3.2　串行接口的工作方式 ……………………………………………… 133
　　4.3.3　波特率 ……………………………………………………………… 137
　　4.3.4　多机通信原理 ……………………………………………………… 139
　　4.3.5　串行口的应用和编程 ……………………………………………… 140
　　4.3.6　RS-232C总线和电平转换器 ……………………………………… 144
　　*4.3.7　RS-422/485通信总线和发送/接收器 …………………………… 146
*§4.4　8XC552的A/D转换器 …………………………………………………… 147
　　4.4.1　A/D转换器功能和使用方法 ……………………………………… 147
　　4.4.2　A/D的应用 ………………………………………………………… 151
§4.5　节电方式 …………………………………………………………………… 151
　　4.5.1　节电方式操作方法 ………………………………………………… 151

4.5.2　节电方式的应用 …………………………………………………… 153
§4.6　89C52 FLASH 程序存贮器 ………………………………………………… 155
　　　4.6.1　89C52 FLASH 程序存贮器的编程操作 ……………………………… 155
*§4.7　其他功能模块简介 ……………………………………………………… 159
　　　4.7.1　液晶显示器(LCD)驱动器 ……………………………………………… 159
　　　4.7.2　串行外围接口 SPI …………………………………………………… 160
　　　4.7.3　I^2C 串行总线口 ………………………………………………………… 161
　　　4.7.4　控制器局域网(CAN)接口 …………………………………………… 162
　　　4.7.5　其他 …………………………………………………………………… 162
　习题 ………………………………………………………………………………… 162

第5章　单片机接口技术 …………………………………………………………… 165
§5.1　51系列单片机并行扩展原理 ………………………………………………… 165
　　　5.1.1　大系统的扩展总线和扩展原理 ……………………………………… 165
　　　5.1.2　紧凑系统的扩展总线和扩展原理 …………………………………… 168
　　　5.1.3　海量存贮器系统地址译码方法 ……………………………………… 170
§5.2　程序存贮器扩展 ……………………………………………………………… 170
　　　5.2.1　常用 EPROM 存贮器 ………………………………………………… 170
　　　5.2.2　程序存贮器扩展方法 ………………………………………………… 172
§5.3　数据存贮器扩展 ……………………………………………………………… 172
　　　5.3.1　常用 RAM 芯片 ……………………………………………………… 172
　　　5.3.2　RAM 存贮器扩展方法 ……………………………………………… 173
§5.4　RAM/IO 扩展器 8155 的接口技术和应用 …………………………………… 174
　　　5.4.1　RAM/IO 扩展器 8155 的接口技术 …………………………………… 174
　　　5.4.2　8155 的应用——七段发光显示器的接口和编程 …………………… 179
　　　5.4.3　8155 的应用——键盘接口和编程 …………………………………… 184
§5.5　并行接口 8255A 的接口技术和应用 ………………………………………… 190
　　　5.5.1　8255A 的接口和编程 ………………………………………………… 190
*　　5.5.2　8255A 的应用——液晶显示模块 LCM 的接口和编程 …………… 199
§5.6　74 系列器件的接口技术和应用 ……………………………………………… 207
　　　5.6.1　用 74HC245 扩展并行输入口 ………………………………………… 207
　　　5.6.2　用 74HC377 扩展并行输出口 ………………………………………… 207
*　　5.6.3　74HC377 的应用——点阵式发光显示屏的接口和编程 ………… 208
§5.7　A/D 器件接口技术 …………………………………………………………… 210
　　　5.7.1　8 路 8 位 A/D ADC0809 的接口和编程 …………………………… 210
　　　5.7.2　12 位 A/D AD574 的接口和编程 …………………………………… 211
*§5.8　模拟串行扩展技术 …………………………………………………………… 214
　　　5.8.1　I^2C 时序模拟 …………………………………………………………… 214

5.8.2　SPI时序模拟 ································ 216
习题 ··· 218

第6章　汇编语言常用程序设计 ············ 219
§6.1　定点数运算程序 ························· 219
§6.2　查表程序 ································· 228
§6.3　数制转换程序 ···························· 234
§6.4　输入/输出处理程序 ····················· 236
习题 ··· 248

第7章　C51程序设计 ······················· 250
§7.1　C51程序的结构和特点 ················· 250
　　7.1.1　C51程序的结构 ···················· 250
　　7.1.2　C51的字符集、标识符与关键字 ··· 251
§7.2　C51数据类型 ··························· 252
　　7.2.1　C51数据类型 ······················· 252
　　7.2.2　常量 ································ 252
　　7.2.3　变量 ································ 254
　　7.2.4　存贮器类型和存贮模式 ············ 254
　　7.2.5　C51扩展的数据类型 ··············· 255
　　7.2.6　绝对地址访问 ······················ 256
§7.3　运算符和表达式 ························· 257
　　7.3.1　算术运算符和算术表达式 ········· 257
　　7.3.2　位运算符和位运算 ················· 258
　　7.3.3　赋值运算符和赋值表达式 ········· 259
　　7.3.4　逗号运算符和逗号表达式 ········· 260
§7.4　C51语句和结构化程序设计 ············ 260
　　7.4.1　C51语句和程序结构 ··············· 260
　　7.4.2　表达式语句、复合语句和顺序结构程序 ··· 260
　　7.4.3　选择语句和选择结构程序 ········· 261
　　7.4.4　循环语句和循环结构程序 ········· 263
§7.5　C51的数组、结构、联合 ················ 265
　　7.5.1　数组 ································ 265
　　7.5.2　结构 ································ 267
　　7.5.3　联合 ································ 268
§7.6　指针 ······································ 268
　　7.6.1　定义指针变量 ······················ 268
　　7.6.2　指针变量的引用 ··················· 269

§7.7 函数和中断函数 ………………………………………………………………… 270
   7.7.1 函数的定义 ……………………………………………………………… 270
   7.7.2 函数的调用 ……………………………………………………………… 271
   7.7.3 C51 函数的参数传递 …………………………………………………… 271
   7.7.4 中断函数 ………………………………………………………………… 272
   7.7.5 局部变量和全局变量 …………………………………………………… 273
   7.7.6 变量的存贮种类 ………………………………………………………… 273
§7.8 预处理命令、库函数 ……………………………………………………………… 274
   7.8.1 预处理命令 ……………………………………………………………… 274
   7.8.2 C51 的通用文件 ………………………………………………………… 275
   7.8.3 C51 的库函数 …………………………………………………………… 276
§7.9 C51 程序设计 …………………………………………………………………… 278
   7.9.1 注意事项 ………………………………………………………………… 278
   7.9.2 C51 程序设计实例之一——定时扫描显示器、读键盘程序 ………… 279
   7.9.3 C51 程序设计实例之二——EXR_B_A 实验板综合控制程序 …… 287
习题 ………………………………………………………………………………………… 291

第 8 章 单片机应用系统研制 ……………………………………………………… 293
§8.1 系统设计 ………………………………………………………………………… 294
   8.1.1 总体设计 ………………………………………………………………… 294
   8.1.2 硬件设计 ………………………………………………………………… 294
   8.1.3 软件设计 ………………………………………………………………… 296
§8.2 开发工具及系统调试 …………………………………………………………… 299
习题(讨论题) …………………………………………………………………………… 301

第 9 章 单片机实验设备 …………………………………………………………… 302
§9.1 单片机的实验和设备 …………………………………………………………… 302
§9.2 EXR51-Ⅱ单片机实验仪 ………………………………………………………… 302
   9.2.1 EICE51 的结构和功能 ………………………………………………… 302
   9.2.2 操作命令使用方法 ……………………………………………………… 303
§9.3 实验板 …………………………………………………………………………… 310
   9.3.1 硬件基础实验板 EBA(EXR_BOARD_A) ………………………… 310
   9.3.2 通用硬件实验板 EBB(EXR_BOARD_B) ………………………… 310

第 10 章 单片机实验 ………………………………………………………………… 314
§10.1 软件实验 ………………………………………………………………………… 314
   10.1.1 实验一 定时器定时实验 …………………………………………… 314
   *10.1.2 实验二 电子钟实验(定时器、串行口、中断综合实验) ………… 315

10.1.3　实验三　程控扫描和定时扫描显示器实验………………………………… 317
   10.1.4　实验四　键盘实验…………………………………………………………… 319
   10.1.5　实验五　串行口通信实验…………………………………………………… 321
§ 10.2　硬件基础实验……………………………………………………………………… 322
   10.2.1　实验一　外部中断和 P1 口应用——开关指示灯实验……………………… 322
   10.2.2　实验二　T0 外部事件计数和定时方式实验………………………………… 323
   10.2.3　实验三　定时器 T0 方式 1 中断应用——定时发光发声实验……………… 325
   10.2.4　实验四　0809 A/D 实验……………………………………………………… 326
   10.2.5　实验五　T0 方式 2 应用——软件产生 PWM 信号控制电机
                  转速实验…………………………………………………………… 327
 * 10.2.6　实验六　EBA 板系统综合实验……………………………………………… 330
* § 10.3　应用实验…………………………………………………………………………… 331
   10.3.1　实验一　串行扩展时序模拟——时钟和静态显示器实验………………… 331
   10.3.2　实验二　定时扫描键盘输入实验…………………………………………… 332
   10.3.3　实验三　转速测量和 A/D 控制电机转速实验……………………………… 334
   10.3.4　实验四　显示时间的复杂路口交通灯控制实验…………………………… 338
   10.3.5　实验五　EBB 板系统综合实验 …………………………………………… 340
   10.3.6　实验六　参考实验…………………………………………………………… 342

附录……………………………………………………………………………………………… 343
   附录 1　C 语言运算符优先级和结合性 ………………………………………………… 343
   附录 2　EICE51 实验示范程序存贮地址 ……………………………………………… 334

参考文献………………………………………………………………………………………… 345

第 1 章 单片机基础知识

§1.1 概 述

1.1.1 计算机

电子计算机是一种高速而精确地进行各种数据处理的机器,俗称电脑,这是人类生产和科学技术发展的产物,它的出现又有力地推动了生产力的发展。

世界上第一台电子计算机是在 1946 年由美国宾夕法尼亚大学的 J. W. Mauchly 和 J. P. Eckert 研制成的 ENIAC 计算机,这台计算机用了 18 800 只电子管、1 500 个继电器,重 30 吨,占地 150 平方米,加法每秒 5 000 次,乘法每秒 56 次。现在看来性能并不好,但正是它开创了一个全新的计算机时代。目前计算机已应用到各个领域,当代社会、家庭已离不开计算机。

自从计算机诞生以来,经历了电子管、晶体管、集成电路、大规模集成电路、超大规模集成电路的发展历程,但计算机组成的基本部件没有太大变化。一个计算机系统由硬件和软件组成。硬件包括运算器、控制器、存贮器和输入/输出设备。图 1-1 为电子计算机硬件结构示意图。

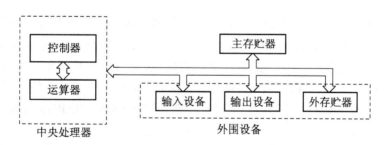

图 1-1 电子计算机硬件结构示意图

图 1-1 中运算器是数据处理部件,控制器是协调整个计算机操作的部件,运算器和控制器是计算机硬件的核心,称为中央处理器 CPU(central processing unit)。存贮器是存放原始数据和计算结果的部件,输入输出设备是将原始数据和程序输入到计算机和给出数据处理结果的部件。

计算机系统中的各类程序及文件统称为软件。它包括使系统自动工作或提高计算机工作效率的系统软件和实现某一应用目标的应用软件。软件是计算机系统工作的"灵魂"。

计算机的工作也可以认为是信息加工过程。计算机中的信息是指数据或指令,它们是以一定的编码形式表示的,其意义各不相同,大致可分为:

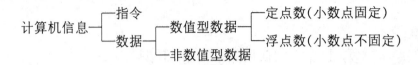

1.1.2 微型计算机

随着半导体技术的发展,20世纪70年代出现了由一个大规模集成电路组成的中央处理器,称为微处理器(μP),同时出现了多种类型的大容量半导体存贮器,各种IO接口电路,输入输出设备的种类、功能、体积也发生了根本性变化,由微处理器、半导体存贮器和新型的IO接口和设备组成的各种微型计算机相继出现。图1-2给出了微型计算机的一般结构。

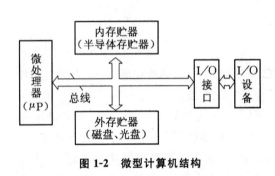

图1-2 微型计算机结构

微型计算机中的微处理器通过总线和外部的存贮器、IO接口相连,可以由多块印板组成(主机板和显示卡、声卡等各种IO接口板),也可以由一块印板组成(所有集成块安装在一块印板上),外形有柜式机、台式机和笔记本电脑。微型计算机的出现极大地推动了计算机的普及。

1.1.3 单片机

在微处理器问世后不久,便出现了以一个大规模集成电路为主组成的微型计算机——单片微型计算机(Micro Computer Unit,简称MCU或单片机)。由于单片机面向控制性应用领域,嵌入到各种产品之中,以提高产品的智能化,所以单片机又称为嵌入式微控制器(Embedded Microcontroller)。在单片机内部含有计算机的基本功能部件:CPU、存贮器、各种接口电路。给单片机配上适当的外围设备和软件,便构成单片机的应用系统。单片机的发展经历3个阶段:

一、20世纪70年代为单片机的初级阶段

这个阶段以Intel公司的MCS-48系列单片机为典型代表。因受工艺和集成度限制,单片机中的CPU功能低、存贮器容量小、IO接口的种类和数量少,只能用在简单场合。

二、20世纪80年代为单片机的成熟阶段

这个阶段以Intel的MCS-51、MCS-96系列单片机为典型代表。出现了性能较高的8位和16位单片机。提高了CPU的功能、扩大了存贮器的容量、增加了IO接口种类和数量,单片机内包含了异步串行口、A/D、多功能定时器等特殊IO电路。单片机应用也得到了推广。

三、20世纪90年代至今为单片机高速发展阶段

世界上著名半导体厂商不断推出各种新型的8位、16位和32位单片机,单片机的性能不断完善,品种大量增加,在功能、功耗、体积、价格等方面能满足各种复杂的或简单的应用场合需求,单片机应用深入到各行业和消费类的电子产品中。

1.1.4 嵌入式系统

嵌入式系统(embedded system)是一种新型的以产品为对象的结构特殊的计算机系统,是将计算机嵌入到应用产品之中的系统。它将计算机的硬件技术、软件技术、通信技术、微电子技术等先进技术和具体应用对象相结合,达到提升产品功能的目的。

嵌入式系统硬件由嵌入式处理器和适应应用对象的I/O接口和设备组成。对于高档的嵌入式系统(如手机、机顶盒等)要求处理速度快、存贮器容量大、I/O功能强,一般选用32位RISC处理器或单片机。对于大量低端嵌入式系统主要选用8位单片机。因此8位单片机应用系统为低档的嵌入式系统。

§1.2 单片机中数的表示方法

1.2.1 数制及其转换

一、进位计数制

进位计数制可概括如下:
- 有一个固定的基数 r,数的每一位只能取 r 个不同的数字,即符号集是 $\{0, 1, 2, \cdots, r-1\}$;
- 逢 r 进位,它的第 i 个数位对应于一个固定的值 r^i,r^i 称为该位的"权"。小数点左面各位的权是基数 r 的正次幂,依次为 $0, 1, 2, \cdots, m$ 次幂,小数点右面各位的权是基数 r 的负次幂,依次为 $-1, -2, \cdots, -n$ 次幂。

以下我们用 $(\quad)_r$ 表示括号内的数是 r 进制数。将 r 进制数 $(a_m a_{m-1} \cdots a_1 a_0 \cdot a_{-1} a_{-2} \cdots a_{-n})$ 按权展开,表达式为:

$$a_m \times r^m + a_{m-1} \times r^{m-1} + \cdots + a_1 \times r^1 + a_0 \times r^0 + a_{-1} \times r^{-1} + a_{-2} \times r^{-2} + \cdots + a_{-n} r^{-n}$$

1. 十进制数

十进制数的基数 $r=10$,符号集为 $\{0, 1, 2, 3, 4, 5, 6, 7, 8, 9\}$,其权为: $\cdots, 10^2, 10^1, 10^0, 10^{-1}, 10^{-2}, \cdots$。

例 1.1 $(987.32)_{10} = 9 \times 10^2 + 8 \times 10^1 + 7 \times 10^0 + 3 \times 10^{-1} + 2 \times 10^{-2}$

2. 八进制数

八进制数的基数 $r = 8$,符号集为 $\{0, 1, 2, 3, 4, 5, 6, 7\}$,其权为: $\cdots, 8^2, 8^1, 8^0,$

8^{-1}, 8^{-2}, …。

例 1.2 $(7061.304)_8 = 7×8^3 + 0×8^2 + 6×8^1 + 1×8^0 + 3×8^{-1} + 0×8^{-2} + 4×8^{-3}$

3. 十六进制数

十六进制数的基数 r = 16, 符号集为 {0, 1, 2, 3, 4, 5, 6, 7, 8, 9, A, B, C, D, E, F}, 其权为 …, 16^2, 16^1, 16^0, 16^{-1}, 16^{-2}, …。

例 1.3 $(-A0.8F)_{16} = -(10×16^1 + 0×16^0 + 8×16^{-1} + 15×16^{-2})$

4. 二进制数

二进制数的基数 r = 2, 符号集为 {0, 1}, 权为 …, 2^2, 2^1, 2^0, 2^{-1}, 2^{-2}, …。

例 1.4 $(1011.101)_2 = 1×2^3 + 0×2^2 + 1×2^1 + 1×2^0 + 1×2^{-1} + 0×2^{-2} + 1×2^{-3}$

十进制、二进制、八进制和十六进制数码对照见表 1-1, 二进制与十进制小数对照见表 1-2。

表 1-1 十进制、二进制、八进制、十六进制数码对照表

十进制	二进制	八进制	十六进制	十进制	二进制	八进制	十六进制
0	0000	00	0	8	1000	10	8
1	0001	01	1	9	1001	11	9
2	0010	02	2	10	1010	12	A
3	0011	03	3	11	1011	13	B
4	0100	04	4	12	1100	14	C
5	0101	05	5	13	1101	15	D
6	0110	06	6	14	1110	16	E
7	0111	07	7	15	1111	17	F

表 1-2 二进制与十进制小数对照表

二进制小数	十进制小数	二进制小数	十进制小数
0.1	0.5	0.00001	0.03125
0.01	0.25	0.000001	0.015625
0.001	0.125	⋮	⋮
0.0001	0.0625		

二、进位计数制之间的转换

不同基的进位计数制之间数的转换, 一般有下面几种方法。

1. 直接相乘法

将表示成 r 进制数的 M 转换为 t 进制数。即基数 r 用基数 t 来表示, M 的各位数字用 t 进制的数系来表示, 然后作乘法和加法, 结果便是 t 进制数。

例 1.5 把十进制数 725 转换为二进制数。

$$(725)_{10} = 7 \times 10^2 + 2 \times 10^1 + 5 \times 10^0$$
$$= 111 \times 1010^2 + 10 \times 1010^1 + 101 \times 1010^0$$
$$= (1011010101)_2$$

2. 余数法（适合于整数部分转换）

将表示成 r 进制的整数 M 转换为 t 进制数的整数，除以 t 取余法。

例 1.6 把十进制数 62 转换为二进制数。

```
2 | 62 ……余数 = 0        ↑ 低位
2 | 31 ……余数 = 1        │
2 | 15 ……余数 = 1        │
2 |  7 ……余数 = 1        │
2 |  3 ……余数 = 1        │
       1 ……余数 = 1        ↓ 高位
```

结果：$(62)_{10} = (111110)_2$

3. 取整法（适用于小数部分转换）

将 r 进制数的小数转换为 t 进制的小数，乘 t 取整法。

例 1.7 把十进制小数 0.375 转换为二进制数。

$$0.375 \times 2 = 0.750 \cdots\cdots 整数 = 0 \quad 高位$$
$$0.75 \times 2 = 1.50 \cdots\cdots 整数 = 1$$
$$0.50 \times 2 = 1.00 \quad\quad 整数 = 1 \quad 低位$$
$$(0.375)_{10} = (0.011)_2$$

注意：将 r 进制小数转换为 t 进制小数时，有时会是无限循环小数，这时可根据要求进行取舍。

4. 递归法（适合于计算机转换）

把 r 进制数 M 转换为 t 进制数，其方法是拆成整数和小数两个部分，然后把用递归算法产生的已转换成 t 进制数的整数和小数部分拼起来。

例 1.8 将十进制数 4827.625 转换为二进制数。

$$(4827)_{10} = (((4 \times 10 + 8) \times 10 + 2) \times 10 + 7) \times 10^0$$
$$= ((100 \times 1010 + 1000) \times 1010 + 10 \times 1010) + 111$$
$$= (1001011011011)_2$$
$$(0.625)_{10} = (6 + (2 + 5 \times 10^{-1}) \times 10^{-1}) \times 10^{-1}$$
$$= (110 + (10 + 101 \times 1010^{-1}) \times 1010^{-1}) \times 1010^{-1}$$
$$\approx (0.101)_2$$

结果：$(4827.625)_{10} = (1001011011011)_2 + (0.101)_2$
$$= (1001011011011.101)_2$$

1.2.2 BCD 码

一、BCD 码

用二进制编码表示的十进制数有 8421BCD 码(简称 BCD 码)、2421 码、5211 码和余 3 码。其中 2421 码和 5211 码表示的十进制数不是唯一的,BCD 码和余 3 码唯一地表示一位十进制数,表 1-3 给出了这 4 种编码的关系。单片机中常用 BCD 码表示十进制数。

表 1-3 4 种编码的关系

8421BCD 码	2421 码	5211 码	余 3 码
0000	0000(或 0000)	0000(或 0000)	0011
0001	0001(或 0001)	0001(或 0010)	0100
0010	0010(或 1000)	0011(或 0100)	0101
0011	0011(或 1001)	0101(或 0110)	0110
0100	0100(或 1010)	0111(或 0111)	0111
0101	1011(或 0101)	1000(或 1000)	1000
0110	1100(或 0110)	1010(或 1001)	1001
0111	1101(或 0111)	1100(或 1011)	1010
1000	1110(或 1110)	1110(或 1101)	1011
1001	1111(或 1111)	1111(或 1111)	1100

二、BCD 码存贮方式

- 单字节 BCD 码

能存放 8 位二进制数的存贮单元(字节)只存贮 1 位 BCD 码,高 4 位为 0,低 4 位为 1 位 BCD 码,这种存贮方式称为单字节 BCD 码,常用在输入输出场合。如 4 的单字节 BCD 码形式为 00000100。

- 压缩 BCD 码

8 位存贮单元存放 2 位 BCD 码,高 4 位存放高位 BCD 码,低 4 位存放低位 BCD 码,称为压缩 BCD 码,常用在计算场合。例如 65 的存贮格式为 01100101。

1.2.3 ASCII 码

在计算机中,除了数字运算外,还需字符处理。例如在通信中需要识别很多特殊符号。我们将字母和符号统称为字符,它们按特定的规则用二进制编码才能在计算机中表示。目前在计算机系统中,普遍采用 ASCII 编码表(American Standard Code for Information Interchange,美国信息交换标准码)。

ASCII 码用 7 位二进制数表示,可表达 128 个字符,其中包括数字 0~9,英文字母 A~Z 和 a~z,标点符号和控制字符。表 1-4 为 ASCII 编码表。

表 1-4 ASCII 编码表

b3b2b1b0 \ b6b5b4	000	001	010	011	100	101	110	111
0000	NULL	DLE	SP	0	@	P	`	p
0001	SOH	DC1	!	1	A	Q	a	q
0010	STX	DC2	"	2	B	R	b	r
0011	ETX	DC3	#	3	C	S	c	s
0100	EOT	DC4	$	4	D	T	d	t
0101	ENQ	NAK	%	5	E	U	e	u
0110	ACK	SYN	&	6	F	V	f	v
0111	BEL	ETB	'	7	G	W	g	w
1000	BS	CAN	(	8	H	X	h	x
1001	HT	EM	)	9	I	Y	i	y
1010	LF	SUB	*	:	J	Z	j	z
1011	VT	ESC	+	;	K	[	k	{
1100	FF	FS	—	<	L	\	l	|
1101	CR	GS	,	=	M	]	m	}
1110	SO	RS	.	>	N	^	n	~
1111	SI	US	/	?	O	_	o	DEL

1.2.4 单片机中数的表示方法

计算机中的信息都是以二进制数字形式表示的,数据的传送、存贮、运算也是以二进制数形式进行的。

一、真值和机器数

一个数是由符号和数值两部分组成的。例如:

$$N_1 = +1001010 \ (+74)$$
$$N_2 = -1001010 \ (-74)$$

在计算机中数的符号也是用二进制码表示的,一般正数的符号用"0"表示,负数的符号用"1"表示。例如:

$$N_1 = 01001010 \ (+74)$$
$$N_2 = 11001010 \ (-74)$$

一个数在机器中的表示形式称为机器数,而把这个数本身称为真值。

二、带符号数的表示方法

上面提到的机器数表示方法,以 0 表示正,1 表示负。这种表示数的方法,称为带符号数的表示方法。在机器中的一般表示形式为:

D_{n-1}	D_{n-2}		D_0
符号位	数 值 部 分		

机器数最高位为符号位,其余的 (n−1) 位为数值部分。

三、无符号数的表示方法

无符号数没有符号位,机器的全部有效位都用来表示数的大小。无符号数在机器中的一般形式为:

D_{n-1}		D_0
数 值 部 分		

例如:

D_7							D_0
1	1	0	0	1	0	1	0

(即 202)

四、数的定点和浮点表示

十进制数 485.23 也可以表示为 0.48523×10^3,而在计算机内也有类似的两种数的表示方法,那就是定点数和浮点数。

1. 定点表示法

计算机内的定点数格式为:

符 号	. 数值部分	或	符 号	数值部分 .

小数点固定在数值部分的最高位之前或最低位之后。

2. 浮点表示方法

浮点数格式

浮点表示法即指小数点的位置是不固定的,而是浮动的。例如:$N_1 = 2^1 \times 0.1011$ 和 $N_2 = 2^3 \times 0.1011$,这两个数的有效数字相同,但小数点的位置不一样。对于任何一个二进制数 N 都可以表示为:

$$N = \pm m \times 2^{\pm e}$$

其中 m ≥ 0 称为 N 的尾数;m 前面的符号称为数符;e 称为 N 的阶码,为非负整数,其前面的符号称为阶符(阶码和阶符决定 N 的小数点位置)。

计算机内浮点数格式为：

| 阶符 | 阶码 | 数符 | 尾数 |

规格化数

由于一个数的浮点表示不是唯一的,为了使数据的有效位数最大,并使运算的精度尽可能高,计算机的浮点数采用规格化浮点数表示。规格化浮点数定义如下：

若 $N = \pm m \times 2^{\pm e}$，则

$$\frac{1}{2} \leqslant m < 1$$

五、原码、补码和反码

原码、补码和反码都是带符号数在机器中的表示方法。在介绍这 3 种编码方法之前,先介绍模的概念和性质。

我们把一个计量器的容量,称为模或模数,记为 M 或 mod M。例如：一个 n 位二进制计数器,它的容量为 2^n,所以它的模为 2^n(即可表示 2^n 个不同的数)；又如：时钟可表示 12 个钟点,它的模为 12。

模具有这样的性质,当模为 2^n 时,2^n 和 0 表示形式是相同的。例如：一个 n 位二进制计数器,可以从 0 计数到 2^n-1,如果再加 1,计数器就变成了零。所以,2^n 和 0 在 n 位计数器中的表示形式是一样的。同样,时钟的 0 点和 12 点在钟表上的表示形式是相同的。

1. 原码

前面介绍的带符号数在机器中的表示方法,实际上就是原码表示法。原码表示方法是最简单的一种表示方法,只要把真值的符号部分用 0 或 1 表示即可。例如：

$$N_1 = +1001010$$

$$N_2 = -1001010$$

其原码记为：

$$[N_1]_{原} = 01001010$$

$$[N_2]_{原} = 11001010$$

由上述原码的表示形式,可将原码定义为：

$$[X]_{原} = \begin{cases} 2^n + X & 0 \leqslant X < 2^{n-1} \\ 2^{n-1} + X & -2^{n-1} < X \leqslant 0 \end{cases}$$

其中 X 为真值的 (n-1) 位绝对值, n 为机器可表示的二进制码位数。

在原码表示中,"0"有两种表示形式(机器 0)：

$$[+0]_{原} = \underbrace{00 \cdots 0}_{n \text{个"0"}} \quad (\text{mod } 2^n)$$

$$[-0]_{原} = \underbrace{100 \cdots 0}_{n-1 \text{个"0"}} \quad (\text{mod } 2^n)$$

2. 补码

我们首先介绍同余的概念,然后从同余概念导出补码的概念,进而给出补码的定义和性质。

如果有两个整数 a 和 b,当用某一个正整数 M 去除所得余数相等时,则称 a 和 b 对模 M 是同余的。

当 a 和 b 对 M 同余时,就称 a、b 在以 M 为模时是相等的,记为:

$$a = b \quad (\mathrm{mod}\ M)$$

例如:a=16,b=4,若模为 12,则 16 和 4 在以 12 为模时是同余的:

$$16 = 4 \quad (\mathrm{mod}\ 12)$$

事实上 16 点和 4 点在以 12 为模的钟表上指示是一样的。

由同余的概念可以得出:

$$M + a = a \quad (\mathrm{mod}\ M)$$
$$2M + a = a \quad (\mathrm{mod}\ M)$$

因此,当 a 为负数时,如 a=−3,在以 10 和 12 为模时,分别有

$$10 + (-3) = -3 \quad (\mathrm{mod}\ 10)$$
$$12 + (-3) = -3 \quad (\mathrm{mod}\ 12)$$

钟表上的 9 点可以看成为到 12 点缺 3 个小时。

这样,以 10 为模时,负数(−3)可以转化为正数(+7)了。这时我们说,当以 10 为模时,"−3"的补码为"7",同理"−2"的补码为"8"。

在计算机中,可以表示的二进制码位数是一定的,如果是 n 位,那么它的模是 2^n,2^n 和 0 在机器中的表示形式是完全一样的。以 2^n 为模也称为以 2 为模。

如果 n 位二进制码的最高位表示符号位,则补码的表示形式为:

● $X = +X_{n-2}X_{n-1}\cdots X_1X_0$ 时:

$$[X]_{\mathrm{补}} = 2^n + X = 0X_{n-2}X_{n-3}\cdots X_1X_0 \quad (\mathrm{mod}\ 2^n)$$

● $X = -X_{n-2}X_{n-3}\cdots X_1X_0$ 时:

$$[X]_{\mathrm{补}} = 2^n + X = 2^{n-1} + 2^{n-1} - X_{n-2}X_{n-1}\cdots X_1X_0$$
$$= 1\ \overline{X}_{n-2}\ \overline{X}_{n-3}\cdots \overline{X}_1\ \overline{X}_0 + 1 \quad (\mathrm{mod}\ 2^n)$$

综上所述,X 的补码可定义为:

$$[X]_{\mathrm{补}} = 2^n + X$$

当 X 为正数时 [X] 补码为 X 的区别只是符号位用零代替,当 X 为负数时,从 2^n 中减去 X 的绝对值。特殊地,X 为纯小数时,即 $X = \pm 0.X_{-1}X_{-2}\cdots X_{n-1}$,补码可表示为:

$$[X]_{\mathrm{补}} = \begin{cases} X & 1 > X \geqslant 0 \\ 2 + X & 0 > X \geqslant -1 \end{cases}$$

补码具有下列性质：
$$[X+Y]_{补} = [X]_{补} + [Y]_{补}$$
$$[X-Y]_{补} = [X]_{补} + [-Y]_{补}$$

请读者根据补码的定义加以证明。

3. 反码

在补码表示法中已提到负数的补码可以通过对原码(除符号位外)的各位求反后加"1"得到,如果只求反不加1,就得到另一种机器数的表示方法——反码表示法。因此,反码定义如下：

$$[X]_{反} = \begin{cases} 2^n + X & 0 \leqslant X < 2^{n-1} \\ (2^n - 1) + X & -2^{n-1} < X \leqslant 0 \end{cases}$$

从定义可看出,X 为正数时 $[X]_{反}$ 与 X 的差别只是用零代替符号位。X 为负数时,用"1"代替负号位,其他各位求反。

§1.3 单片机的内部结构

单片机是以一个大规模集成电路为主组成的微型计算机,在一个芯片内含有计算机的基本功能部件:中央处理器 CPU、存贮器和 I/O 接口,CPU 通过内部的总线和存贮器、I/O 接口相连。典型的单片机内部结构如图 1-3 所示。

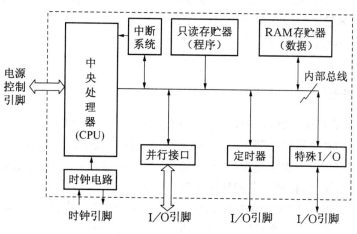

图 1-3 单片机内部结构

1.3.1 中央处理器 CPU

CPU 是单片机的核心部件,它包括运算器和控制器。CPU 控制数据的处理和整个单片机系统的操作。

一、CPU 的指令和指令系统

指令是指示计算机执行某种操作的命令,指令是以一组二进制码表示的,称为机器指令。计算机只能识别和执行机器指令。在计算机中,指令是依次地存贮于存贮器中的,这部分存贮器常称之为程序存贮器。

指令的编码规则称为指令格式,一条指令的二进制码位数称为指令的长度,不同类型的计算机,指令的长度和格式是不一样的,所能执行的指令类型和数目也不同,通常把一台计算机所能执行的全部指令的集合称为指令系统。

二、指令格式

指令的具体格式依赖于计算机的结构特征,但指令的组成是一样的,都包含操作码和操作数两个部分。指令的一般格式为:

   操作码 操作数

操作码用来表示执行什么样的操作,如加法、减法等。操作码的位数取决于一台计算机的指令系统中指令的条数。例如:对于32条指令的指令系统,操作码为5位;若指令系统中有N条指令,操作码的位数为n,则有关系式:

$$N \leqslant 2^n$$

操作数用以指出参加操作的数据或数据的存贮地址。

不同类型的指令,操作数的个数是不一样的。在具有多个操作数的指令中,把它们分别称为第一操作数、第二操作数等。例如:加法指令,把两个数 a 和 b 相加,a 和 b 就是参加操作的两个操作数。对于加法等操作,有些计算机指令还指出存放操作结果的地址,另外一些计算机把运算结果总是存放在某一个寄存器中。

不同系列的单片机具有不同功能的 CPU 和指令系统,它们的功能是单片机的主要技术指标之一。

三、字和字长

如前所述,计算机中的数据和指令都是一组二进制编码,它们是作为一个整体来进行处理和运算的,统称为"机器字",简称字。一个机器字所包含的二进制码位数称为字长,更确切地说,字长是指 CPU 一次可处理(如数据传送、数据运算等)的二进制数的位数。计算机的字长和存贮器单元、运算器中各部件的位数相一致。

机器字的位数越多,它所表示的数据有效位数也越多,精度也越高,运算的误差也越小。在运算速度一定的情况下,"字长"长的计算机,处理数据的速度也高。

字长是衡量单片机性能的一个重要指标,为了便于处理,计算机的字长为字节的整数倍,一个字节为8位二进制码。根据字长分类,单片机分为8位机、16位机、32位机等。

1.3.2 单片机中的数据运算

单片机中数据运算主要是算术运算和逻辑运算,CPU 中的运算器是执行算术逻辑运算的功能部件。

一、算术运算

算术运算包括加、减、乘、除四则运算。

1. 加法和减法运算

运算方法和数的表示形式有关,在计算机中,最常用的是补码,补码的加减法运算最简单,符号位可以和数值位一样参加运算。因为

$$[X]_{补} + [Y]_{补} = 2^n + X + 2^n + Y$$
$$= 2^n + (X + Y)$$
$$= [X + Y]_{补}$$

所以有

$$[X + Y]_{补} = [X]_{补} + [Y]_{补}$$

例 1.9 若 $[X]_{补} = 10111 \,(-9)$
$[Y]_{补} = 11110 \,(-2)$

则

$$[X]_{补} = 10111 \quad (-9)$$
$$+) \quad [Y]_{补} = 11110 \quad (-2)$$
$$\overline{[X]_{补} + [Y]_{补} = 10101 \quad (-11)}$$

所以 $\quad [X + Y]_{补} = 10101 \quad (\mathrm{mod}\ 2^5)$

若用真值表示: $\quad X + Y = (-9) + (-2) = -11$

又

$$[X]_{补} - [Y]_{补} = [X]_{补} + [-Y]_{补} = 2^n + X + 2^n + (-Y)$$
$$= 2^n + X + (-Y)$$
$$= [X - Y]_{补}$$

例 1.10 $[X]_{补} = 10111, [Y]_{补} = 11110, [-Y]_{补} = 00010$

$$[X]_{补} = 10111 \,(-9)$$
$$+) \,[-Y]_{补} = 00010 \,(+2)$$
$$\overline{[X]_{补} + [-Y]_{补} = 11001 \,(-7)}$$

$$[X - Y]_{补} = [X]_{补} + [-Y]_{补} = 11001 \,(-7, \mathrm{mod}\ 2^5)$$

2. 乘法

乘法运算包括符号运算和数值运算。相同符号两数相乘之积为正,符号相异的两数相乘之积为负。

数值运算是对两个数的绝对值相乘,它们可以被看作无符号的两个数相乘。

例 1.11 1011×1101

```
            1011      被乘数
        ×)  1101      乘数
            ────
            1011
           0000       ⎫
          1011        ⎬ 部分积
       +) 1011        ⎭
       ──────────
        10001111      乘积
```

可见,两个 n 位无符号数相乘,乘积的位数为 2n,乘积等于各部分积之和。由乘数从低位到高位逐位去乘被乘数,当乘数的相应位为 1 时,则该次部分积等于被乘数;乘数相应位为 0 时,部分积为 0。从低位至高位被乘数逐次左移一位,加在左下方,在乘数的相应位为 0 时加 0。

我们也可以首先用乘数的高位去乘被乘数、求部分积、右移相加,其结果也一样。

3. 除法

除法运算也包括符号运算和数值运算。两个同符号数相除,商为正数;异号的两数相除,商为负数。

数值运算是对两个数的绝对值相除。

例 1.12　$011010 \div 101$

```
                    101      商
       除数 101 )√011010     被除数
                 -) 101
                    ─────
                     00110   部分余数
                   -) 101
                    ─────
                      001    余数
```

从上例可见,商数是一位位求得的,首先将除数和被除数的高 n 位比较,如果除数小于被除数的高 n 位,商为 1,然后从被除数中减去除数,从而得到部分余数;否则商为 0。重复上述过程,将除数和新的部分余数(即改变了的被除数)进行比较,直至被除数所有的位都处理完为止,最后便得到商和余数。

由于减法可通过补码加法实现,所以加减乘除四则运算都可以用加法运算来代替。

二、逻辑运算

基本的逻辑运算有下面 3 种。

1. 按位逻辑或运算

逻辑或运算也称为逻辑加,用符号"$\vee$"或"+"表示。函数关系为:

$$C = A \vee B$$

其中 $A = a_{n-1} a_{n-2} \cdots a_1 a_0$,$B = b_{n-1} b_{n-2} \cdots b_1 b_0$,$C = c_{n-1} c_{n-2} \cdots c_1 c_0$。

a_i	b_i	c_i
0	0	0
0	1	1
1	0	1
1	1	1

$i = 0 \sim n-1$

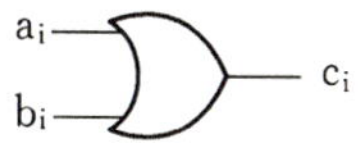

图 1-4 或门的逻辑符号

用以实现或运算的逻辑电路称为或门,其符号如图 1-4 所示。

2. 按位逻辑与运算

逻辑与运算也称为逻辑乘,运算符号为"∧"或"·"。函数关系为:

$$C = A \wedge B$$

其中 $A = a_{n-1} a_{n-2} \cdots a_1 a_0$,$B = b_{n-1} b_{n-2} \cdots b_1 b_0$,$C = c_{n-1} c_{n-2} \cdots c_1 c_0$。

a_i	b_i	c_i
0	0	0
0	1	0
1	0	0
1	1	1

$i = 0 \sim n-1$

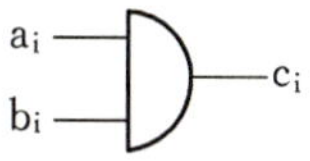

图 1-5 与门的逻辑符号

用以实现与运算的逻辑电路称为与门,其符号如图 1-5 所示。

3. 按位逻辑非运算

逻辑非运算又称为逻辑否定。如有变量 A,A 的上面加一横 $\overline{A}$ 表示 A 的逻辑非。函数关系为:

$$C = \overline{A}$$

其中 $A = a_{n-1} a_{n-2} \cdots a_1 a_0$,$C = c_{n-1} c_{n-2} \cdots c_1 c_0$。

a_i	c_i
0	1
1	0

$i = 0 \sim n-1$

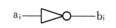

图 1-6 非门的逻辑符号

实现非运算的逻辑电路称为非门,逻辑符号如图 1-6 所示。

逻辑运算除上述 3 种基本运算以外,还有逻辑异或运算和逻辑同或运算等。

逻辑异或运算也称按位加或称半加,通常用符号 ⊕ 表示。函数关系为:

$$C = A \oplus B = \overline{A} \cdot B + A \cdot \overline{B}$$

逻辑同或运算通常用符号⊙表示。函数关系为：

$$C = A \odot B = A \cdot B + \overline{A} \cdot \overline{B}$$

1.3.3 单片机的存贮器

单片机内部的存贮器都是半导体存贮器，半导体存贮器由存贮矩阵、地址寄存器、地址译码器驱动器、数据寄存器、读写时序控制逻辑等部分组成(见图1-7)。

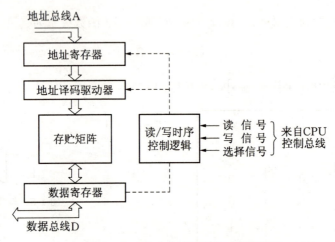

图 1-7 半导体存贮器的结构示意图

一、存贮矩阵

存贮矩阵也称存贮体，它由若干存贮单元组成，每个存贮单元能存放一个机器字。存贮矩阵结构犹如一幢楼房，存贮单元如房间，存贮单元的一位如一张床，存贮单元中每一位可以是0或1，床位可以是空(0)或有人(1)，每个房间都有一个编号，工作人员按房间编号查房。存贮器中每个存贮单元也有一个对应编号，称之为地址，CPU根据地址对存贮单元读或写。地址用二进制数表示，位数和存贮器容量有关。

二、地址总线、地址寄存器、地址译码驱动器

地址总线 A0～Ai 是 CPU 和其他部件之间的连接线，是内部总线的一部分，CPU对存贮器操作时，首先将存贮单元的地址输出到地址总线 A0～Ai 上，地址寄存器接收地址总线上的地址，经地址译码驱动器选中存贮器中某一个单元。

三、数据总线和数据寄存器

数据总线是 CPU 和其他部件之间的数据传输线，也是内部总线的一部分。在读操作中，数据寄存器存放从存贮单元中读出的信息并把它送到数据总线上。在写操作中，数据寄存器接收 CPU 在数据总线上输出的数据信息。

四、控制总线和读写时序控制逻辑

控制总线也是内部总线一部分,CPU 的操作命令(读、写等)通过控制总线输出到其他部件。读写控制逻辑接收 CPU 输出的读、写、选择信号,控制将数据写入相应的存贮单元或将数据读到 CPU。

根据用途,单片机内的存贮器分为程序存贮器和数据存贮器。

五、程序存贮器

单片机内部的程序存贮器一般为 1K~64K 字节,通常是只读存贮器,因为单片机应用系统大多数是专用系统,一旦研制成功,其软件也就定型,程序固化到只读存贮器,用只读存贮器作为程序存贮器,掉电以后程序不会丢失,从而提高系统的可靠性;另外,只读存贮器集成度高、成本低。根据单片机内部程序存贮器类型的不同又可分为下列产品:

(1) ROM 型单片机:内部具有工厂掩膜编程的只读程序存贮器 ROM,这种单片机是定制的,一般价格最低,用户将调试好的程序代码交给厂商,厂商在制作单片机时把程序固化到 ROM 内,而用户是不能修改 ROM 中代码的。这种单片机价格最低,但生产周期较长。适用于大批量生产。

(2) EPROM 型单片机:内部具有 EPROM 型程序存贮器,对于有窗口的 EPROM 型单片机,可以通过紫外线擦除器擦除 EPROM 中的程序,用编程工具把新的程序代码写入EPROM,且可以反复擦除和写入,使用方便,但价格贵,适合于研制样机。对于无窗口的EPROM 型单片机,只能写一次,称为 OTP 型单片机。OTP 型单片机价格也比较低,既适合于样机研制,也适用于批量生产。

(3) FLASH Memory 型单片机:内部含有 FLASH Memory 型程序存贮器,用户可以用编程器对 FLASH 存贮器快速整体擦除和逐个字节写入,这种单片机价格也低、使用方便,是目前最流行的单片机。

六、数据存贮器

单片机内部的数据存贮器一般为静态随机存取存贮器 SRAM,简称 RAM,容量为几十字节~几 K 字节,掉电以后 RAM 内容会丢失。也有 E^2PROM 型存贮器(逐个字节擦除和写入)作为数据存贮器,掉电以后内容不会丢失,常用作工作参数存贮器。

1.3.4 单片机的输入/输出接口(I/O)

输入/输出接口简称为 I/O 接口,内部含有接口寄存器和控制逻辑。I/O 接口既和内部CPU 联系又和外部设备联系。如同对存贮器单元一样,通过内部总线,CPU 可以对 I/O 接口中的寄存器进行读或写。I/O 接口又将接口寄存器中内容通过单片机的引脚输出到外部设备,输入设备通过单片机的引脚将数据打入到 I/O 接口中寄存器。这样,单片机内 CPU 通过 I/O 接口和外部设备间接发生关系,实现数据的输入输出。

由于单片机的应用多种多样,单片机的 I/O 设备种类较多,因此单片机 I/O 接口的种类也很丰富,以适应不同应用领域的需求。

单片机一般都有并行接口和定时器,并行接口用于最基本的输入输出,定时器用于各种定时操作。除此以外,单片机还有如下类型的 I/O 接口。

(1) 串行接口:异步串行通信口 UART,扩展串行口 SPI,I^2C 串行总线口,CAN 局域网、USB 接口等。

(2) 模数转换器 A/D:一般为 8 位或 10 位的逐次逼近式 A/D 转换器。

(3) 多功能定时器:一般是 16 位多功能定时器,具有多路输入捕捉、比较输出、PWM(脉冲宽度调制输出)、定时等多种功能。

(4) 显示器驱动器:发光显示器 LED、液晶显示器 LCD、荧光显示器 VFT、屏幕显示 OSD 等驱动接口模块。

(5) 其他:监视定时器(Watchdog Timer)、双音频信号接收发送模块 DTMF、马达控制模块、DMA 通道等。

§1.4 典型单片机产品

1.4.1 单片机的类型和特性

一、8位、16位、32位单片机

单片机字长对数据处理的速度有重要影响,根据字长的不同,有 8 位、16 位和 32 位单片机。16 位和 32 位单片机主要用在中、高档电子产品中,8 位单片机为普及型单片机,用在中、低档电子产品中,应用的面最广、量最大。

由于时钟频率的提高和取指令采用流水线方式,目前新型 8 位单片机速度大大提高,指令周期最小为 100ns 左右。

二、通用和专用单片机

单片机大多是通用的,一些厂商也针对应用量特别大的领域推出一些专用单片机,如具有屏幕字符显示模块 OSD 的单片机,主要应用对象为 TV 和 MTV。

三、不同封装形式的单片机

为满足用户在体积和生产上的要求,单片机封装已由当初单一的双列直插式(DIP)发展为 DIP、SDIP、SOIC、PLCC、QFP、BGA 等多种形式,单片机引脚从几个至上百个。

1.4.2 典型的单片机产品

目前,世界上生产单片机的厂商有几十家,本节介绍具有代表性的典型单片机产品。

一、Intel 单片机

Intel 是最早推出单片机的公司之一,早在 20 世纪 70 年代末 80 年代初先后推出 MCS-48、MCS-51 8 位单片机和 MCS-96 16 位单片机,目前有 ARM 架构的 32 位嵌入式处理器。

MCS-51 是最典型的 8 位单片机,经典产品为 8051,其他 51 单片机都是在 8051 基础上,增加了存贮器或 I/O 的种类和数量而构成的。基本的系统结构和指令系统没有改变。Intel 的 51 系列单片机有 ROM 型、OTP 型和无 ROM 型。表 1-5 列出了典型的 Intel 51 系列单片机。

二、Atmel 单片机

Atmel 公司有 ARM 架构的 32 位嵌入式微处理器,RISC(精简指令系统)结构的 AVR 8 位、16 位系列单片机,还有 51 系列单片机。Atmel 51 系列单片机也有 ROM 型、OTP 型、FLASH 型。但最具特色的是 FLASH 型单片机,具有在系统编程功能 ISP、还有调用内部 ROM 中子程序擦写 FLASH 某一页的自编程(self programing)功能。表 1-6 列出了部分典型的 FLASH 型单片机的产品特性。

三、Philips 单片机

Philips 公司也具有 ARM 架构的嵌入式微处理器,80C51XA-G 系列 16 位单片机,以及和 MCS-51 兼容的 80C51 系列 8 位单片机。80C51 系列有上百个型号产品,下面是一些特色产品:

- 89C52/54/58、89C51 RA+/RB+/RC+/RD+ 为 CMOS FLASH 型单片机;
- 83C055/87C055 为适用于 TV、MTV 的单片机;
- 80C550/83C550/87C550 为具有 8 位 A/D、Watchdog 的单片机;
- 80C552/83C552/87C552 为具有 10 位 A/D、比较输出、输入捕捉、PWM 输出单片机;
- P80CL580/P83CL580 为具有 UART、I^{2}CBUS 和 A/D 的单片机;
- P8XC592/P8XE598 为具有控制器局部网接口 CAN 的单片机;
- P83C434/P83C834 为具有液晶显示器 LCD 驱动器的单片机。

四、Winbond 单片机

Winbond(华邦)有 FLASH 型 51 系列单片机:W77×××和 W78×××两个系列,其中 W77E58 等增强型 51 系列单片机的内核已重新设计,一个机器周期的时钟只有 4 个(Intel 为 12 个),最高时钟频率为 40MHz,最小指令周期为 100ns 左右,速度非常高。

五、Microchip 单片机

Microchip 公司有 PIC 1×××系列 8 位单片机和 PIC 2×××系列 16 位单片机。Microchip 的 8 位单片机为 FLASH 型单片机,采用 RSIC(精简指令系统),指令数量少,速度高,应用也很广泛。主要产品有 PIC 10×××、PIC 12×××、PIC 16×××、PIC17××× 系列多种型号。

表 1-5 典型的 Intel 51 系列单片机

型号	ROM/OTP (KB)	RAM	时钟 (MHz)	I/O 脚	16位定时器	PCA 多功能计数阵列	UART	WDT	中断源/优先级	其他
8XC51	4	128	24	32	2	—	1	—	5/2	
8XC52/54/58	8/16/32	256	33	32	3	—	1	—	6/4	
8XC51SL	16	256	16	32	2	—	1	—	10/2	LED、KEY 接口
8XC51FA/FB/FC	8/16/32	256	33	32	3	√	1	√	7/4	
8XC51SA/SB	8/16	256	16	32	3	√	1	√	7/4	
8XC51GB	8	256		48	3	—	1	—	15/4	可编程脉冲
8XC51RA/RB/RC	8/16/32	512	24	32	3	—	1	√	6/4	
8XC152JA/JB/JC/JD	8	256	33	32	2	—	1	—	11/2	可编程脉冲、DMA、多通讯规约

注：√ 有此功能 — 无此功能

表 1-6 Atmel 典型的 FLASH 型单片机

型号	FLASH (KB)	ISP	self programing	E²PROM (KB)	RAM (B)	时钟 (MAX MHz)	V_{cc} (V)	IO 脚	UART	16bit Timer	WDT	SPI	TWI	10 位 A/D
AT89C2051	2	—	—	—	128	24	2.7—6	15	1	2	—	—	—	—
AT89C4051	4	—	—	—	128	24	2.7—6	15	1	2	—	—	—	—
AT89S2051	2	√	—	—	256	24	2.7—5.5	15	1	2	√	√	—	—
AT89S4051	4	√	—	—	256	24	2.7—5.5	15	1	2	√	√	—	—
AT89LP2051	2	—	√	—	256	20	2.4—5.5	15	1	2	√	√	—	—
AT89LP4051	4	—	√	—	256	20	2.4—5.5	15	1	2	√	√	—	—
AT89C51	4	—	—	—	128	33	4—6	32	1	3	—	—	—	—
AT89C52	8	√	—	—	256	33	4—5.5	32	1	3	√	√	—	—
AT89S51	4	√	√	—	128	33	4—5.5	32	1	3	√	√	—	—
AT89S52	8	√	√	—	256	33	4—5.5	32	1	3	√	√	—	—
AT89LS51	4	√	—	—	128	16	2.7—4	32	1	3	√	√	—	—
AT89LS52	8	√	—	—	256	33	2.7—4	32	1	3	√	√	—	—
AT89C51RC	32	—	√	—	512	33	4~6	32	1	3	√	—	—	—
AT89C51RC2	32	√	√	—	1280	60	2.7—5.5	32	1	3	√	√	—	—
AT89C51RB2	16	√	√	2	1280	60	2.7—5.5	32	1	3	√	√	—	—
AT89C51ID2	64	√	√	—	2048	60	2.7—5.5	34	1	3	√	√	√	—
AT89C51IC2	32	√	√	2	1280	60	2.7—5.5	32	1	3	√	√	√	—
AT89C51ED2	64	√	√	2	2048	40	3—5.5	34	1	3	√	—	—	8
AT89C51AC2	32	√	√	2	1280	60	3—5.5	32	1	3	√	√	—	8
AT89C51AC3	64	√	√	2	2304	40	3—5.5	32	1	3	√	√	√	8
AT89C5115	16	√	√	2	512	40	3—5.5	20	1	2	√	√	—	8

注：√ 有此功能 — 无此功能

六、ANALOG DEVICE 的 51 系列单片机

该公司 51 系列单片机具有高精度 A/D 模块,如 ADVC815,片内有速度为 20ns 的 8 路 12 位 A/D,8K FLASH 程序存贮器,640 字节 E^2PROM,256 字节 RAM,对外可寻址 16M 数据存贮器,64K 程序存贮器,3 个 16 位定时器、监视定时器、UART、SPI、I^2C 串行口等功能模块。

七、东芝单片机

东芝公司有 8 位、16 位、32 位单片机。8 位单片机主要有 TLCS-870、TLCS-870/X、TLCS-870/C 三个系列,其中 TLCS-870 和 TLCS-870/C 有国产的廉价开发工具,在家用电器领域得到广泛应用。

八、其他公司单片机

OKI、OALLAS、SGS、SIEMES、TDK 等 10 多家公司有 51 系列的单片机产品。FreeScale(原 Motorola)、Zilog、Epson、NS、NEC、SANSUN 等公司都有相应的单片机。

§1.5 单片机的应用和应用系统结构

1.5.1 单片机的应用

目前单片机的应用已深入到国民经济的各个领域,对各个行业的技术改造和产品的更新换代起重要的作用。

一、单片机在智能仪表中的应用

单片机广泛地应用于实验室、交通运输工具、计量等各种仪器仪表之中,使仪器仪表智能化,提高它们的测量精度,加强其功能,简化仪器仪表的结构,便于使用、维护和改进。例如:电度表校验仪,电阻、电容、电感测量仪,船舶航行状态记录仪,烟叶水分测试仪,智能超声波测厚仪等。

二、单片机在机电一体化中的应用

机电一体化是机械工业发展的方向。机电一体化产品是指集机械技术、微电子技术、自动化技术和计算机技术于一体,具有智能化特征的机电产品。例如:单片机控制的铣床、车床、钻床、磨床等等。单片微型机的出现促进了机电一体化,它作为机电产品中的控制器,能充分发挥它的体积小、可靠性高、功能强、安装方便等优点,大大强化了机器的功能,提高了机器的自动化、智能化程度。

三、单片机在实时控制中的应用

单片机也广泛地用于各种实时控制系统中,如对工业上各种窑炉的温度、酸度、化学成

分的测量和控制。将测量技术、自动控制技术和单片机技术相结合，充分发挥数据处理和实时控制功能，使系统工作于最佳状态，提高系统的生产效率和产品的质量。在航空航天、通信、遥控、遥测等各种实时控制系统中很多产品可以用单片机作为控制器。

四、单片机在分布式多机系统中应用

分布式多机系统具有功能强、可靠性高的特点，在比较复杂的系统中，都采用分布式多机系统。系统中有若干台功能各异的计算机，各自完成特定的任务，它们又通过通信相互联系、协调工作。单片机在这种多机系统中，往往作为一个终端机，安装在系统的某些节点上，对现场信息进行实时的测量和控制。高档的单片机多机通信（并行或串行）功能很强，它们在分布式多机系统中发挥很大作用。

五、单片机在家用电器等消费类领域中的应用

家用电器等消费类领域的产品特点是量多面广。单片机应用到消费类产品之中，能大大提高它们的性能价格比，因而受到用户的青睐，提高产品在市场上的竞争力。目前家用电器几乎都是单片机控制的电脑产品，例如：空调、冰箱、洗衣机、微波炉、彩电、音响、家庭报警器、电子宠物等。

1.5.2　单片机应用系统的结构

一、基本系统

单片机的基本系统也称为最小系统，这种系统所选择的单片机内部资源已能满足系统的硬件需求，不需外接存贮器或 I/O 接口。这种单片机内一定含有用户的程序存贮器（用户程序已写入到内部只读程序存贮器）。例如：OTP 型单片机、Flash Memory 型单片机、定制的 ROM 型单片机。单片机基本系统结构如图 1-8 所示。

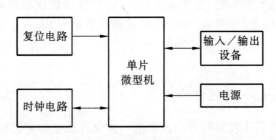

图 1-8　单片机基本系统结构

二、扩展系统

单片机的扩展系统通过单片机的并行扩展总线或串行扩展总线在外部扩展程序存贮器、或数据存贮器、或 I/O 接口电路，以弥补单片机内部资源的不足，满足特定的应用系统的硬件需求。有些单片机可使用并行总线扩展外部的存贮器或 I/O 接口，有的单片机用串行扩展总线扩展 RAM 或 I/O 接口，还有的用软件模拟的并行扩展总线或串行扩展总线来

扩展 RAM 或 IO 口。典型的单片机扩展系统结构如图 1-9 所示。

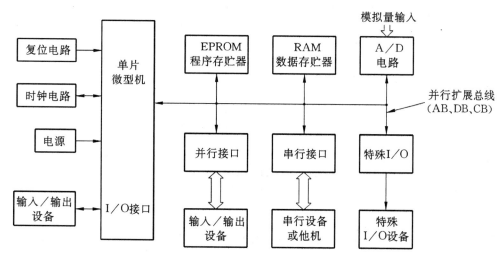

(a) 单片机并行扩展系统结构

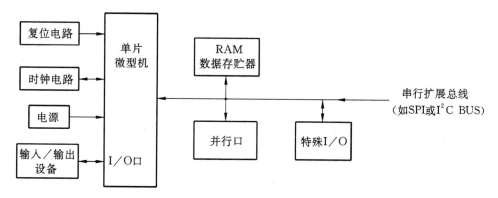

(b) 单片机串行扩展系统结构

图 1-9 单片机扩展系统典型结构

习　题

1. 请指出你所见到的两种计算机,并指出它们的类型。
2. 单片机和一般微机的主要差别是什么?
3. 请写出十六进制数 IFH 的二进制数表示形式。
4. 请用余数法将 98 转换为二进制数。
5. 一位 16 进制数和对应的 ASCII 编码的差为多少?
6. 试证明$[X]_补 + [Y]_补 = [X+Y]_补$。
7. 请写出 CPU 从存贮器读一个单元内容的过程。
8. 为什么单片机适合于控制性应用场合而不适合作为通用的计算机(如 PC 机)?
9. 指出你可见到的 3 种单片机产品。

第 2 章 51 系列单片机系统结构

目前 51 系列有许多功能很强的新型单片机,也出现了许多新的特殊功能部件,但都是以 Intel 最早的典型产品 8051 为基础的,基本的系统结构相同。本章以 Atmel 的 AT89C52(以下简称 89C52)为范例,介绍 51 系列单片机的系统结构。

§2.1 总 体 结 构

2.1.1 51 系列单片机一般的总体结构

51 系列单片机都包含有 Intel 8051 的基本功能模块:相同或相似的 8 位 CPU,4K ROM 程序存贮器,128 个字节 RAM 数据存贮器,4 个 8 位并行口,2 个 16 位定时器 T0、T1,一个异步串行口 UART。图 2-1 为 51 系列单片机一般的总体结构框图,图中虚线框内部分即为 8051 的基本结构。在此基础上,新型 51 单片机扩大了 ROM 容量(最大为 64K),或增加了 RAM(256 字节),有的将本在外部空间的部分 RAM 放到内部(称为 XRAM),有的增加了并行口,或多功能定时器 T2 或 PCA 计数阵列或 A/D 等特殊 I/O 部件。

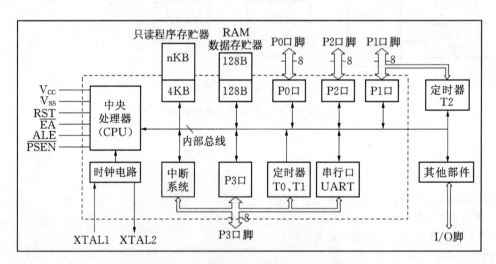

图 2-1 51 系列单片机一般的总体结构

2.1.2 89C52 的总体结构

89C52 和 8051 相比用 8K FLASH ROM 代替 8051 的 4K ROM,RAM 扩大到 256 字

节,增加了一个 16 位定时器 T2。其总体结构如图 2-2 所示。

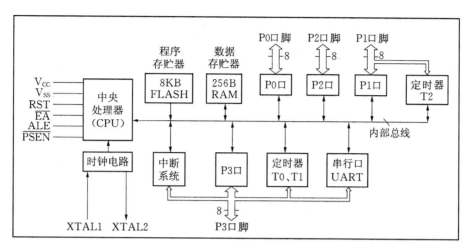

图 2-2 89C52 总体结构框图

89C52 的封装形式有 PDIP-40、PQFP/TQFP-44、PLCC/LCC-44 等,其引脚排列和逻辑符号如图 2-3 和 2-4 所示。

引脚功能:
- V_{CC} 为电源正端,GND 为地。V_{CC} 为 4~6V,典型值为 5V;
- RST:复位引脚,输入高电平使 89C52 复位,返回低电平退出复位;
- $\overline{EA}/V_{PP}$:运行方式时,$\overline{EA}$ 为程序存贮器选择信号,$\overline{EA}$ 接地时 CPU 总是从外部存贮器中取指令,$\overline{EA}$ 接高电平时 CPU 可以从内部或外部取指令;FLASH 编程方式时,该引脚为编程电源输入端 V_{PP}(+5V 或 12V);

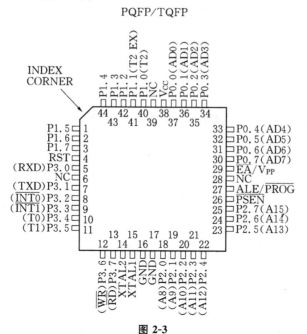

图 2-3

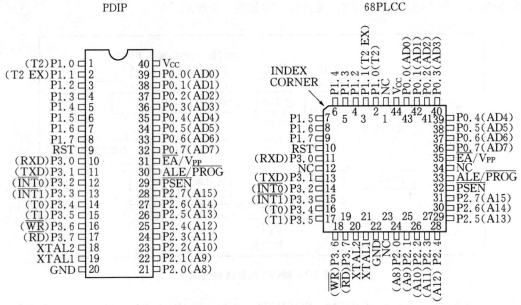

图 2-3 89C52 的封装形式和引脚排列

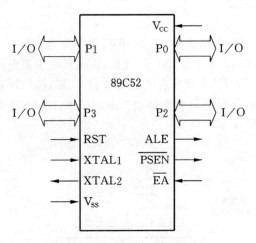

图 2-4 89C52 的逻辑符号

● $\overline{PSEN}$:外部程序存贮器读选通信号,CPU 从外部存贮器取指令时,从 $\overline{PSEN}$ 引脚输出读选通信号(负脉冲);

● ALE/$\overline{PROG}$:运行方式时,ALE 为外部存贮器低 8 位地址锁存信号,FLASH 编程方式时,该引脚为编程脉冲输入端;

● XTAL1、XTAL2 为内部振荡器电路(反相放大器)的输入端和输出端,外接晶振电路;

● P1.0～P1.7,P2.0～P2.7,P3.0～P3.7,P0.0～P0.7 为 4 个 8 位输入输出口引脚。

一、中央处理器 CPU

51 系列单片机都有一个在功能上相同的中央处理器 CPU,它由算术逻辑运算部件 ALU、布尔处理器、工作寄存器和控制器组成。

ALU 和布尔处理器是实现数据传送和数据运算的部件,包括如下的一些功能:
- 加、减、乘、除算术运算;
- 增量(加 1)、减量(减 1)运算;
- 十进制数调整;
- 位置"1"、置"0"和取反;
- 与、或、异或等逻辑操作;
- 数据传送操作。

从编程的角度看,CPU 对用户开放的寄存器有累加器 ACC(简称 A)、寄存器 B、程序计数器 PC、数据指针 DPTR(有的单片机有两个指针 DPTR0、DPTR1)、程序状态字 PSW、堆栈指针 SP,以及位于 RAM 中的工作寄存器 R0~R7。

控制器是控制整个单片机系统各种操作的部件,它包括时钟发生器、定时控制逻辑、指令寄存器译码器、程序存贮器和数据存贮器的地址/数据传送控制等。

二、存贮器

89C52 内部有 8K FLASH 程序存贮器,256 字节 RAM 数据存贮器,另外可在外部将程序存贮器扩展到 64K 字节,也可以扩展 64K 字节的 RAM/IO 口。

三、I/O 部件和 I/O 引脚

89C52 有 4 个 8 位平行口 P0、P1、P2、P3,3 个 16 位定时器 T0、T1、T2,异步串行口 UART。为了使用方便灵活,89C52 的 I/O 引脚和其他单片机一样,大多数 I/O 引脚是复用的,称为多功能引脚,根据不同应用场合需求,选择相应的一种引脚功能。

§2.2 存贮器组织

51 系列单片机有 5 个独立的存贮空间:
- 64K 字节程序存贮器空间(0~0FFFFH);
- 256 字节内部 RAM 空间(0~0FFH);
- 128 字节内部特殊功能寄存器空间(80H~0FFH);
- 位寻址空间(0~0FFH);
- 64K 字节外部数据存贮器(RAM/IO)空间(0~0FFFFH)。

51 系列的存贮器结构如图 2-5 所示。图中未表明位寻址区,因为位寻址区的物理寄存器包含在内部 RAM 和特殊功能寄存器的一些单元中。值得注意的是:51 系列中不同型号的单片机,各个空间中实际存在的物理单元不完全相同,有的少一些,有的多一些。

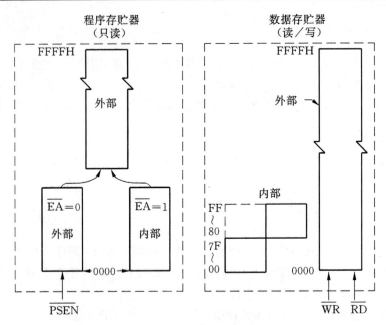

图 2-5　51 系列单片机存贮器结构

2.2.1　程序存贮器

　　51 系列单片机的程序存贮器空间为 64K 字节,其地址指针为 16 位的程序计数器 PC。0 开始的部分程序存贮器(4K,8K,16K,…)可以在单片机的内部,也可以在单片机的外部,这取决于单片机的类型,并由输入到引脚 $\overline{EA}$ 的电平所控制。

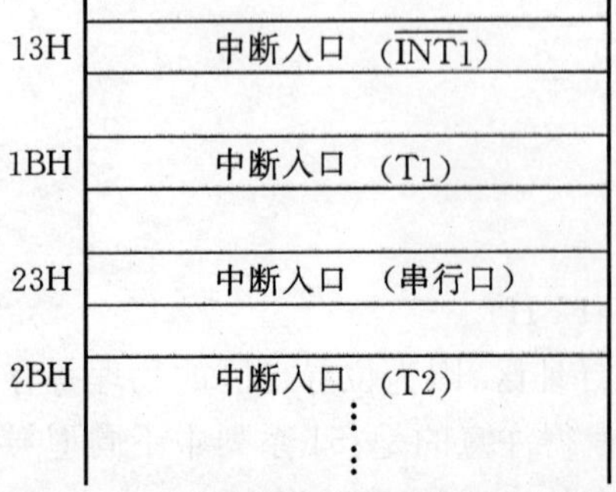

程序存贮器	
0	复位入口
3	中断入口　($\overline{INT0}$)
0BH	中断入口　(T0)
13H	中断入口　($\overline{INT1}$)
1BH	中断入口　(T1)
23H	中断入口　(串行口)
2BH	中断入口　(T2)

图 2-6　51 系列单片机的复位入口和中断入口

　　对于内部有 8K 字节程序存贮器的 89C52,若引脚 $\overline{EA}$ 接 $V_{cc}(+5V)$,则程序计数器 PC 的值在 0～1FFFH 时,CPU 取指令时访问内部的程序存贮器,PC 值大于 1FFFH 时则访问外部的程序存贮器。如果 $\overline{EA}$ 接地,则 CPU 总是从外部程序存贮器中取指令。仅当 CPU 访问外部的程序存贮器时,引脚 $\overline{PSEN}$ 才输出负脉冲(外部程序存贮器的读选通信号)。

　　复位以后,程序计数器 PC 为 0,CPU 从地址 0 开始执行程序,即地址 0 为复位入口地址。另外,51 系列的中断入口也是固定的,程序存贮器的地址 3、0BH、13H、1BH、23H、2BH……为相应的中断入口,51 系列单片机的中断源数目是因型号而异的,中断入口有多有少。但总是从地址 3 开始,每隔 8 个字节安排一个中断入口(见图 2-6)。

2.2.2 内部 RAM 数据存贮器

51 系列内部 RAM 有两种类型:一种是具有多种操作功能的数据存贮器 RAM,其空间为 256 字节,实际的容量随型号而异;另一种是把属于外部存贮空间的部分 RAM 放到内部,称为 XRAM,CPU 对 XRAM 只有简单的数据传送操作。只有部分新型单片机内部才有 XRAM。89C52 只有 256 字节内部 RAM,没有 XRAM。

根据功能和用途不同,内部 RAM 可以划分为 3 个区域(见图 2-7):CPU 工作寄存器区、位寻址区、堆栈或数据缓冲器区。

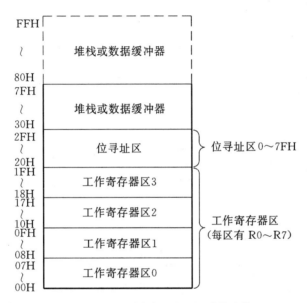

图 2-7 51 系列内部 RAM 区域的功能

一、CPU 工作寄存器区

内部 RAM 的 0～1FH 区域为 CPU 的四组工作寄存器区,每个区有 8 个工作寄存器 R0～R7,寄存器和 RAM 单元地址的对应关系如表 2-1 所示。

表 2-1 寄存器和 RAM 地址映照表

0 区		1 区		2 区		3 区	
地 址	寄存器	地 址	寄存器	地 址	寄存器	地 址	寄存器
00H	R0	08H	R0	10H	R0	18H	R0
01H	R1	09H	R1	11H	R1	19H	R1
02H	R2	0AH	R2	12H	R2	1AH	R2
03H	R3	0BH	R3	13H	R3	1BH	R3
04H	R4	0CH	R4	14H	R4	1CH	R4
05H	R5	0DH	R5	15H	R5	1DH	R5
06H	R6	0EH	R6	16H	R6	1EH	R6
07H	R7	0FH	R7	17H	R7	1FH	R7

CPU 当前使用的工作寄存器区是由程序状态字 PSW 的第三和第四位指示的,PSW 中这两位状态和所使用的寄存器对应关系如表 2-2 所示。CPU 通过修改 PSW 中的 RS1、RS0 两位的状态,就能任选一个工作寄存器区。这个特点提高了 CPU 现场保护和现场恢复的速度。这对于提高 CPU 的工作效率和响应中断的速度是很有利的。若在一个实际的应用系统中,不需要 4 组工作寄存器,那么这个区域中多余单元可以作为一般的数据缓冲器使用。对于这部分 RAM,CPU 对它们的操作可视为工作寄存器(寄存器寻址),也可视为一般 RAM(直接寻址或寄存器间接寻址)。

表 2-2　工作寄存器区选择

PSW.4 (RS1)	PSW.3 (RS0)	当前使用的工作寄存器区 R0~R7	PSW.4 (RS1)	PSW.3 (RS0)	当前使用的工作寄存器区 R0~R7
0	0	0 区(00~07H)	1	0	2 区(10~17H)
0	1	1 区(08~0FH)	1	1	3 区(18~1FH)

二、位标志区

内部 RAM 的 20H~2FH 为位寻址区域,这 16 个单元的每一位(16×8)都有一个位地址,它们占据位地址空间的 0~7FH。这 16 个单元的每一位都可以视作一个软件触发器,用于存放各种程序标志、位控制变量。同样,位寻址区的 RAM 单元也可以作为一般的数据缓冲器使用。CPU 对这部分 RAM 可以字节操作,也可以位操作。

三、堆栈和数据缓冲器

在实际应用中,往往需要一个后进先出的 RAM 缓冲器用于保护 CPU 的现场,这种后进先出的缓冲器称之为堆栈(堆栈的用途详见指令系统和中断的章节)。51 的堆栈原则上可以设在内部 RAM(0~7FH 或 0~0FFH)的任意区域,但由于 0~1FH 和 20H~2FH 区域具有上面所述的特殊功能,堆栈一般设在 30H~7FH(或 30H~FFH)的范围内。栈顶位置由堆栈指针 SP 所指出。进栈时,51 系列的堆栈指针(SP)先加"1",然后数据进栈(写入 SP 指出的栈区);而退栈时,先数据退栈(读出 SP 指出的单元内容),然后(SP)-1。复位以后(SP)为 07H。这意味着初态堆栈区设在 08H 开始的 RAM 区域,而 08H~1FH 是工作寄存器区。所以应对 SP 初始化来具体设置堆栈区,如 0EFH→SP,则堆栈设在 0F0H 开始区域。

内部 RAM 中除了作为工作寄存器、位标志和堆栈区以外的单元都可以作为数据缓冲器使用,存放输入的数据或运算的结果。

2.2.3　特殊功能寄存器

51 系列内部的 CPU 寄存器、I/O 口锁存器以及定时器、串行口、中断等各种控制寄存器和状态寄存器都作为特殊功能寄存器(SFR),它们离散地分布在 80H~0FFH 的特殊功能寄存器地址空间。因为不同型号的单片机内部 I/O 功能不同,实际存在的特殊功能寄存器数量差别较大。表2-3列出了89C52的SFR及其对应地址。表中上半部分为8051的21个SFR,下半部分为89C52增加的与定时器T2所对应的6个SFR。

表2-3 89C52特殊功能寄存器地址映象

特殊功能寄存器	字节地址	特殊功能寄存器	字节地址
* P0	80H	* P1	90H
SP	81H	* SCON	98H
DPL	82H	SBUF	99H
DPH	83H	* P2	0A0H
PCON	87H	* IE	0A8H
* TCON	88H	* P3	0B0H
TMOD	89H	* IP	0B8H
TL0	8AH	* PSW	0D0H
TL1	8BH	* ACC	0E0H
TH0	8CH	* B	0F0H
TH1	8DH	RCAP2L	0CAH
TL2	0CCH	RCAP2H	0CBH
TH2	0CDH	* T2CON	0C8H
T2MOD	0C9H		

ACC是累加器,它是运算器中最重要的工作寄存器,用于存放参加运算的操作数和运算的结果。在指令系统中常用助记符A表示累加器。

B寄存器也是运算器中的一个工作寄存器,在乘法和除法运算中存放操作数和运算的结果,在其他运算中,可以作为一个中间结果寄存器使用。

SP是8位的堆栈指针,数据进入堆栈前SP加1,数据退出堆栈后SP减1,复位后SP为07H。

DPTR为16位的数据指针,它由DPH和DPL所组成,一般作为访问外部数据存贮器的地址指针使用,保存一个16位的地址,CPU对DPTR操作也可以对高位字节DPH和低位字节DPL单独进行。

其他的特殊功能寄存器在以后的I/O口、定时器、串行口和中断等章节中作详细的讨论。

特殊功能寄存器空间中有些单元是空着的,这些单元是为51系列其他的新型单片机保留的,一些已经出现的新型单片机,因内部功能部件的增加而增加了不少特殊功能寄存器。为了使软件与新型单片机兼容,用户程序不要对空着的单元进行写操作。

2.2.4 位地址空间

51系列的内部RAM中20H～2FH单元以及地址为8的倍数的特殊功能寄存器(表2-3中带*号的SFR)可以位寻址,它们占据了相应位地址单元。这些RAM单元和特殊功能寄存器,既有一个字节地址(8位作为一个整体的地址),每一位又有1个位地址。表2-4列出了内部RAM中位寻址区的位地址编址,表2-5列出了89C52特殊功能寄存器中具有位寻址功能的位地址编址。

表2-4 RAM位寻址区地址映象

地 址	位 地 址							
	D7	D6	D5	D4	D3	D2	D1	D0
2FH	7FH	7EH	7DH	7CH	7BH	7AH	79H	78H
2EH	77H	76H	75H	74H	73H	72H	71H	70H
2DH	6FH	6EH	6DH	6CH	6BH	6AH	69H	68H
2CH	67H	66H	65H	64H	63H	62H	61H	60H
2BH	5FH	5EH	5DH	5CH	5BH	5AH	59H	58H
2AH	57H	56H	55H	54H	53H	52H	51H	50H
29H	4FH	4EH	4DH	4CH	4BH	4AH	49H	48H
28H	47H	46H	45H	44H	43H	42H	41H	40H
27H	3FH	3EH	3DH	3CH	3BH	3AH	39H	38H
26H	37H	36H	35H	34H	33H	32H	31H	30H
25H	2FH	2EH	2DH	2CH	2BH	2AH	29H	28H
24H	27H	26H	25H	24H	23H	22H	21H	20H
23H	1FH	1EH	1DH	1CH	1BH	1AH	19H	18H
22H	17H	16H	15H	14H	13H	12H	11H	10H
21H	0FH	0EH	0DH	0CH	0BH	0AH	09H	08H
20H	07H	06H	05H	04H	03H	02H	01H	00H

表2-5 89C52特殊功能寄存器位地址映象

D7	D6	D5	D4	D3	D2	D1	D0	特殊功能寄存器
F7	F6	F5	F4	F3	F2	F1	F0	B
E7	E6	E5	E4	E3	E2	E1	E0	ACC
CY	AC	F0	RS1	RS0	OV	F1	P	
D7	D6	D5	D4	D3	D2	D1	D0	PSW
TF2	EXF2	RCLK	TCLK	EXEN2	TR2	C/$\overline{T2}$	CP/$\overline{RL2}$	
CF	CE	CD	CC	CB	CA	C9	C8	T2CON
		PT2	PS	PT1	PX1	PT0	PX0	
—	—	BD	BC	BB	BA	B9	B8	IP
B7	B6	B5	B4	B3	B2	B1	B0	P3
EA	—	ET2	ES	ET1	EX1	ET0	EX0	
AF	—	AD	AC	AB	AA	A9	A8	IE

D7	D6	D5	D4	D3	D2	D1	D0	特殊功能寄存器
A7	A6	A5	A4	A3	A2	A1	A0	P2
SM0	SM1	SM2	REN	TB8	RB8	TI	RI	
9F	9E	9D	9C	9B	9A	99	98	SCON
97	96	95	94	93	92	91	90	P1
TF1	TR1	TF0	TR0	IE1	IT1	IE0	IT0	
8F	8E	8D	8C	8B	8A	89	88	TCON
87	86	85	84	83	82	81	80	P0

中央处理器能对位地址空间中的位单元直接寻址,执行置"1"、清"0"、求反和条件转移等操作。

2.2.5　外部 RAM 和 I/O 口

51 单片机可以扩展 64K 字节 RAM 和 I/O 口,也就是说 CPU 可以寻址 64K 字节的外部数据存贮器。外部扩展 RAM 和 I/O 口是统一编址的,CPU 对它们具有相同的操作功能。

§2.3　时钟、时钟电路、CPU 定时

时钟电路是计算机的心脏,它控制着计算机的工作节奏,可以通过提高时钟频率来提高 CPU 的速度。目前 51 系列单片机都采用 CMOS 工艺,允许的最高频率是随型号而变化的(器件上表明)。最高频率达 60MHz。

一、89C52 时钟电路

89C52 等 CMOS 型单片机内部有一个可控的反相放大器,引脚 XTAL1、XTAL2 为反相放大器的输入端和输出端,在 XTAL1、XTAL2 上外接晶振(或陶瓷谐振器)和电容便组成振荡器。图 2-8 为 89C52 的时钟电路框图。

图 2-8 中,电容 C1、C2 的典型值为 30pF±10pF(晶振)或 40pF±10pF(陶瓷谐振器)。振荡器频率主要取决于晶振(或陶瓷谐振器)的频率,但必须小于器件所允许的最高频率。振荡器的工作受 $\overline{PD}$(PCON·1)控制,复位以后 PD=0($\overline{PD}$=1)振荡器工作,可由软件置 "1"PD(使 $\overline{PD}$=0),使振荡器停止振荡,从而使整个单片机停止工作,以达到节电目的。

CMOS 型单片机也可以从外部输入时钟,接线如图 2-9 所示。

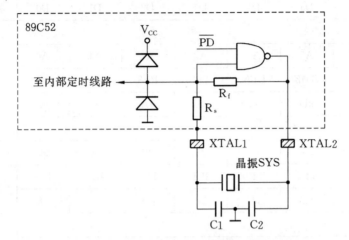

图 2-8 89C52 等 CMOS 型单片机的时钟电路

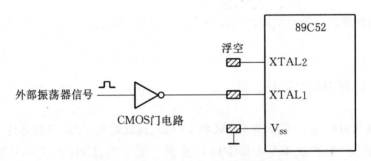

图 2-9 CMOS 单片机外部时钟输入电路

二、CPU 定时

CPU 的工作是不断地从程序存贮器中取指令和执行指令,以完成数据的处理、传送和输入/输出等操作。CPU 取出一条指令至该指令执行完所需的时间称为指令周期,不同的指令其指令周期是不一样的。

1. 89C52 的 CPU 定时

指令周期是以机器周期为单位的。图 2-10 给出 89C52 等传统的 51 系列单片机不同类型指令取指令和执行指令的时序。89C52 的一个机器周期由 6 个状态(S1, S2, …, S6)组成,每一个状态为 2 个时钟周期(时相 P1, P2),一个机器周期有 12 个时钟(S1P1, S1P2, S2P1, S2P2, …, S6P1, S6P2),若晶振为 12MHz,则一个机器周期为 1μs,晶振为 24MHz,一个机器周期为 500ns。

在图 2-10 中,用内部状态和相位表明 CPU 取指令和执行指令的时序,这些内部时钟信号不能从外部观察到,所以用 XTAL2 的振荡器输出信号作参考。引脚 ALE 输出信号为扩展系统的外部存贮器地址低 8 位的锁存信号,在访问外部程序存贮器的周期内,ALE 信号有效两次(输出两个正脉冲);而在访问外部数据存贮器的机器周期内,ALE 信号有效一次

(产生一个正脉冲)。因此,ALE 的频率是不恒定的。

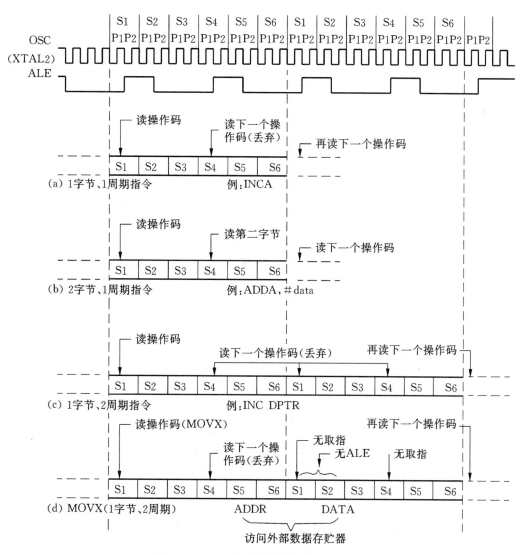

图 2-10 89C52 等典型单片机的 CPU 时序

对于单周期指令,在把指令码读入指令寄存器时,从 S1P2 开始执行指令。如果它为双字节指令,则在同一机器周期的 S4 读入第二字节。如果它为单字节指令,则在 S4 仍旧进行读,但读入的字节(它应是下一个指令码)被忽略,而且程序计数器不加 1。在任何情况下,在 S6P2 结束指令操作。图 2-10(a)和(b)分别为 1 字节、1 周期和 2 字节、1 周期指令的时序。

大多数指令执行时间为 1 个或 2 个机器周期。只有 MUL(乘法)和 DIV(除法)指令需 4 个机器周期。

一般情况下,2 个指令码字节在一个机器周期内从程序存贮器取出,仅有的例外是 MOVX 指令。MOVX 是访问外部数据存贮器的单字节双机器周期指令。在 MOVX 指令期间,少执行两次取指操作,而进行寻址和选通外部数据存贮器。图 2-10(c)和(d)分别为一般的单字节双机器周期指令和 MOVX 指令的时序。

*2. W77E58 等单片机的 CPU 定时

Winbond(华邦)和 DALLAS 公司的 51 系列单片机,CPU 内核经过了重新设计,指令系统仍和 MCS-51 兼容,但一个机器周期只包含 4 个时钟,在同样的时钟频率下,速度提高 1.5~3 倍。W77E58 允许的最高时钟频率为 40MHz,最小的指令周期为 100ns。图 2-11 给出 W77E58 的单周期指令和双周期指令的时序。

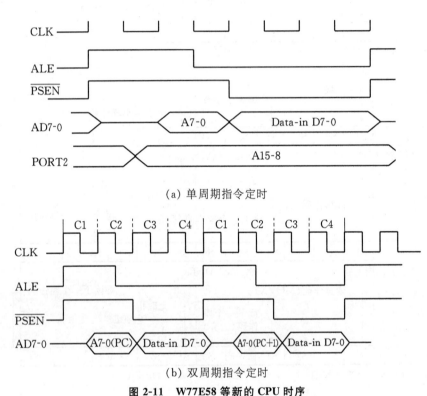

(a) 单周期指令定时

(b) 双周期指令定时

图 2-11　W77E58 等新的 CPU 时序

§2.4　复位和复位电路

计算机在启动运行时都需要复位,使 CPU 和其他部件都置为一个确定的初始状态,并从这个状态开始工作。89C52 复位以后,内部寄存器初态如表 2-6 所示。

表 2-6　89C52 复位后的内部寄存器状态

寄存器	内容	寄存器	内容
PC	0000H	TMOD	00H
ACC	00H	TCON	00H
B	00H	TH0	00H
PSW	00H	TL0	00H

(续表)

寄存器	内 容	寄存器	内 容
SP	07H	TH1	00H
DRTR	0000H	TL1	00H
P0~P3	0FFH	SCON	00H
IP	(××000000B)	SBUF	不定
IE	(0×000000B)	PCON	(0×××0000B)
TL2	00H	RCAP2L	00H
TH2	00H	RCAP2H	00H
T2CON	00H	T2MOD	(××××××00B)

2.4.1 外部复位

89C52等CMOS 51系列单片机的复位引脚RST是史密特触发输入脚,内部有一个拉低电阻(值为80K~300K)。当振荡器起振以后,在RST引脚上输入2个机器周期以上的高电平,器件便进入复位状态,此时ALE、PSEN、P0、P1、P2、P3输出高电平,RST上输入返回低电平以后,便退出复位状态开始工作。利用RST这个特性便可以设计复位电路。

一、上电自动复位电路

89C52等CMOS型51单片机,只要在RST端接一个电容至V_{cc},便可实现上电自动复位(见图2-12(a)),在加电瞬间,电容通过内部电阻充电,在RST端出现充电正脉冲,只要正脉冲宽度足够宽,就能使89C52有效复位。RST在加电时应保持的高电平时间包括V_{cc}上升时间和振荡器起振时间,振荡器起振时间和频率有关,若V_{cc}的上升时间为10ms,振荡器的频率取12MHz,则复位电容C的典型值为1μF。

二、人工开关复位

有些应用系统除上电自动复位以外,还需人工复位,将一个按钮开关并联于上电自动复位电路(见图2-12(b)),在系统运行时,按一下开关,就在RST端出现一段时间高电平,使器件复位。

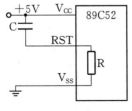
(a) 上电自动复位

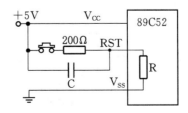
(b) 上电复位和人工开关复位

图2-12 89C52等单片机的复位电路

*三、外部 Watchdog 电路复位

89C52 等单片机内部没有定时监视器(Watchdog Timer)，可以用单稳态电路在外部设计一个 Watchdog(见图 8-2)。系统正常工作时，定时输出脉冲，使单稳态输出低电平，若系统软件出现故障时，未及时输出脉冲，单稳态电路翻转输出高电平，于是复位器件。

*2.4.2 内部复位

在表 1-5 和表 1-6 中所列出的 Intel 和 Atmel 51 系列单片机中，大部分产品内部有监视定时器 Watchdog Timer(WDT)，当系统正常工作时，软件定时清零 WDT，使 WDT 不会计数溢出。一旦软件工作异常(如在某处死循环)，未能及时清零 WDT，便使 WDT 计数溢出，产生内部复位信号，使器件复位，同时在 RST 端输出一个正脉冲，复位外部扩展的电路。

有些单片机当时钟异常或电源异常时也会产生内部复位信号。

*2.4.3 系统复位

在单片机的应用系统中，除单片机本身需复位以外，外部扩展的 I/O 接口电路等也需要复位，因此需要一个系统的同步复位信号：即单片机复位后，CPU 开始工作时，外部的电路一定要复位好，以保证 CPU 有效地对外部电路进行初始化编程。如上所述，51 系列单片机的复位端 RST 是一个史密特触发输入，高电平有效，而 I/O 接口电路的复位端一般为 TTL 电平输入，通常也是高电平有效，但这两种复位输入端复位有效的电平不完全相同。若将图 2-12 中单片机的复位端和 I/O 接口电路复位端简单相连，将使 CPU 和 I/O 接口的复位不同步，导致 CPU 对 I/O 初始化编程无效，将使系统不能正常工作，这可以通过延时一段时间以后对外部电路进行初始化编程来解决。有效的系统复位电路(上电自动复位和人工复位)如图 2-13 所示。图(a)中将复位电路产生的复位信号经史密特电路整形后作为系统复位信号，加到 51 系列单片机和外部 I/O 接口电路的复位端；图(b)中 51 系列单片机的复位信号和 I/O 接口的复位信号分别由各自的复位电路产生，分别调节 RC 参数，使 CPU 和外部电路同步复位。

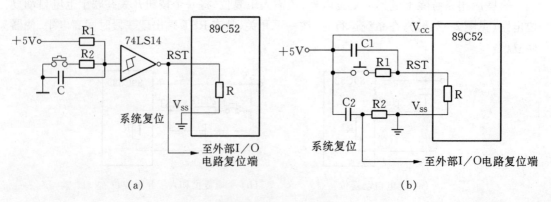

图 2-13 系统复位电路

§2.5 中断系统

2.5.1 中断概念

现代的计算机都具有实时处理功能,能对外界异步发生的事件作出及时的处理,这是依靠它们的中断来实现的。

所谓中断是指中央处理器 CPU 正在处理日常事务的时候执行主程序,外部发生了某一事件(如定时器计数溢出),请求 CPU 迅速去处理,CPU 暂时中断当前的工作,转入处理所发生的事件,处理完以后,再回到原来被中断的地方,继续原来的工作。这样的过程称为中断。实现这种功能的部件称为中断系统(中断机构)。产生中断的请求源称为中断源。

一般计算机系统允许有多个中断源,当几个中断源同时向 CPU 请求中断,要求为它们服务的时候,就存在 CPU 优先响应哪一个中断请求源的问题,一般根据中断源(所发生的实时事件)的轻重缓急排队,优先处理最紧急事件的中断请求,于是便规定每一个中断源都有一个中断优先级别。

当 CPU 正在处理一个中断源请求的时候,又发生了另一个优先级比它高的中断源请求,如果 CPU 能够暂时中止执行对原来中断源的处理程序,转而去处理优先级更高的中断请求,待处理完以后,再继续执行原来的低级中断处理程序,这样的过程称为中断嵌套,这样的中断系统称为多级中断系统。没有中断嵌套功能的中断系统称为单级中断系统。二级中断嵌套的中断过程如图 2-14 所示。

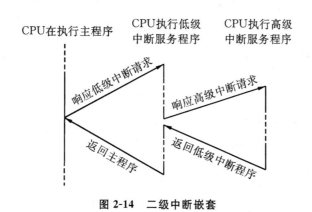

图 2-14 二级中断嵌套

2.5.2 89C52 中断系统

51 系列单片机的中断系统结构随型号不同而不同,包括中断源数目、中断优先级、中断控制寄存器等都有差别。典型产品 89C52 单片机有 6 个中断源,具有 2 个中断优先级,可以实现二级中断嵌套。每一个中断源可以设置为高优先级或低优先级中断,允许或禁止向 CPU 请求中断。89C52 的中断系统结构如图 2-15 所示。

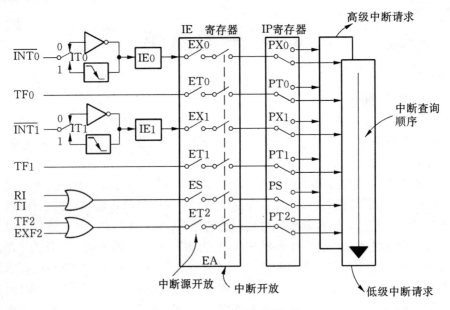

图 2-15　89C52 中断系统结构

一、89C52 中断源

89C52 有 6 个中断源：2 个是引脚 $\overline{INT0}$、$\overline{INT1}$(P3.2、P3.3) 上输入的外部中断源；4 个内部中断源，它们是定时器 T0、T1、T2 和串行口的中断请求源。

1. 外部中断源

$\overline{INT0}$、$\overline{INT1}$ 上输入的两个外部中断标志和它们的触发方式控制位在特殊功能寄存器 TCON 的低 4 位，TCON 的高 4 位为 T0、T1 的运行控制位和溢出标志位：

D7	D6	D5	D4	D3	D2	D1	D0
TF1	—	TF0	—	IE1	IT1	IE0	IT0

IE1　外部中断 1 请求源($\overline{INT1}$,P3.3)标志。IE1 = 1，外部中断 1 正在向 CPU 请求中断，当 CPU 响应该中断时由硬件清"0"IE1（边沿触发方式）。

IT1　外部中断源 1 触发方式控制位。

　　IT1 = 0，外部中断 1 程控为电平触发方式。这种方式中，$\overline{INT1}$ 端输入低电平时，置位 IE1。CPU 在每一个机器周期都采样 $\overline{INT1}$(P3.3) 的输入电平，当采样到低电平时，置"1"IE1，采样到高电平时清"0"IE1。采用电平触发方式时，外部中断源信号（输入到 $\overline{INT1}$）必须保持低电平有效，直到该中断被 CPU 响应，同时在该中断服务程序执行完之前，外部中断源必须被清除，否则将产生另一次中断；

　　IT1 = 1，外部中断 1 程控为边沿触发方式。这种方式 CPU 在每一个机器周期采样 $\overline{INT1}$(P3.3) 的输入电平。如果相继的两次采样，一个周期中采样到 $\overline{INT1}$ 为高电平，接着的下个周期中采样到 $\overline{INT1}$ 低电平，则置"1"IE1。IE1 为 1，表示外部中断 1 正在向 CPU 申请中断，直到该中断被 CPU 响应时，才由硬件清"0"。因为每个机器周期采样一次外部中断输入电平,因此,采用边沿触发方式时,外部中断源输入的高电平和低电平时间必须保持 12 个时钟周期以上,才能保证 CPU 检测到高到低的负跳变。

IE0　外部中断 0 请求源($\overline{INT0}$,P3.2)标志。IE0 = 1 外部中断 0 向 CPU 请求中断,当 CPU 响应外部中断时,由硬件清"0"IE0(边沿触发方式)。

IT0　外部中断 0 触发方式控制位。IT0 = 0,外部中断 0 程控为电平触发方式,IT0 = 1,外部中断 0 为边沿触发方式。其功能和 IT1 相同。

2. 内部中断源

● 定时器 T0 的溢出中断标志 TF0(TCON.5):T0 被允许计数以后,从初值开始加 1 计数,当产生溢出时置"1"TF0,向 CPU 请求中断,一直保持到 CPU 响应该中断时才由硬件清"0"(也可以由查询程序清"0")。

● 定时器 T1 的溢出中断标志 TF1(TCON.7):T1 被允许计数以后,从初值开始加 1 计数,当产生溢出时置"1"TF1,向 CPU 请求中断,一直保持到 CPU 响应该中断时才由内部硬件清"0"(也可以由查询程序清"0")。

● 定时器 T2 中断:T2 计数溢出标志 TF2 和 T2 外部中断标志 EXF2 逻辑或以后作为一个中断源。CPU 响应中断时不清"0"TF2 和 EXF2,它们必须由软件清"0"。

● 串行口中断:串行口的接收中断 RI(SCON.0)和发送中断 TI(SCON.1)逻辑或以后作为内部的一个中断源。当串行口发送完一个字符由内部硬件置位发送中断标志 TI,接收到一个字符后也由内部硬件置位接收中断标志 RI。CPU 响应串行口的中断时,也不清"0"TI 和 RI 中断标志,TI 和 RI 必须由软件清"0"(中断服务程序中必须有清 TI、RI 的指令)。

二、中断控制

1. 中断使能控制

89C52 对中断源的开放或屏蔽,每一个中断源是否被允许中断,是由内部的中断允许寄存器 IE(地址为 0A8H)控制的,其格式如下:

D7	D6	D5	D4	D3	D2	D1	D0
EA	—	ET2	ES	ET1	EX1	ET0	EX0

EA　CPU 的中断开放标志。EA = 1,CPU 开放中断;EA = 0,CPU 屏蔽所有的中断申请。

ET2　定时器 T2 中断允许位。ET2 = 1,允许 T2 中断,ET2 = 0,禁止 T2 中断。

ES　串行口中断允许位。ES = 1,允许串行口中断;ES = 0,禁止串行口中断。

ET1　定时器 T1 的溢出中断允许位。ET1 = 1,允许 T1 中断;ET1 = 0,禁止 T1 中断。

EX1　外部中断 1 中断允许位。EX1 = 1,允许外部中断 1 中断;EX1 = 0,禁止外部中断 1 中断。

ET0　定时器 T0 的溢出中断允许位。ET0 = 1,允许 T0 中断;ET0 = 0,禁止 T0 中断。

EX0　外部中断 0 中断允许位。EX0 = 1,允许中断;EX0 = 0,禁止中断。

2. 中断优先级控制

89C52 有两个中断优先级,每一中断请求源可编程为高优先级中断或低优先级中断,实现二级中断嵌套。一个正在被执行的低优先级中断服务程序能被高优先级中断所中断,但不能被另一个同级的或低优先级中断源所中断。若 CPU 正在执行高优先级的中断服务程序,则不能被任何中断源所中断,一直执行到结束,遇到返回指令 RETI,返回后 CPU 再执行一条指令后,才能响应新的中断源申请。为了实现上述功能,89C52 的中断系统内部有两个不可寻址的优先级状态触发器,一个指出 CPU 是否正在执行高优先级中断服务程序,另一个指出 CPU 是否正在执行低级中断服务程序。这两个触发器的 1 状态分别屏蔽所有的中断申请和同一优先级的其他中断源申请。另外,89C52 还有中断优先级寄存器 IP(地址为 0B8H)其格式如下:

D7	D6	D5	D4	D3	D2	D1	D0
—	—	PT2	PS	PT1	PX1	PT0	PX0

PT2　定时器 T2 中断优先级控制位。PT2 = 1,T2 中断为高优先级中断;PT2 = 0,T2 中断为低优先级中断。

PS　串行口中断优先级控制位。PS = 1,串行口中断定义为高优先级中断;PS = 0,串行口中断定义为低优先级中断。

PT1　定时器 T1 中断优先级控制位。PT1 = 1,定时器 T1 中断定义为高优先级中断;PT1 = 0,定时器 T1 中断定义为低优先级中断。

PX1　外部中断 1 中断优先级控制位。PX1 = 1,外部中断 1 定义为高优先级中断;PX1 = 0,外部中断 1 中断为低优先级中断。

PT0　定时器 T0 中断优先级控制位。PT0 = 1,定时器 T0 中断定义为高优先级中断;PT0 = 0,定时器 T0 中断定义为低优先级中断。

PX0　外部中断 0 中断优先级控制位。PX0 = 1,外部中断 0 定义为高优先级中断;PX0 = 0,外部中断 0 定义为低优先级中断。

在 CPU 接收到同样优先级的几个中断请求源时,一个内部的硬件查询序列确定优先服务于哪一个中断申请,这样便在同一个优先级里,由查询顺序确定了优先级结构,89C52 查询的优先级别排列如下:

89C52 复位以后,特殊功能寄存器 IE、IP 的内容均为 0,由初始化程序对 IE、IP 编程,以开放中断、允许某些中断源中断和改变中断的优先级。

*三、中断响应过程

51系列单片机的CPU在每一个机器周期顺序检查每一个中断源。并按优先级处理所有被激活的中断请求,如果没有被下述条件所阻止,将在下一个机器周期响应激活了的最高级中断请求。

- CPU正在处理相同的或更高优先级的中断;
- 现行的机器周期不是所执行指令的最后一个机器周期;
- 正在执行的指令是中断返回指令(RETI)或者是对IE、IP的写操作指令(执行这些指令后至少再执行一条指令后才会响应新的中断请求)。

如果上述条件中有一个存在,CPU将丢弃中断查询的结果;若一个条件也不存在,将在紧接着的下一个机器周期执行中断查询的结果。

CPU响应中断时,先置位相应的优先级状态触发器(该触发器指出CPU开始处理的中断优先级别),然后执行一条硬件子程序调用,使控制转移到相应的中断入口,清"0"中断请求源申请标志(TF2、EXF2、TI和RI除外)。接着把程序计数器的内容压入堆栈,将被响应的中断服务程序的入口地址送程序计数器PC。89C52的各中断源服务程序的入口地址为:

中断源	入口地址
外部中断0	0003H
定时器T0	000BH
外部中断1	0013H
定时器T1	001BH
串行口中断	0023H
定时器T2	002BH

通常在中断入口,安排一条相应的跳转指令,以跳到用户设计的中断处理程序入口。

CPU执行中断处理程序一直到RETI指令为止。RETI指令是表示中断服务程序的结束,CPU执行完这条指令后,清"0"响应中断时所置位的优先级状态触发器,然后从堆栈中弹出栈顶的两个字节到程序计数器PC,CPU从原来被打断处重新执行被中断的程序。由此可见,用户的中断服务程序末尾必须安排一条返回指令RETI,CPU现场的保护和恢复必须由用户的中断服务程序处理。

*四、外部中断响应时间

$\overline{INT0}$和$\overline{INT1}$电平在每一个机器周期被采样并锁存到IE0,IE1中,这个新置入的IE0、IE1状态要等到下一个机器周期才被查询到。如果中断被激活,并且满足响应条件,CPU接着执行一条硬件子程序调用指令,转到相应的服务程序入口,该调用指令本身需两个机器周期。这样,在产生外部中断请求到开始执行中断服务程序的第一条指令之间,最少需要3个完整的机器周期。

如果中断请求被前面列出的3个条件之一所阻止,则需要更长的响应时间。如果已经在处理同级或更高级中断,额外的等待时间明显地取决于别的中断服务程序的处理过程。如果正在处理的指令没有执行到最后的机器周期,所需的额外等待时间不会多于 3 个机器周期(因为最长的乘法指令 MUL 或除法指令 DIV 也只有 4 个机器周期),如果正在执行的指令为 RETI 或访问 IE、IP 的指令,额外的等待时间不会多于 5 个机器周期,最多需一个周期完成正在处理的指令,完成下一条指令 MUL 或 DIV 的 4 个机器周期。这样,在一个单一中断的系统里,外部中断响应时间总是在 3~8 个机器周期。

2.5.3 外部中断触发方式选择

一、电平触发方式

若外部中断定义为电平触发方式,外部中断标志的状态随着 CPU 在每个机器周期采样到的外部中断输入线的电平变化而变化。外部中断程控为电平触发方式时,外部中断输入信号必须有效(保持低电平),直至 CPU 实际响应该中断时为止,同时在中断服务程序返回之前,外部中断输入信号必须无效(高电平),否则 CPU 返回后会再次响应。所以电平触发方式适合于外部中断输入以低电平输入的、而且中断服务程序能清除外部中断输入请求源的情况。例如:可编程接口 8255 产生输入/输出中断请求时,中断请求线 INTR 升高,对 8255 执行一次相应的读/写操作,INTR 自动下降,只要把 8255 的中断请求线 INTR 反向,接到 89C52 的外部中断输入脚,就可以实现 CPU 和 8255 之间的应答方式下的数据传送(详见 8.5.5.1)。

二、边沿触发方式

外部中断若定义为边沿触发(负跳变)方式,外部中断标志触发器能锁存外部中断输入线上的负跳变,即使 CPU 暂时不能响应,中断申请标志也不会丢失。在这种方式里,如果 CPU 相继连续两次采样,一个周期采样到外部中断输入为高,下个周期采样到低,则置位中断申请标志,直至 CPU 响应此中断时才清"0"。这样不会丢失中断,但输入的脉冲宽度至少保持 12 个时钟周期(若晶振为 6MHz,则 2μs)才能被 CPU 采样到。外部中断的边沿触发方式适合于以负跳变形式输入的外部中断请求,例如:若外部 A/D 转换芯片的一次 A/D 采样结束信号为正脉冲,可直接连到 8031 的 $\overline{INT0}$,就可以中断方式读取 A/D 的转换结果。

*2.5.4 51 系列其他单片机的中断系统

51 系列许多单片机中断源数目大于 7 个,这时中断控制寄存器除 IE、IP 外还有扩展的中断允许寄存器和中断优先级控制寄存器。51 系列大多数单片机有两个中断优先级,也有 4 个中断优先级的单片机(如 8XC51SA/SB)。

习 题

1. 指出 89C52 内部的主要部件。
2. 51 系列单片机 CPU 内有哪些寄存器？
3. 根据功能和用途的不同，89C52 内部 RAM 可分几个区域？各有多少字节？
4. 什么是堆栈？89C52 的堆栈可设在什么区域？为什么一般要对栈指针初始化？如何初始化？
5. 请写出地址为 90H 所有可能的物理单元。
6. 请分别写出位地址为 7H、10H、50H、70H、80H、90H、D0H 所在的 RAM 单元地址或 SFR 名。
7. 89C52 程序存贮器空间有多大？内部 FLASH 有多大？
8. 51 系列单片机工作寄存器有几组？如何判断 CPU 当前使用哪一组寄存器？
9. 请分别指出 89C52 和 W77E58 在 fosc = 6MHz、12MHz、24MHz 时的一个机器周期时间。
10. 图 5-12(a)中电容太大、太小会对复位产生什么影响？为什么？
11. 51 系列单片机复位以后从什么地址开始取指令执行？为什么？
12. 中断入口的含义是什么？请写出 89C52 的中断入口地址。
13. 51 系列单片机 CPU 响应中断的条件是什么？
14. 89C52 在什么情况下会出现二级中断嵌套？
15. 若一个外部中断可选边沿触发方式，能否改用电平触发方式？反之若可选用电平触发方式能否改用边沿触发方式？为什么？

第3章 51系列指令系统和程序设计方法

计算机的指令系统是一套控制计算机操作的编码,称之为机器语言。计算机只能识别和执行机器语言的指令。为了容易为人们所理解,便于记忆和使用,通常用符号指令(即汇编语言指令)来描述计算机的指令系统。各种类型的计算机都有相应的汇编程序,能将汇编语言指令汇编成机器语言指令。这一章我们用 Intel 公司的标准格式汇编指令来分析 51 系列单片机指令系统的功能和使用方法。

§3.1 指令格式和常用的伪指令

用汇编语言编写的程序中,含有 51 系列的汇编指令行、伪指令行和注释行。汇编指令行经汇编器编译后生成机器语言程序代码,程序的功能是由一系列的指令行实现的。伪指令也称为汇编命令,伪指令仅提供汇编控制信息。注释行对程序的功能作说明。

一、汇编指令行格式

51 系列汇编指令行的一般格式如下:
〔标号:〕操作码助记符〔操作数1〕〔,操作数2〕〔,操作数3〕〔;注释〕

● 标号是选项,表示其后面指令代码的起始存贮地址,可以作为程序中的转移地址。标号必须以字母或下划线开头的字母或数字组成,后跟冒号":",标号不能与汇编保留字重复。

● 操作码助记符表示指令的操作功能,由汇编指令规定的 2~5 个英文字母表示。如 JB、MOV、CJNE、LCALL 等。

● 操作数 1~3 是可选项,操作数个数依赖于指令的功能。操作数和操作码之间用空格分开,操作数与操作数之间用逗号","分开,操作数可以用数字、符号表示。

● 注释必须以分号开始,可以放在指令行后面,也可以单独一行。

二、常用的伪指令

1. 定位伪指令
ORG 表达式
表达式必须是绝对或简单再定位表达式。该伪指令设定了一个新的程序计数器的绝对值或地址偏移值。

2. 汇编结束伪指令
END
END 伪指令用来控制汇编结束,即使在 END 后面还有指令行,也不处理。

3. 赋值伪指令
符号名 EQU 表达式 或

符号名　EQU　寄存器名

EQU 伪指令将表达式值或一个寄存器名(A，R0～R7)赋给一个符号名，EQU 定义的符号名必须先定义后使用，一般 EQU 伪指令放在程序的开头。例如：ROLADH EQU 40H，ROLADL EQU 0。程序中可以用符号 ROLADH、ROLADL 表示定时器 TH0、TL0 的初值。

4. 位地址赋值伪指令

符号名　BIT　位地址

BIT 伪指令用于将一个位地址赋给一个符号名，BIT 中定义的符号名也必须先定义后使用，也应放在程序开头。例如：clock BIT 90H；定义 P1.0 为时钟线 clock。

5. 定义字节伪指令

〔标号：〕DB　n_1，n_2，…，n_n

或　〔标号：〕DB '字符串'

该伪指令以给定的字节值初始化一个代码空间区域，即把 DB 后面的单字节数 n_1，n_2，…或字符串中字母的 ASCII 码依次存放在程序存贮器一个连续存贮单元区间。常用于定义一个字节常数表。

6. 定义字伪指令

〔标号：〕DW　m_1，m_2，…，m_n

该伪指令以给定的字(双字节)值初始化一个代码空间区域，即把 DW 后面的双字节数 m_1，m_2，…，m_n 依次存放在程序存贮器的一个连续存贮单元区间。常用于定义一个地址表或双字节常数表。

三、常用的缩写符号

在下面描述 51 系列指令系统中各条指令功能时，我们常用下面的一些符号，其含义如下：

A	累加器 ACC；
AB	累加器 ACC 和寄存器 B 组成的寄存器对；
direct	直接地址，取值为 0～0FFH；
#data	立即数，表示一个常数，取值为 0～0FFH；
@	间接寻址；
+	加；
−	减；
*	乘；
/	除；
∧	与；
∨	或；
⊕	异或，也称半加；
=	等于；
<	小于；
>	大于；

<>	不等于;
→	传送;
×	寄存器名;
(×)	×寄存器内容;
((×))	由×寄存器寻址的存贮器单元内容;
($\overline{\times}$)	×寄存器的内容取反;
rrr	指令编码中 rrr 三位值由工作寄存器 Rn 确定,R0~R7 对应的 rrr 为 000~111;
$	指本条指令起始地址;
rel	相对偏移量,其值为-128~+127。

§3.2 寻址方式

指令的一个重要组成部分是操作数,指令给出参与运算的操作数的有效地址方式称为寻址方式。

51 指令操作数的寻址主要有 5 种方式:寄存器寻址、直接寻址、寄存器间接寻址、立即寻址和基寄存器加变址寄存器间接寻址。表 3-1 概括了每一种寻址方式可以存取的存贮器空间。

表 3-1　寻址方式及相关的存贮器空间

寻 址 方 式	寻　址　范　围
寄存器寻址	R0~R7
	A、B、C(CY)、AB(双字节)、DPTR(双字节)
直接寻址	内部 RAM 低 128 字节(0~7FH)
	特殊功能寄存器(80H~0FFH)
	内部 RAM 位寻址区的 128 个位(0~7FH)
	特殊功能寄存器中可寻址的位(80H~0FFH)
寄存器间接寻址	内部数据存贮器 RAM[@R0,@R1,@SP(仅 PUSH,POP)]
	内部数据存贮器单元的低 4 位(@R0,@R1)
	外部 RAM 或 I/O 口(@R0,@R1,@DPTR)
立即寻址	程序存贮器(常数)
基寄存器加变址寄存器间接寻址	程序存贮器 (@A+PC,@A+DPTR)

一、寄存器寻址

由指令指出某一个寄存器的内容作为操作数,这种寻址方式称为寄存器寻址。寄存器寻址对所选的工作寄存器区中 R0~R7 进行操作时,指令操作码字节的低 3 位指明所用的寄存器。累加器 ACC、B、DPTR 和进位 CY(布尔处理机的累加器 C)也可用寄存器寻址方式访问,只是对它们寻址时具体寄存器名隐含在操作码中。如指令:

　　INC　R0　　　;(R0)+1→R0

其功能为对 R0 进行操作,使其内容加 1,采用寄存器寻址方式。

二、直接寻址

在指令中含有操作数的有效地址,该地址指出了参与操作的数据所在的字节单元或位的地址。

直接寻址方式可访问以下 3 种存贮空间:
- 特殊功能寄存器(特殊功能寄存器只能用直接寻址方式访问);
- 内部数据存贮器的低 128 字节(0~7FH);
- 位地址空间。

例如:INC　　70H;(70H)+1→70H

其操作数有效地址即为 70H,功能为将 70H 单元的内容加 1。

三、寄存器间接寻址

由指令指出某一个寄存器的内容作为操作数的有效地址,这种寻址方式称为寄存器间接寻址(特别应注意寄存器的内容不是操作数,而是操作数所在的存贮器地址)。

寄存器间接寻址使用所选定的寄存器区中 R0 或 R1 作地址指针(对堆栈操作指令用栈指针 SP)来寻址内部 RAM(00~0FFH)。寄存器间接寻址也适用于访问外部扩展的数据存贮器,用 R0、R1 或 DPTR 作为地址指针。寄存器间接寻址用符号@表示。

例如:INC　　@R0　　　;若(R0)=70H,其功能是地址为 70H 的单元内容加 1。

四、立即数寻址

立即数寻址方式中操作数包含在指令字节中,即操作数以指令字节的形式存放于程序存贮器中。

例如:MOV　A,♯70H　　;操作数 2 为常数 70H,其功能为常数 70H 写入 A。

五、基寄存器加变址寄存器间接寻址

这种寻址方式以 16 位的程序计数器 PC 或数据指针 DPTR 作为基寄存器,以 8 位的累加器 A 作为变址寄存器。基寄存器和变址寄存器的内容作为无符号数相加形成 16 位的地址,该地址即为操作数的地址。

例如:指令
　　MOVC　A,@A+PC　　　　;((A)+(PC))→A
　　MOVC　A,@A+DPTR　　　;((A)+(DPTR))→A

这两条指令中操作数 2 采用了基寄存器加变址寄存器的间接寻址方式。

另外,还有相对寻址,以 PC 的内容作为基地址,加上指令中给定的偏移量所得结果作为转移地址。应注意偏移量是有符号数,在-128~+127 之间。

§3.3　程序状态字和指令类型

一、程序状态字 PSW

在特殊功能寄存器中,有一个程序状态字寄存器 PSW,保存数据操作的结果标志。程序状态字 PSW 的格式和功能如下:

D7	D6	D5	D4	D3	D2	D1	D0
CY	AC	F0	RS1	RS0	OV	F1	P

- CY　进位标志。又是布尔处理机的累加器 C。如果数据操作结果最高位有进位输出(加法时)或借位输入(减法时),则置位 CY;否则清"0"CY。
- AC　辅助进位标志。如果操作结果低 4 位有进位(加法时)或低 4 位向高 4 位借位(减法时),则置位 AC;否则清"0"AC。AC 主要用于 BCD 码加法的十进制调整。
- OV　溢出标志。如果操作结果有进位进入最高位但最高位没有产生进位或者最高位产生进位而低位没有向最高位进位,则置位溢出标志 OV;否则清"0"溢出标志。溢出标志位用于补码运算,当有符号的两个数运算结果不能用 8 位表示时置位溢出标志。
- P　奇偶标志。这是累加器 ACC 的奇偶标志位,如果累加器 ACC 的 8 位模 2 和为 1(奇),则 P=1;否则 P=0。由于 P 总是表示 ACC 的奇偶性,只随 A 的内容变化而变化,所以一个数写入 PSW,P 的值不变。
- RS1　工作寄存器区选择位高位。
- RS0　工作寄存器区选择位低位。
- F0　用户标志位。供用户使用的软件标志,其功能和内部 RAM 中位寻址区的各位相似。
- F1　目前大多数的产品该位可以作为用户标志位 F1 使用,用法和 F0 相同。

二、指令类型

51 系列汇编语言有 42 种操作码助记符用来描述 33 种操作功能。一种操作可以使用一种以上数据类型,又由于助记符也定义所访问的存贮器空间,所以一种功能可能有几个助记符(如 MOV、MOVX、MOVC)。功能助记符与寻址方式组合,得到 111 种指令。如果按字节数分类,则有 49 条单字节指令、45 条双字节指令和 17 条 3 字节指令。若按指令执行时间分类,就有 64 条单周期指令、45 条双周期指令、2 条(乘、除)4 周期指令。

按功能分类,51 系列指令系统可分为:
- 数据传送指令;
- 算术运算指令;

- 逻辑运算指令；
- 位操作指令；
- 控制转移指令。

下面我们根据指令的功能特性分类介绍指令系统。

§3.4 数据传送指令

绝大多数指令都有操作数，所以数据传送操作是一种最基本、最重要的操作之一。数据传送是否灵活快速，对程序的编写和执行速度产生很大影响。如图 3-1 所示，51 系列的数据传送操作可以在累加器 A、工作寄存器 R0～R7、内部数据存贮器、外部数据存贮器和程序存贮器之间进行，其中对 A 和 R0～R7 的操作最多。

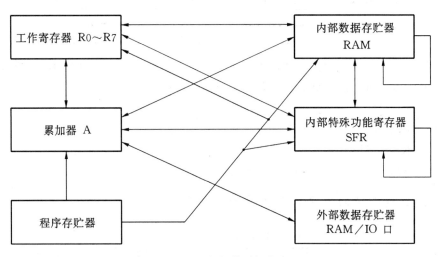

图 3-1 数据传送操作

3.4.1 内部数据传送指令

一、以累加器 A 为目的操作数的指令

指令编码

MOV　A, Rn　　　　| 1 1 1 0 1 r r r |　　　　　　　n = 0～7

MOV　A, direct　　| 1 1 1 0 0 1 0 1 |　| 直 接 地 址 |

MOV　A, @Ri　　　| 1 1 1 0 0 1 1 i |　　　　　　　i = 0,1

MOV　A, #data　　| 1 1 1 0 0 1 0 0 |　| 立 即 数 |

这组指令的功能是把源操作数的内容送入累加器 A。源操作数有寄存器寻址、直接寻址、寄存器间接寻址和立即寻址等寻址方式。

例 3.1

MOV	A, R6	;(R6)→A,寄存器寻址
MOV	A, 70H	;(70H)→A,直接寻址
MOV	A, @R0	;((R0))→A,寄存器间接寻址
MOV	A, #78H	;78H→A,立即寻址

二、以 Rn 为目的操作数的指令

指令编码

MOV Rn, A	1 1 1 1 1 r r r		n = 0～7
MOV Rn, direct	1 0 1 0 1 r r r	直 接 地 址	n = 0～7
MOV Rn, #data	0 1 1 1 1 r r r	立 即 数	n = 0～7

这组指令的功能是把源操作数的内容送入当前工作寄存器区的 R0～R7 中的某一个寄存器。源操作数有寄存器寻址、直接寻址和立即寻址等寻址方式。

例 3.2

MOV	R2, A	;(A)→R2,寄存器寻址
MOV	R7, 70H	;(70H)→R7,直接寻址
MOV	R3, #0A0H	;0A0H→R3,立即寻址

三、以直接寻址的单元为目的操作数指令

指令编码

MOV direct, A	1 1 1 1 0 1 0 1	直 接 地 址
MOV direct, Rn	1 0 0 0 1 r r r	直 接 地 址	n = 0～7
MOV direct, direct	1 0 0 0 0 1 0 1	直接地址(源)	直接地址(目)
MOV direct, @Ri	1 0 0 0 0 1 1 i	直 接 地 址	i = 0, 1
MOV direct, #data	0 1 1 1 0 1 0 1	直接地址	立 即 数

这组指令的功能是把源操作数送入由直接地址指出的存贮单元。源操作数有寄存器寻址、直接寻址、寄存器间接寻址和立即寻址等寻址方式。

例 3.3

MOV	P1, A	;(A)→P1,寄存器寻址
MOV	70H, R2	;(R2)→70H,寄存器寻址
MOV	0E0H, 78H	;(78H)→ACC,直接寻址
MOV	40H, @R0	;((R0))→40H,寄存器间接寻址

MOV 01H, #80H   ;80H→01H,立即寻址

四、以寄存器间接寻址的单元为目的操作数指令

指令编码

MOV @Ri, A | 1 1 1 1 0 1 1 r | i = 0, 1

MOV @Ri, direct | 1 0 1 0 0 1 1 i | | 直 接 地 址 | i = 0, 1

MOV @Ri, #data | 0 1 1 1 0 1 1 i | | 立 即 数 | i = 0, 1

这组指令的功能是把源操作数内容送入 R0 或 R1 指出的内部 RAM 存贮单元中。源操作数有寄存器寻址、直接寻址和立即寻址等寻址方式。

例 3.4
MOV @R1, A   ;(A)→(R1),寄存器寻址
MOV @R0, 70H   ;(70H)→(R0),直接寻址
MOV @R1, #80H   ;80H→(R1),立即寻址

五、16 位数据传送指令

指令编码

MOV DPTR, #data16 | 1 0 0 1 0 0 0 0 | | 高位立即数 | | 低位立即数 |

这条指令的功能是把 16 位常数送入 DPTR。16 位的数据指针 DPTR 由 DPH 和 DPL 组成,这条指令执行结果把高位立即数送入 DPH,低位立即数送入 DPL。

上述 MOV 指令格式中,目的操作数在前、源操作数在后。另外,累加器 A 是一个特别重要的 8 位寄存器,CPU 对它具有其他寄存器所没有的操作指令,下面将介绍的加、减、乘、除指令都是以 A 作为操作数之一,Rn 为 CPU 当前选择的寄存器组中的 R0～R7,在指令编码中 rrr = 000～111,分别对应于 R0～R7。直接地址指出存贮单元内部 RAM 的 00～7FH 和特殊功能寄存器的地址。在寄存器间接寻址中,用 R0 或 R1 作地址指针,访问内部 RAM 的 00～0FFH 这 256 个单元。

例 3.5 设 (70H) = 60H, (60H) = 20H, P1 口为输入口,当前的输入状态为 B7H,执行下面的程序:

MOV R0, #70H   ;70H→R0
MOV A, @R0   ;60H→A
MOV R1, A   ;60H→R1
MOV B, @R1   ;20H→B
MOV @R0, P1   ;B7H→70H

结果: (70H) = B7H, (B) = 20H, (R1) = 60H, (R0) = 70H

六、堆栈操作指令

如前所述,在 51 系列的内部 RAM 中可以设定一个后进先出(LIFO)的堆栈,在特殊功

能寄存器中有一个堆栈指针 SP,它指出栈顶的位置,在指令系统中有两条用于数据传送的堆栈操作指令。

1. 进栈指令

　　　　　　　　　　　指令编码

PUSH　direct　　　| 1 1 0 0 0 0 0 0 |　　| 直　接　地　址 |

这条指令的功能是首先将堆栈指针 SP 加 1,然后把直接地址指出的内容传送到堆栈指针 SP 寻址的内部 RAM 单元中。

例 3.6　设 (SP) = 60H,(ACC) = 30H,(B) = 70H,执行下述指令:
PUSH　ACC　　　　　　;(SP)+1 ((SP) = 61H),(ACC)→61H
PUSH　B　　　　　　　;(SP)+1 ((SP) = 62H),(B)→62H
结果:　(61H) = 30H,(62H) = 70H,(SP) = 62H
进栈指令用于保护 CPU 现场。

2. 退栈指令

　　　　　　　　　　　指令编码

POP　direct　　　| 1 1 0 1 0 0 0 0 |　　| 直　接　地　址 |

这条指令的功能是堆栈指针 SP 寻址的内部 RAM 单元内容送入直接地址指出的字节单元中,堆栈指针 SP 减 1。

例 3.7　设 (SP) = 62H,(62H) = 70H,(61H) = 30H,执行下述指令:
POP　DPH　　　　　　;((SP))→DPH,(SP)−1 → SP
POP　DPL　　　　　　;((SP))→DPL,(SP)−1 → SP
结果:　(DPTR) = 7030H, (SP) = 60H
退栈指令用于恢复 CPU 现场。

七、字节交换指令

　　　　　　　　　　　指令编码

XCH　A, Rn　　　　| 1 1 0 0 1 r r r |　　　　　　　　　　　n = 0 ~ 7

XCH　A, direct　　| 1 1 0 0 0 1 0 1 |　　| 直　接　地　址 |

XCH　A, @Ri　　　| 1 1 0 0 0 1 1 i |　　　　　　　　　　　i = 0, 1

这组指令的功能是将累加器 A 的内容和源操作数内容相互交换。源操作数有寄存器寻址、直接寻址和寄存器间接寻址等寻址方式。

例 3.8　设 (A) = 80H,(R7) = 08H,执行指令:
XCH　A, R7　　;(A)⇔(R7)
结果:　(A) = 08H, (R7) = 80H

八、半字节交换指令

　　　　　　　　　　　　指令编码
　　XCHD　A,@Ri　　　| 1 1 0 1 0 1 1 i |　　　　　i = 0,1

这条指令将 A 的低 4 位和 R0 或 R1 指出的 RAM 单元的低 4 位相互交换,各自的高 4 位不变。

例 3.9　设 (A) = 15H,(R0) = 30H,(30H) = 34H,执行指令:
XCHD　A,@R0
结果: (A) = 14H,(30H) = 35H

3.4.2　累加器 A 与外部数据存贮器传送指令

　　　　　　　　　　　　指令编码
　　MOVX　A,@DPTR　| 1 1 1 0 0 0 0 0 |　((DPTR))→A

　　MOVX　A,@Ri　　| 1 1 1 0 0 0 1 i |　((Ri))→A　　　　i = 0,1

　　MOVX　@DPTR,A　| 1 1 1 1 0 0 0 0 |　(A)→(DPTR)

　　MOVX　@Ri,A　　| 1 1 1 1 0 0 1 i |　(A)→(Ri)　　　　i = 0,1

这组指令的功能是将累加器 A 和外部扩展的 RAM/IO 口之间的数据传送。由于外部 RAM/IO 口是统一编址的,共占一个 64K 字节的空间,所以指令本身看不出是对 RAM 还是对 I/O 口操作,而是由硬件的地址分配确定的。用 R0、R1 作指针时,寻址外部 RAM/IO 的某一页页内地址单元,页地址由 P2 口指出。

3.4.3　查表指令

　　　　　　　　　　　　指令编码
　　一、MOVC　A,@A+PC　| 1 0 0 0 0 0 1 1 |　　((A)+(PC))→A

这条指令以 PC 作为基址寄存器,A 的内容作为无符号数和 PC 内容(下一条指令的起始地址)相加后得到一个 16 位的地址,由该地址指出的程序存贮器单元内容送到累加器 A。

例 3.10　设 (A) = 30H,执行指令:
地址　　　　指令
1000H　　　MOVC　A,@A+PC
结果:将程序存贮器中 1031H 单元内容送入 A。

这条指令以 PC 作为基寄存器,当前的 PC 值是由该查表指令的存贮地址确定的,而变址寄存器 A 的内容为 0~255,所以(A)和(PC)相加所得到的地址只能在该查表指令以下 256 个单元的地址之内,因此所查的表格只能存放在该查表指令以下 256 个单元内,表格的大小也受到这个限制。

例 3.11
```
       ORG  8000H
       MOV  A,#30H      ;双字节指令
       MOVC A,@A+PC     ;单字节指令
          ⋮
       ORG  8030H
       DB   'ABCDEFGHIJ'
          ⋮
```

上面的查表指令执行后,将 8003H+30H=8033H 所对应的程序存贮器中的 ASCII 码 'D'(44H)送 A。

二、MOVC A,@A+DPTR | 1 0 0 1 0 0 1 1 | ((A)+(DPTR))→A

这条指令以 DPTR 作为基址寄存器,A 的内容作为无符号数和 DPTR 的内容相加得到一个 16 位的地址,由该地址指出的程序存贮器单元的内容送到累加器 A。

例 3.12 设 (DPTR)=8100H,(A)=40H,执行指令:
MOVC A,@A+DPTR

结果:将程序存贮器中 8140H 单元中内容送入累加器 A。

这条查表指令的执行结果只和指针 DPTR 及累加器 A 的内容有关,与该指令存放的地址无关,因此表格大小和位置可在 64K 字节程序存贮器中任意安排,只要在查表之前对 DPTR 和 A 赋值,就使一个表格可被各个程序块公用。

§3.5 算术运算指令

51 系列的算术运算指令有加、减、乘、除法指令,增量和减量指令。

3.5.1 加法指令

一、不带进位的加法指令

指令编辑

ADD A,Rn	0 0 1 0 1 r r r		n=0～7
ADD A,direct	0 0 1 0 0 1 0 1	直 接 地 址	
ADD A,@Ri	0 0 1 0 0 1 1 i		i=0,1
ADD A,#data	0 0 1 0 0 1 0 0	立 即 数	

这组加法指令的功能是把所指出的第二操作数和累加器 A 的内容相加,其结果放在累

加器 A 中。

如果位 7 有进位输出,则置"1"进位 CY;否则清"0"CY。如果位 3 有进位输出,置"1"辅助进位 AC;否则清"0"AC。如果位 6 有进位输出而位 7 没有或者位 7 有进位输出而位 6 没有,则置位溢出标志 OV;否则清"0"OV。第二操作数有寄存器寻址、直接寻址、寄存器间接寻址和立即寻址等寻址方式。

例 3.13 设 (A) = 53H, (R0) = 0FCH, 执行指令:
ADD A, R0

```
     01010011
  +) 11111100
  (1)01001111
```

结果: (A) = 4FH, CY = 1, AC = 0, OV = 0, P = 1

例 3.14 设 (A) = 85H, (R0) = 20H, (20H) = 0AFH, 执行指令:
ADD A, @R0

```
     10000101
  +) 10101111
  (1)00110100
```

结果: (A) = 34H, CY = 1, AC = 1, OV = 1, P = 1

二、带进位加法指令

指令	编码	说明	
ADDC A, Rn	00111rrr		n = 0~7
ADDC A, direct	00110101	直接地址	
ADDC A, @Ri	0011011i		i = 0, 1
ADDC A, #data	00110100	立即数	

这组带进位加法指令的功能是同时把所指出的第二操作数、进位标志与累加器 A 内容相加,结果放在累加器中。如果位 7 有进位输出,则置"1"进位 CY;否则清"0"CY。如果位 3 有进位输出,则置位辅助进位 AC;否则清"0"AC。如果位 6 有进位输出而位 7 没有或者位 7 有进位输出而位 6 没有,则置位溢出标志 OV;否则清"0"OV。第二操作数的寻址方式和 ADD 指令相同。

例 3.15 设 (A) = 85H, (20H) = 0FFH, CY = 1, 执行指令:
ADDC A, 20H
结果:

```
     10000101
     11111111
  +)        1
  (1)10000101
```

和 (A) = 85H, CY = 1, AC = 1, OV = 0, P = 1

三、增量指令

指令编码

INC　A　　　　　　　 | 0 0 0 0 0 1 0 0 |

INC　Rn　　　　　　　| 0 0 0 0 1 r r r |　　　　　　　n = 0～7

INC　direct　　　　　| 0 0 0 0 0 1 0 1 |　| 直 接 地 址 |

INC　@Ri　　　　　　 | 0 0 0 0 0 1 1 i |　　　　　　　i = 0, 1

INC　DPTR　　　　　　| 1 0 1 0 0 0 1 1 |

这组增量指令的功能把所指出的操作数加 1,若原来为 0FFH 将溢出为 00H,除对 A 操作影响 P 外不影响任何标志。操作数有寄存器寻址、直接寻址和寄存器间接寻址方式。当用本指令修改输出口 Pi(i = 0, 1, 2, 3) 时,原始口数据的值将从口锁存器读入,而不是从引脚读入。

例 3.16　设 (A) = 0FFH, (R3) = 0FH, (30H) = 0F0H, (R0) = 40H, (40H) = 00H, 执行指令:

INC　A　　　　;(A)+1→A
INC　R3　　　 ;(R3)+1→R3
INC　30H　　　;(30H)+1→30H
INC　@R0　　　;((R0))+1→(R0)

结果: (A) = 00H, (R3) = 10H, (30H) = 0F1H, (40H) = 01H, PSW 状态不改变。

四、十进制调整指令

指令编码

DA　A　　　　　　　　| 1 1 0 1 0 1 0 0 |

这条指令对累加器中由上一条加法指令(加数和被加数均为压缩的 BCD 码)所获得的 8 位结果进行调整,使它调整为压缩 BCD 码的数。该指令执行的过程如图 3-2 所示。

例 3.17　设 (A) = 56H, (R5) = 67H, 执行指令:

ADD　A, R5
DA　A

结果: (A) = 23H, CY = 1

例 3.18　6 位十进制加法程序。

完成功能:(32H)(31H)(30H) + (42H)(41H)(40H)→52H 51H 50H,假设 32H, 31H, 30H, 42H, 41H, 40H 中的数均为压缩 BCD 码,程序如下:

MOV　　A, 30H　　　　 ;(30H)+(40H)→ACC

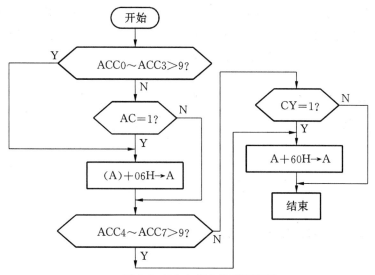

图 3-2 DA A 指令执行示意图

```
ADD     A, 40H
DA      A                  ;对(A)十进制调整后→50H
MOV     50H, A
MOV     A, 31H             ;(31H)+(41H)+CY→ACC
ADDC    A, 41H
DA      A                  ;对 A 十进制调整后→51H
MOV     51H, A
MOV     A, 32H             ;(32H)+(42H)+CY→AC
ADDC    A, 42H
DA      A                  ;对 A 十进制调整后→52H
MOV     52H A
```

3.5.2 减法指令

一、带进位减法指令

指令编码

SUBB A, Rn | 1 0 0 1 1 r r r | n=0～7

SUBB A, direct | 1 0 0 1 0 1 0 1 | 直 接 地 址

SUBB A, @Ri | 1 0 0 1 0 1 1 i | i=0,1

SUBB A, #data | 1 0 0 1 0 1 0 0 | 立 即 数

这组带进位减法指令从累加器中减去第二操作数和进位标志,结果在累加器中。

如果位 7 需借位,则置位 CY;否则清"0"CY。如果位 3 需借位,则置位 AC;否则清"0" AC。如果位 6 需借位而位 7 不需借位或者位 7 需借位而位 6 不需借位,则置位溢出标志 OV;否则清"0"OV。第二操作数允许有寄存器寻址、直接寻址、寄存器间接寻址和立即寻址等寻址方式。

例 3.19 设 (A) = 0C9H, (R2) = 54H, CY = 1, 执行指令:
SUBB A, R2

```
    11001001
    01010100
  -)       1
  ──────────
    01110100
```

结果: (A) = 74H, CY = 0, AC = 0, OV = 1, P = 0

二、减 1 指令

```
                     指令编码
DEC   A         │0 0 0 1 0 1 0 0│
DEC   Rn        │0 0 0 1 1 r r r│              n = 0 ~ 7
DEC   direct    │0 0 0 1 0 1 0 1│  │直 接 地 址│
DEC   @Ri       │0 0 0 1 0 1 1 i│              i = 0, 1
```

这组指令的功能是将指定的操作数减 1。若原来为 00H,减 1 后下溢为 0FFH,不影响标志(除(A)减 1 影响 P 外)。

当本指令用于修改输出口,用作原始口数据的值将从口锁存器 Pi(i = 0, 1, 2, 3) 读入,而不是从引脚读入。

例 3.20 设 (A) = 0FH, (R7) = 19H, (30H) = 00H, (R1) = 40H, (40H) = 0FFH, 执行指令:

```
DEC   A         ;(A) - 1 → A
DEC   R7        ;(R7) - 1 → R7
DEC   30H       ;(30H) - 1 → 30H
DEC   @R1       ;((R1)) - 1 → (R1)
```

结果: (A) = 0EH, (R7) = 18H, (30H) = 0FFH, (40H) = 0FEH, P = 1, 不影响其他标志。

3.5.3 乘法指令

```
              指令编码
MUL   AB    │1 0 1 0 0 1 0 0│
```

这条指令的功能把累加器 A 和寄存器 B 中的 8 位无符号整数相乘,其 16 位积的低位字节在累加器 A 中,高位字节在 B 中。如果积大于 255(0FFH),则置位溢出标志 OV;否则清"0"OV。进位标志 CY 总是清"0"。

例 3.21 设 (A) = 50H, (B) = 0A0H, 执行指令:
MUL　AB
结果:　(B) = 32H, (A) = 00H, 即积为 3200H。

3.5.4　除法指令

　　　　　　　　　　　指令编码
DIV　AB　　　　[1 0 0 0 0 1 0 0]

这条指令的功能是把累加器 A 中的 8 位无符号整数除以寄存器 B 中的 8 位无符号整数,所得商的整数部分存放在累加器 A 中,余数在寄存器 B 中。

如果原来 B 中的内容为 0,即除数为 0,则结果 A 和 B 中内容不定,并置位溢出标志 OV。在任何情况下,都清"0"CY。

例 3.22 设 (A) = 0FBH, (B) = 12H, 执行指令:
DIV　AB
结果:　(A) = 0DH, (B) = 11H, CY = 0, OV = 0

§3.6　逻辑运算指令

3.6.1　累加器 A 的逻辑操作指令

　　　　　　　　　　　指令编码
一、CLR　A　　　　[1 1 1 0 0 1 0 0]

这条指令的功能是将累加器 A 清"0",不影响 CY、AC、OV 等标志。

　　　　　　　　　　　指令编码
二、CPL　A　　　　[1 1 1 1 0 1 0 0]

这条指令的功能是将累加器 ACC 的每一位逻辑取反,原来为 1 的位变 0,原来为 0 的位变 1。不影响标志。

例 3.23 设 (A) = 10101010B, 执行指令:
CPL　A
结果:　(A) = 01010101B

三、左环移指令

指令编码

RL　A　|0 0 1 0 0 0 1 1|

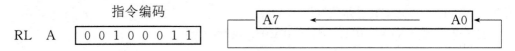

这条指令的功能是将累加器 ACC 的内容左环移 1 位,位 7 循环移入位 0。不影响标志。

四、带进位左环移指令

指令编码

RLC　A　|0 0 1 1 0 0 1 1|

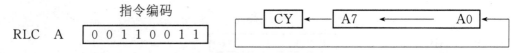

这条指令的功能是将累加器 ACC 的内容和进位标志一起左环移 1 位,ACC.7 位移入进位位 CY,CY 移入 ACC.0,不影响其他标志。

五、右环移指令

指令编码

RR　A　|0 0 0 0 0 0 1 1|

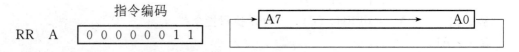

这条指令的功能是将累加器 ACC 的内容右环移 1 位,ACC.0 循环移入 ACC.7。不影响标志。

六、带进位右环移指令

指令编码

RRC　A　|0 0 0 1 0 0 1 1|

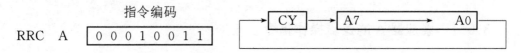

这条指令的功能是将累加器 ACC 的内容和进位标志 CY 一起右环移 1 位,ACC.0 移入 CY,CY 移入 ACC.7。

七、累加器 ACC 半字节交换指令

指令编码

SWAP　A　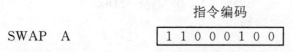

这条指令的功能是将累加器 ACC 的高半字节(ACC.7～ACC.4)和低半字节(ACC.3～ACC.0)互换。

例 3.24　设 (A) = 0C5H,执行指令:

SWAP　A

结果: (A) = 5CH

3.6.2 两个操作数的逻辑操作指令

一、逻辑与指令

指令编码

ANL　A, Rn　　　　　| 0 1 0 1 1 r r r |　　　　　　　n = 0～7

ANL　A, direct　　　| 0 1 0 1 0 1 0 1 |　　| 直 接 地 址 |

ANL　A, @Ri　　　　| 0 1 0 1 0 1 1 i |　　　　　　　i = 0, 1

ANL　A, #data　　　| 0 1 0 1 0 1 0 0 |　　| 立 即 数 |

ANL　direct, A　　　| 0 1 0 1 0 0 1 0 |　　| 直 接 地 址 |

ANL　direct, #data　| 0 1 0 1 0 0 1 1 |　　| 直接地址 | | 立 即 数 |

这组指令的功能是在指出的操作数之间执行按位的逻辑与操作,结果存放在第一操作数(目的操作数)中。操作数有寄存器寻址、直接寻址、寄存器间接寻址和立即寻址等寻址方式。当这条指令用于修改一个输出口时,作为原始口数据的值将从输出口数据锁存器(P0～P3)读入,而不是读引脚状态。

例 3.25　ANL　A, R1　　　;(A)∧(R1)→A
　　　　　ANL　A, 70H　　　;(A)∧(70H)→A
　　　　　ANL　A, @R0　　　;(A)∧((R0))→A
　　　　　ANL　A, #07H　　　;(A)∧07H→A
　　　　　ANL　70H, A　　　;(70H)∧(A)→70H
　　　　　ANL　P1, #0F0H　　;(P1)∧0F0H→P1

ANL　direct, #data 这条指令可以用于将目的操作数的某些位清"0"。

例 3.26　ANL　P1, #0FH　　;将 P1.4～P1.7 清"0"。

```
       × × × × × × × ×
    ∧  0 0 0 0 1 1 1 1
    ─────────────────
       0 0 0 0 × × × ×
```

结果 P1 口锁存器高 4 位清零,低 4 位不变。

二、逻辑或指令

指令编码

ORL　A, Rn　　　　　| 0 1 0 0 1 r r r |

ORL A, direct	0 1 0 0 0 1 0 1	直 接 地 址
ORL A, @Ri	0 1 0 0 0 1 1 i	
ORL A, #data	0 1 0 0 0 1 0 0	立 即 数
ORL direct, A	0 1 0 0 0 0 1 0	直 接 地 址
ORL direct, #data	0 1 0 0 0 0 1 1	直接地址	立 即 数

这组指令的功能是在所指出的操作数之间执行按位的逻辑或操作,结果存在第一操作数(目的操作数)中。操作数有寄存器寻址、直接寻址、寄存器间接寻址和立即寻址方式。同逻辑与指令类似,用于修改输出口数据时,原始口数据值为口锁存器内容。

例 3.27   ORL A, R7   ;(A)∨(R7)→A
         ORL A, 70H   ;(A)∨(70H)→A
         ORL A, @R1   ;(A)∨((R1))→A
         ORL A, #03H   ;(A)∨03H→A
         ORL 70H, #7FH   ;(70H)∨7FH→70H
         ORL 78H, A   ;(78H)∨(A)→78H

指令 ORL direct, #data 可用于将 direct 单元的某些位置"1"。

例 3.28   ORL P1, #0FH   ;将 P1.0～P1.3 置"1"。

```
      × × × × × × × ×
    ∨ 0 0 0 0 1 1 1 1
      ─────────────────
      × × × × 1 1 1 1
```

P1 口锁存器高 4 位不变,低 4 位置"1"。

三、逻辑异或指令

指令编码

XRL A, Rn	0 1 1 0 1 r r r	n = 0～7
XRL A, direct	0 1 1 0 0 1 0 1	直 接 地 址
XRL A, @Ri	0 1 1 0 0 1 1 i	i = 0, 1
XRL A, #data	0 1 1 0 0 1 0 0	立 即 数
XRL direct, A	0 1 1 0 0 0 1 0	直 接 地 址
XRL direct, #data	0 1 1 0 0 0 1 1	直 接 地 址	立 即 数

第3章　51系列指令系统和程序设计方法

这组指令的功能是在所指出的操作数之间执行按位的逻辑异或操作,结果存放在第一操作数(目的操作数)中。

操作数有寄存器寻址、直接寻址、寄存器间接寻址和立即寻址等寻址方式,对输出口 Pi(i＝0,1,2,3)的异或操作和逻辑与指令一样是对口锁存器内容读出修改。

例 3.29　　XRL　A,R4　　　　;(A)⊕(R4)→A
　　　　　　　XRL　A,50H　　　 ;(A)⊕(50H)→A
　　　　　　　XRL　A,@R0　　　 ;(A)⊕((R0))→A
　　　　　　　XRL　A,♯80H　　　;(A)⊕80H→A
　　　　　　　XRL　30H,A　　　　;(30H)⊕(A)→30H
　　　　　　　XRL　40H,♯0FH　　;(40H)⊕0FH→40H

指令 XRL　direct,♯data 可用于将 direct 的某些位求反。

例 3.30　　XRL　P1,♯20H　　;将 P1.5 求反。

```
    × × × ×  × × × ×
  ⊕ 0 0 1 0  0 0 0 0
  ─────────────────
    × × ×̄ ×  × × × ×
```

结果使 P1.5 锁存器求反,其他位不变。

§3.7　位 操 作 指 令

在 51 系列单片机内有一个布尔处理机,它以进位 CY(程序状态字 PSW.7)作为累加器 C,以 RAM 和 SFR 内的位寻址区的位单元作为操作数,进行位变量的传送、修改和逻辑等操作。

3.7.1　位变量传送指令

　　　　　　　　　　　　　指令编码

MOV　C,bit　　　| 1 0 1 0 0 0 1 0 | 　位　地　址　|　;(bit)→C

MOV　bit,C　　　| 1 0 0 1 0 0 1 0 | 　位　地　址　|　;(C)→bit

这组指令的功能是把由源操作数指出的位变量送到目的操作数的位单元中去。其中一个操作数必须为位累加器 C,另一个可以是任何直接寻址的位,也就是说位变量传送必须经过 C 进行。

例 3.31　　MOV　C,06H　　;(20H).6→CY
　　　　　　　MOV　P1.0,C　　;CY→P1.0
　　结果: (20H).6→P1.0

3.7.2 位变量修改指令

```
                     指令编码
CLR    C        1 1 0 0 0 0 1 1                      0→C
CLR    bit      1 1 0 0 0 0 1 0    位  地  址       0→bit
CPL    C        1 0 1 1 0 0 1 1                      (C̄)→C
CPL    bit      1 0 1 1 0 0 1 0    位  地  址       (bit̄)→bit
SETB   C        1 1 0 1 0 0 1 1                      1→C
SETB   bit      1 1 0 1 0 0 1 0    位  地  址       1→bit
```

这组指令将操作数指出的位清"0"、取反、置"1",不影响其他标志。

例 3.32　CLR　　C　　　　;0→CY
　　　　　CLR　　27H　　　;0→(24H).7
　　　　　CPL　　08H　　　;(21H).0→(21H).0 (取反)
　　　　　SETB　 P1.7　　　;1→P1.7

3.7.3 位变量逻辑操作指令

一、位变量逻辑与指令

```
                     指令编码
ANL    C, bit    1 0 0 0 0 0 1 0    位  地  址
ANL    C, /bit   1 0 1 1 0 0 0 0    位  地  址
```

这组指令功能是,如果源位的布尔值是逻辑0,则进位标志清"0",否则进位标志保持不变。操作数前斜线"/"表示用寻址位的逻辑非作源值,但不影响源位本身值,不影响别的标志。源操作数只有直接位寻址方式。

例 3.33　设 P1 为输入口,P3.0 作输出线,执行下列命令:
　　　　　MOV　　C, P1.0　　　;(P1.0)→C
　　　　　ANL　　C, P1.1　　　;(C)∧(P1.1)→C
　　　　　ANL　　C, /P1.2　　　;(C)∧(P1.2̄)→C
　　　　　MOV　　P3.0, C　　　;(C)→P3.0
　　　　　结果:P3.0=(P1.0)∧(P1.1)∧(P1.2̄)

二、位变量逻辑或指令

```
                    指令编码
ORL  C, bit      01110010      位 地 址

ORL  C, /bit     10100000      位 地 址
```

这组指令的功能是,如果源位的布尔值为1,则置位进位标志,否则进位标志 CY 保持原来状态。同样,斜线"/"表示逻辑非。

例3.34 设 P1 口为输出口,执行下述指令:
```
MOV  C, 00H      ;(20H).0→C
ORL  C, 01H      ;(C)∨(20H).1→C
ORL  C, 02H      ;(C)∨(20H).2→C
ORL  C, 03H      ;(C)∨(20H).3→C
ORL  C, 04H      ;(C)∨(20H).4→C
ORL  C, 05H      ;(C)∨(20H).5→C
ORL  C, 06H      ;(C)∨(20H).6→C
ORL  C, 07H      ;(C)∨(20H).7→C
MOV  P1.0, C     ;(C)→P1.0
```
结果:内部 RAM 的 20H 单元中只要有一位为1,P1.0 输出就为高电平。

§3.8 控制转移指令

3.8.1 无条件转移指令

一、短跳转指令

```
                        指令编码
AJMP  addr11      $a_{10}\ a_9\ a_8$ 00001     $a_7\ a_6\ a_5\ a_4\ a_3\ a_2\ a_1\ a_0$
```

这是 2K 字节范围内的无条件转跳指令,程序转移到指定的地址。该指令在运行时先将 PC+2(下条指令地址),然后通过把 PC 的高5位和指令第一字节高3位以及指令第二字节相连(PC15PC14PC13PC12PC11$a_{10}a_9a_8a_7a_6a_5a_4a_3a_2a_1a_0$)而得到转跳目标地址送入 PC。因此,目标地址必须与它下面的指令存放地址在同一个 2K 字节区域内。

例3.35 KWR: AJMP addr11

如果 addr11=00100000000B,标号 KWR 地址为1030H,则执行该条指令后,程序转移到1100H;当 KWR 为3030H 时,执行该条指令后,程序转移到3100H。

二、相对转移指令

　　　　　　　　　　　指令编码

SJMP　rel　　　　| 1 0 0 0 0 0 0 0 |　　| 相对偏移量　rel |

这也是条无条件转跳指令,执行时在 PC 加 2 后,把指令的有符号的偏移量 rel 加到 PC 上,并计算出转向地址。因此,转向的目标地址可以在这条指令前 128 字节到后 127 字节之间。

例 3.36　KRD：SJMP PKRD

如果 KRD 标号值为 0100H,即 SJMP 这条指令的机器码存放于 0100H 和 0101H 这两个单元中;标号 PKRD 值为 0123H,即转跳的目标地址为 0123H,则指令的第二字节(相对偏移量)应为：

$$rel = 0123H - 0102H = 21H$$

三、长跳转指令

　　　　　　　　　　　指令编码

LJMP　addr 16　　| 0 0 0 0 0 0 1 0 |　　| $a_{15}\cdots a_8$ |　　| $a_7\cdots a_0$ |

这条指令执行时把指令的第二和第三字节分别装入 PC 的高位和低位字节中,无条件地转向指定地址。转移的目标地址可以在 64K 字节程序存贮器地址空间的任何地方,不影响任何标志。

例 3.37　执行指令：

LJMP　8100H

结果使程序转移到 8100H,不管这条长跳转指令存放在什么地方。这和 AJMP、SJMP 指令是有差别的。

四、基寄存器加变址寄存器间接转移指令(散转指令)

　　　　　　　　　　　指令编码

JMP　@A+DPTR　　| 0 1 1 1 0 0 1 1 |

这条指令的功能是把累加器中 8 位无符号数与数据指针 DPTR 中的 16 位无符号数相加(模 2^{16}),结果作为下条指令地址送入 PC,不改变累加器和数据指针内容,也不影响标志。利用这条指令能实现程序的散转。

例 3.38　如果累加器 A 中存放待处理命令编号(0~7),程序存贮器中存放着标号为 PMTB 的转移表,则执行下面的程序,将根据 A 内命令编号转向相应的命令处理程序：

```
PM:   MOV   R1, A           ;(A)*3→A
      RL    A
      ADD   A, R1
      MOV   DPTR, #PMTB      ;转移表首址→DPTR
```

```
        JMP     @A+DPTR
PMTB：  LJMP    PM0                 ;转向命令 0 处理入口
        LJMP    PM1                 ;转向命令 1 处理入口
        LJMP    PM2                 ;转向命令 2 处理入口
        LJMP    PM3                 ;转向命令 3 处理入口
        LJMP    PM4                 ;转向命令 4 处理入口
        LJMP    PM5                 ;转向命令 5 处理入口
        LJMP    PM6                 ;转向命令 6 处理入口
        LJMP    PM7                 ;转向命令 7 处理入口
```

3.8.2 条件转移指令

条件转移指令是依某种特定条件转移的指令。条件满足才转移(相当于执行一条相对转移指令)，条件不满足时则顺序执行下面的指令。目的地址在以下一条指令的起始地址为中心的 256 字节范围中(−128～+127B)。当条件满足时，把 PC 加到指向下一条指令的第一个字节地址，再把有符号的相对偏移量加到 PC 上，计算出转向地址。

一、测试条件符合转移指令

指令		指令编码			转移条件
JZ	rel	0 1 1 0 0 0 0 0	相对偏移量 rel		(A) = 0
JNZ	rel	0 1 1 1 0 0 0 0	相对偏移量 rel		(A) ≠ 0
JC	rel	0 1 0 0 0 0 0 0	相对偏移量 rel		CY = 1
JNC	rel	0 1 0 1 0 0 0 0	相对偏移量 rel		CY = 0
JB	bit, rel	0 0 1 0 0 0 0 0	位地址	相对偏移量 rel	(bit) = 1
JNB	bit, rel	0 0 1 1 0 0 0 0	位地址	相对偏移量 rel	(bit) = 0
JBC	bit, rel	0 0 0 1 0 0 0 0	位地址	相对偏移量 rel	(bit) = 1

- JZ： 如果累加器 ACC 为 0，则执行转移；
- JNZ： 如果累加器 ACC 不为 0，则执行转移；
- JC： 如果进位标志 CY 为 1，则执行转移；
- JNC： 如果进位标志 CY 为 0，则执行转移；
- JB： 如果直接寻址的位值为 1；则执行转移；

- JNB： 如果直接寻址的位值为0,则执行转移;
- JBC： 如果直接寻址的位值为1,则执行转移;并且清"0"直接寻址的位(bit)。

二、比较不相等转移指令

指令编码

CJNE　A, direct, rel　| 1 0 1 1 0 1 0 1 | 直接地址 | 相对偏移量 |

CJNE　A, ♯data, rel　| 1 0 1 1 0 1 0 0 | 立 即 数 | 相对偏移量 |

CJNE　Rn, ♯data, rel　| 1 0 1 1 1 r r r | 立 即 数 | 相对偏移量 |

CJNE　@Ri, ♯data, rel　| 1 0 1 1 0 1 1 i | 立 即 数 | 相对偏移量 |

这组指令的功能是比较两个操作数的大小,如果它们的值不相等则转移,在 PC 加到下一条指令的起始地址后,再把有符号的相对偏移量加到 PC 上,得到转向地址。如果第一操作数(无符号整数)小于第二操作数,则置位进位标志 CY;否则,清"0"CY。不影响任何一个操作数的内容。如果两个操作相等则顺序执行下条指令。

操作数有寄存器寻址、直接寻址、寄存器间接寻址和立即寻址等方式。

例 3.39　执行下面程序后将根据 A 的内容大于60H、等于60H、小于60H 三种情况作不同的处理:

```
        CJNE  A, ♯60H, NEQ      ;(A)不等于60H 转移
EQ:     …                       ;(A)等于60H 处理程序
        ⋮
NEQ:    JC        LOW           ;(A)<60H 转移
                                ;(A)>60H 处理程序
        ⋮
LOW:    …                       ;(A)<60H 处理程序
```

三、减1不为0转移指令

指令编码

DJNZ　Rn, rel　　| 1 1 0 1 1 r r r | 相对偏移量 rel |　　n=0～7

DJNZ　direct, rel　| 1 1 0 1 0 1 0 1 | 直接地址 | 相对偏移量 rel |

这组指令把源操作数减1,结果回送到源操作数中去。如果结果不为0则转移。源操作数有寄存器寻址和直接寻址方式。这组指令允许程序员把内部 RAM 单元用作程序循环计数器。

例 3.40　延时程序:
START:　SETB　P1.1　　　　　　;1→P1.1

```
DL:    MOV   30H, #03H      ;03H→30H,置初值
DL0:   MOV   31H, #0F0H     ;0F0H→31H,置初值
DL1:   DJNZ  31H, DL1       ;(31H)-1→31H,(31H)不为0重复执行
       DJNZ  30H, DL0       ;(30H)-1→30H,(30H)不为0转DL0
       CPL   P1.1           ;P1.1求反
       AJMP  DL             ;转DL
```

这段程序的功能是通过延时在 P1.1 输出一个方波脉冲,可以通过修改 30H 和 31H 初值,改变延时时间,从而改变方波频率。

3.8.3 调用和返回指令

在程序设计中,常常出现几个地方都需要作功能完全相同的处理(如计算 $ax^2 + bx + c$),只是参数不同而已。为了减少程序编写和调试的工作量,使某一段程序能被公用,于是引进了主程序和子程序的概念,指令系统中一般都有调用子程序的指令,以及从子程序返回主程序的指令。

通常把具有一定功能的公用程序段作为子程序,在子程序的末尾安排一条返回主程序的指令。主程序转子程序以及从子程序返回的过程如图 3-3 所示。当主程序执行到 A 处,执行调用子程序 SUB 时,把下一条指令地址(PC 值)保留到堆栈中,堆栈指针 SP 加 2,子程序 SUB 的起始地址送 PC,CPU 转向执行子程序 SUB,碰到 SUB 中的返回指令,把 A 处下一条指令地址从堆栈中取出并送回到 PC,于是 CPU 又回到主程序继续执行下去。当执行到 B 处又碰到调用子程序 SUB 的指令,再一次重复上述过程。于是,子程序 SUB 能被主程序多次调用。

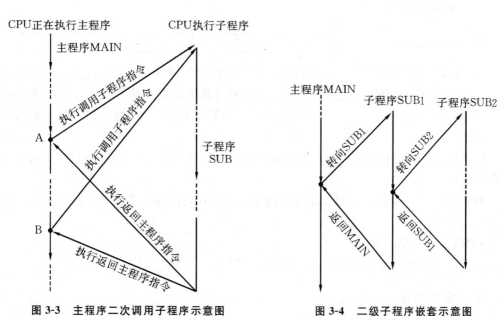

图 3-3 主程序二次调用子程序示意图   图 3-4 二级子程序嵌套示意图

在一个程序中,往往在子程序中还会调用别的子程序,这称为子程序嵌套。二级子程序嵌套过程如图 3-4 所示。为了保证正确地从子程序 SUB2 返回子程序 SUB1,再从 SUB1 返回主程序,每次调用子程序时都必须将下条指令地址保存起来,返回时按后进先出原则依次取出旧 PC 值。如前所述,堆栈就是按后进先出规律存取数据的,调用指令和返回指令具有自动的进栈保存和退栈恢复 PC 内容的功能。

一、短调用指令

指令编码

ACALL addr11 | $a_{10}\ a_9\ a_8$ 1 0 0 0 1 |
                 | $a_7\ a_6\ \cdots\ a_1\ a_0$ |

这条指令无条件地调用地址由 $a_{10}\sim a_0$ 所指出的子程序。执行时把 PC 加 2 以获得下一条指令的地址,把这 16 位地址压进堆栈(先 PCL 进栈,后 PCH 进栈),堆栈指针 SP 加 2。并把 PC 的高 5 位与操作码的位 7～5 和指令第二字节相连接($PC_{15}PC_{14}PC_{13}PC_{12}PC_{11}a_{10}a_9\cdots a_1a_0$)以获得子程序的起始地址,并送入 PC,转向执行子程序。所调用的子程序的起始地址必须在与 ACALL 后面指令的第一个字节在同一个 2K 字节区域的程序存贮器中。

例 3.41 若 (SP) = 60H,标号 MA 值为 0123H,子程序 SUB 位于 0345H,则执行指令:

MA:ACALL SUB

结果:(SP) = 62H,内部 RAM 中堆栈区内 (61H) = 25H,(62H) = 01H,(PC) = 0345H

二、长调用指令

LCALL addr 16 | 0 0 0 1 0 0 1 0 | $a_{15}a_{14}\cdots a_9\ a_8$ | $a_7\ a_6\ \cdots\ a_1\ a_0$ |

这条指令无条件地调用位于指定地址的子程序。它先把程序计数器加 3 获得下条指令的地址,并把它压入堆栈(先低位字节后高位字节),并把堆栈指针 SP 加 2。接着把指令的第二、第三字节($a_{15}\sim a_8$,$a_7\sim a_0$)分别装入 PC 的高位和低位字节中,将从该地址开始执行程序。

LCALL 指令可以调用 64K 字节范围内程序存贮器中的任何一个子程序,执行后不影响任何标志。

例 3.42 若 (SP) = 60H,标号 STRT 值为 0100H,标号 DIR 值为 8100H,则执行指令:

STRT:LCALL DIR

结果:(SP) = 62H,(61H) = 03H,(62H) = 01H,(PC) = 8100H

三、返回指令

如上所述,返回指令的功能是使 CPU 从子程序返回到主程序执行。

1. 从子程序返回指令

指令编码

RET   `0 0 1 0 0 0 1 0`

这条指令的功能是从堆栈中退出 PC 的高位和低位字节,把栈指针 SP 减 2,并从产生的 PC 值开始执行程序。不影响任何标志。

例 3.43 若 (SP) = 62H, (62H) = 07H, (61H) = 30H, 则执行指令:

RET

结果: (SP) = 60H, (PC) = 0730H, CPU 从 0730H 开始执行程序。在子程序的结尾必须是返回指令 RET,才能从子程序返回到主程序。

例 3.44 如图 3-5 所示,在 P1.0～P1.3 分别装有两个红灯和两个绿灯,则下面就是一种红绿灯定时切换的程序:

```
MAIN:  MOV    A, #03H
ML:    MOV    P1, A           ;切换红绿灯
       ACALL  DL              ;调用延时子程序
MXCH:  CPL    A
       AJMP   ML
DL:    MOV    R7, #0A3H       ;置延时常数
DL1:   MOV    R6, #0FFH
DL6:   DJNZ   R6, DL6         ;用循环来延时
       DJNZ   R7, DL1
       RET                    ;返回主程序
```

在执行上面程序过程中,执行到 ACALL DL 指令时,程序转移到延时子程序 DL,执行到子程序中的 RET 指令后又返回到主程序中的 MXCH 处。这样 CPU 不断地在主程序和子程序之间转移,实现对红绿灯的定时切换。

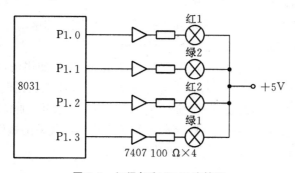

图 3-5 红绿灯和 P1 口连接图

2. 从中断返回指令

指令编码

RETI   `0 0 1 1 0 0 1 0`

这条指令除了执行 RET 指令的功能以外,还清除内部相应的中断状态寄存器(该触发器由 CPU 响应中断时置位,指示 CPU 当前是否在处理高级或低级中断),表示 CPU 已退出该中断的处理状态。因此,中断服务程序必须以 RETI 为结束指令。CPU 执行 RETI 指令后至少再执行一条指令,才能响应新的中断请求。

四、空操作指令

```
                         指令编码
NOP                    0 0 0 0 0 0 0 0
```

该指令在延迟等程序中用于调整 CPU 的执行时间,不执行任何操作。

§3.9 程序设计方法

程序设计就是用计算机所能接受的语言把解决问题的步骤描述出来,也就是编制程序。常用的 51 程序设计语言有 MCS-51 汇编语言(指令系统中的指令)和 C51、PLM51 等高级语言。这一节我们介绍 51 汇编语言程序设计的方法。

3.9.1 程序设计的步骤

用汇编语言编写一个程序的过程大致上可以分为以下几个步骤:
(1) 分析问题,明确所要解决问题的要求。
(2) 确定算法。根据实际问题的要求和指令系统的特点,决定所采用的计算公式和计算方法,这就是一般所说的算法。算法是进行程序设计的依据,它决定了程序的正确性和程序的质量。
(3) 设计程序框图。根据所选择的算法,设计出运算的步骤和顺序,把算法和运算过程以程序框图(即流程图)的形式描述出来。
(4) 确定数据格式,分配工作单元,进一步将程序框图画细化。
(5) 根据程序框图和指令系统,编写出汇编语言程序。
(6) 程序测试。对于单片机来说没有自开发的功能,需要使用仿真器或模拟调试器,以单步、断点、连续方式试运行程序,对程序进行测试,排除程序中的错误,直至正确为止。
(7) 程序优化。程序优化就是优化程序结构、缩短程序长度、加快运算速度和节省数据存贮单元。在程序设计中,经常使用循环程序和子程序的形式来缩短程序,通过改进算法和正确使用指令来节省工作单元和减少程序执行的时间。

3.9.2 程序框图和程序结构

单片机应用系统的软件(常称为固件——固化到单片机内部或外部的程序存贮器内的程序)一般由主程序和若干个中断程序组成。从程序结构上分大致可以分为顺序执行的程序、分支程序、循环程序、公用的子程序。

一、程序框图

针对需要解决的问题要求,将 CPU 所要执行的操作写在一个个框内,并以一定的次序,用带方向箭头的直线把这些框框连接起来,指示出 CPU 的操作过程,这种表示出 CPU 操作过程的方框图称为程序框图或程序流程图。在程序框图中常用的框图形式有以下几种:

(1) 执行框:以一个矩形框表示,框内写上某些操作,例如:

常数 8000H→DPTR

(2) 判断框:以符号 ⬡ 或 ◇ 表示,框内写上判断的条件,根据条件是否满足 (满足以 Yes 表示,不满足以 No 表示)控制执行不同的操作,例如:

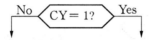

(3) 开始框:表示某一个程序的开始,以符号 ⬭ 表示,例如:START

(4) 结束框:表示某个程序的结束:以符号 ⬭ 表示,例如:END 、返回

(5) 程序框图示例:使 P1.0 输出一个方波的实验程序框图(图 3-6)。

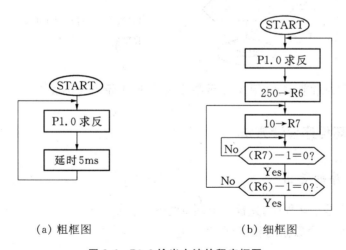

(a) 粗框图　　　　　　　(b) 细框图

图 3-6　P1.0 输出方波的程序框图

程序框图可以分为粗框图和细框图,粗框图只表示功能性的流程,例如图 3-6(a)中的延时 5ms,细框图详细地表示出一种具体的对工作单元的操作,例如上面的程序框图中 3-6(b)。

二、分支程序

上面介绍的判断框,判断某个条件成立与否,控制执行不同的操作,这样的程序结构就是分支程序结构,例如：

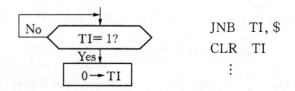

51 系列的条件转移指令都可以用在分支程序中：
- 测试条件符合转移指令,例如：

```
JNB  TI, $
CLR  TI
  ⋮
```

- 比较不相等转移指令,例如：

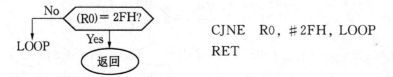

```
CJNE  R0, #2FH, LOOP
RET
```

- 减 1 不为零转移指令,例如：

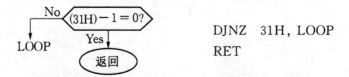

```
DJNZ  31H, LOOP
RET
```

- 在下面的章节中,常用 Y 表示条件成立,N 表示条件不成立。

3.9.3 循环程序设计方法

一、循环程序的导出

为了弄清什么是循环程序,先看一个简单的例子。

例 3.45 计算 n 个数据的和,计算公式为：

$$y = \sum_{i=1}^{n} x_i$$

如果直接按这个公式编制程序,则当 n = 11 时,需编写连续的 10 次加法。这样程序将很长,并且对于 n 可变时,将无法编制出程序。因此,这个公式有必要改写为易于在计算机上实现的形式：

$$\begin{cases} y_1 = 0; & i = 1 \\ y_{i+1} = y_i + x_i; & i \leqslant n \end{cases}$$

当 i＝n 时，y_{n+1} 即为所求的 n 个数据之和 y。这种形式的公式称为递推公式。在用计算机程序来实现时，y_i 实际上是用一个变量来实现的，这可用下式表示：

$$\begin{cases} 0 \to y; & 1 \to i \\ y + x_i \to y, i+1 \to i; & i \leqslant n \end{cases}$$

按这个公式，我们可以很容易地画出相应的程序框图(见图 3-7)。从这个框图中，我们可以看出循环程序的基本结构。一个循环程序中包括以下一些操作：

(1) 置初值。把初值参数赋给控制变量(如 i)和某些数据变量(如 y)。

(2) 循环工作部分。这部分重复执行某些操作，实际的功能是通过它的执行而完成的。

(3) 修改循环控制变量(如 i+1 → i)。

(4) 循环终止控制。判断控制变量是否满足终值条件，如果不满足，则转去执行循环工作部分的操作(即转(2))；满足，则退出循环。

循环终止控制一般采用计数方法，即用一个寄存器作为循环次数计数器。每循环一次后加 1 或减 1，达到终止数值后循环停止。对于 51 系列的单片机，可以用减 1 不等于零转移(DJNZ)指令来实现计数方法的循环终止控制，工作寄存器 R0～R7 和内部 RAM 单元都可以作为循环计数器。

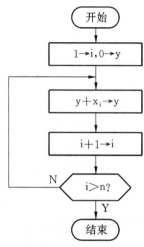

图 3-7 求 n 个单字节数据和的程序框图

例 3.46 如果 x_i 均为单字节数，并按 i 顺序存放在内部 RAM 从 50H 开始的单元中，n 放在 R2 中，现在要求它们的和(双字节)，放在 R3R4 中，则可编制出下面程序：

```
NSUN:  MOV   R3, #0        ;设置初值
       MOV   R4, #0
       MOV   R0, #50H
LOOP:  MOV   A, R4         ;计算和(循环体)
       ADD   A, @R0
       MOV   R4, A
       CLR   A
       ADDC  A, R3
       MOV   R3, A
       INC   R0            ;修改控制变量
       DJNZ  R2, LOOP      ;循环终止控制
       RET
```

在这里,我们用 R2 作为控制变量,用 R0 作为数据指针,采用寄存器间接寻址方式寻址 x_i,这是循环程序中常用的操作数寻址方式。

只有在循环次数已知的情况下才能用计数方法控制循环的终止。对于循环次数未知的问题,不能用循环次数来控制。例如,近似计算中用误差小于给定值这一条件来控制循环的结束。对于这类问题,往往需要根据某种条件来判断是否应该终止循环。这时可以用条件转移指令来控制循环的结束。下面举一个例子来说明这种循环程序的设计方法。

例 3.47 设在外部 RAM 中有一个 ASCII 字符串,它的首地址在 DPTR 中,字符串以 0 结尾。现在要求用串行口把它发送出去。在串行口已经初始化(TI 初值置为 1)的条件下,该操作流程可以用框图 3-8 来描述。

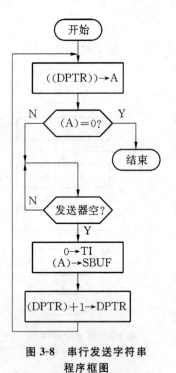

图 3-8　串行发送字符串程序框图

程　序:

```
SOUT:   MOVX    A, @DPTR
        JNZ     SOT1
        RET
SOT1:   JNB     TI, SOT1
        CLR     TI
        MOV     SBUF, A
        INC     DPTR
        SJMP    SOUT
```

在这个程序中,我们以从外部 RAM 中取出的字符是否为字符串的结尾标志"0"作为循环终止控制。

例 3.48 将内部 RAM 中 30H～32H 的内容左移 4 位,移出部分送 R2,即

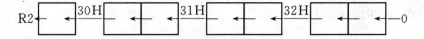

利用交换指令,我们可以画出图 3-9 所示的程序流程图。

程　序:

```
RL43:       MOV     R0, #32H
            CLR     A
LOOP:       XCHD    A, @R0
            SWAP    A
            XCH     A, @R0
            DEC     R0
            CJNE    R0, #2FH, LOOP    ;指针值作为循环终止条件
            SWAP    A
```

          MOV   R2, A
          RET

二、多重循环

构成循环程序的形式和方法是多种多样的。像前面介绍的几个例子那样,一个循环程序中不再包含其他的循环程序,则称该循环程序为单循环程序;如果一个循环程序中包含了其他的循环程序,则称该循环程序为多重循环程序。这在实际问题中,也是经常遇到的。

最简单的多重循环程序为由 DJNZ 指令构成的软件延时程序。

例 3.49 50ms 延时子程序。

延时程序与指令执行时间有很大的关系。若一个机器周期为 $1\mu s$,执行一条 DJNZ 指令的时间为 $2\mu s$。这时,我们可用双重循环方法写出如下的延迟 50ms 的子程序:

```
DEL:   MOV    R7, #200
DEL1:  MOV    R6, #125
DEL2:  DJNZ   R6, DEL2   ;125×2=250μs
       DJNZ   R7, DEL1   ;0.25×200=50ms
       RET
```

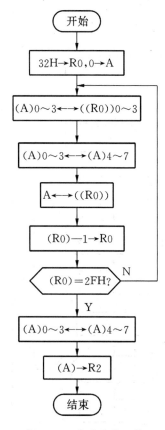

图 3-9 3 字节左移 4 位程序框图之一

以上延时程序不太精确,它没有考虑到除 DJNZ R6,DEL2 指令外的其他指令的执行时间,如把其他指令的执行时间计算在内,它的延迟时间为 $(250+1+2)\times 200+1=50.301\text{ms}$。

如果要求比较精确的延时,可按如下修改:

```
DEL:   MOV    R7, #200
DEL1:  MOV    R6, #123
       NOP
DEL2:  DJNZ   R6, DEL2   ;2×123+2=248μs
       DJNZ   R7, DEL1   ;(248+2)×200+1
                         ;=50.001ms
       RET
```

它的实际延迟时间为 50.001ms。但要注意,用软件实现延时时,不允许有中断,否则将严重地影响延时的准确性。

对于需延时更长的时间,可采用更多重的循环,如 1s 延时,可用三重循环。

例 3.50 例题 3.48 的 3 字节左移 4 位操作也可以利用带进位左环移指令来实现,相应的程序框图如图 3-10 所示。这是一个双重循环程序。

程　序:
RLC43:   MOV   R7, #4

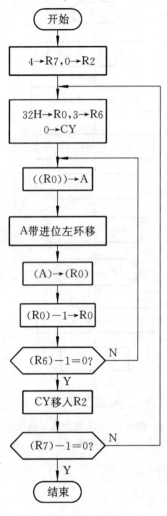

图 3-10　3 字节左移 4 位
程序框图之二

```
             MOV    R2,#0
LOOP0:       MOV    R0,#32H
             MOV    R6,#3
             CLR    C
LOOP1:       MOV    A,@R0
             RLC    A
             MOV    @R0,A
             DEC    R0
             DJNZ   R6,LOOP1
             MOV    A,R2
             RLC    A
             MOV    R2,A
             DJNZ   R7,LOOP0
             RET
```

三、循环程序的结构和优化

1. 循环程序的结构

从上面介绍的几个例子中,可以看出,循环程序的结构大体上是相同的,可用图 3-11 表示。

循环工作部分与修改控制变量是整个循环程序中最基本的部分,通常称为循环体(如图 3-11 中虚线框所示)。循环体的编写是整个循环程序的关键。尤其是在循环体中需合理使用条件转移指令,对于多重循环更需要特别小心。在编制循环体程序时应注意如下几个问题:

(1) 循环程序是一个有始有终的整体,它的执行是有条件的,所以要避免从循环体外直接转到循环体内部。因为这样做未经过置初值,会引起程序的混乱。

(2) 多重循环程序是从外层向内层一层层进入,但在结束循环时是由里到外一层层退出的,所以在循环嵌套程序中,不要在外层循环中用转移指令直接转到内层循环体中。

(3) 循环体内可以直接转到循环体外或外层循环中,可实现一个循环由多个条件控制结束的结构。

(4) 在编写循环程序时,首先要确定程序的结构,把逻辑关系搞清楚。一般情况,一个循环体的设计可以从第一次执行情况着手,先画出重复运算的程序框图,然后再加上修改判断和置初值部分,使其成为一个完整的循环程序。

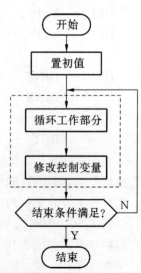

图 3-11　循环程序结构

2. 循环程序的优化问题

循环体是循环程序中重复执行的部分,如经过仔细推敲,合理安排,它的执行时间若缩短1ms。如果循环的重复次数为n,则程序可节约n ms。因此,对于循环体,我们必须对它进行优化。优化时,一般应从改进算法、选用最合适的指令和工作单元等入手,以达到缩短执行时间的要求。对于循环体来说,缩短程序长度并不是特别重要,我们关心的主要是程序的执行时间。

例3.48和例3.50的程序功能相同,例3.48执行时间少,所使用的工作寄存器也少,显然例3.48的程序优于例3.50的程序。

3.9.4 子程序设计和参数传递方法

在一个程序中,往往有许多地方需要执行同样的一种操作,但程序并不很规则,不能用循环程序来实现。这时我们可以把这个操作单独编制成一个子程序,在原来程序中(主程序)需要执行这种操作的地方执行一条调用指令,转到子程序完成规定操作以后又返回到原来的程序(主程序)继续执行下去。这样处理的好处是:

(1) 避免在几个地方对同样一种操作进行重复编程;
(2) 简化了程序的逻辑结构;
(3) 缩短了程序长度,从而节省了程序存贮器单元;
(4) 便于调试。

在子程序中,一般应包含有现场保护和现场恢复两个部分。但由于子程序调用与中断响应有所不同:中断响应的发生是随机的(任意的),转向中断处理的时刻与主程序无直接关系,故一般一定要有现场保护与现场恢复;对于子程序来说,它的发生是由主程序决定的,故现场保护可以按实际情况灵活处理。

子程序调用中有一个特别的问题,就是参数传递。

在调用子程序时,主程序应先把需子程序处理的有关参数(即入口参数)放到某些约定的位置,子程序在运行时,可以从约定的位置得到有关的参数。同样,子程序在运行结束前,也应该把处理结果(出口参数)送到约定位置。在返回主程序后,主程序可以从这些地方得到需要的结果。这就是参数传递。

实际实现参数传递时,可采用多种约定方法,下面按51系列单片机的特点介绍几种常用的方法。

一、用工作寄存器或累加器来传递参数

这种方法就是把入口参数或出口参数放在工作寄存器或累加器中。使用这种方法,程序最简单,运算速度也最高。它的缺点是:工作寄存器数量有限,不能传递太多的数据;主程序必须先把数据送到工作寄存器;参数个数固定,不能由主程序任意设定。

例3.51 累加器ACC内的一个十六进制数的ASCII字符转换为一位十六进制数存放于A。

根据十六进制数和它的ASCII字符编码之间的关系,我们可以得出图3-12所示的程序

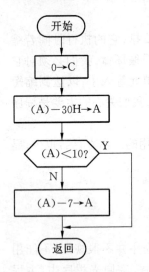

图 3-12 ASCII 字符转换为十六进制数程序框图

框图。

程　序：

```
ASCH:  CLR   C
       SUBB  A,#30H
       CJNE  A,#10,$+3
       JC    AH10
       SUBB  A,#07
AH10:  RET
```

二、用指针寄存器来传递参数

由于数据一般存放在存贮器中,而不是工作寄存器中,故可用指针来指示数据的位置,这样可大大节省传递数据的工作量,并可实现可变长度运算。一般如参数在内部 RAM 中,可用 R0 或 R1 作指针；参数在外部 RAM 或程序存贮器中,可用 DPTR 作指针。可变长度运算时,可用一个寄存器来指出数据长度,也可在数据中指出其长度(如使用结束标记等)。

例 3.52　将(R0)和(R1)指出的内部 RAM 中两个 3 字节无符号整数相加,结果送(R0)指出的内部 RAM 中。入口时,(R0)、(R1)分别指向加数和被加数的低位字节(高位字节存在低地址单元),出口时(R0)指向结果的高位字节。利用 51 的带进位加法指令,可以直接编写出下面的程序：

```
NADD:   MOV   R7,#3
        CLR   C
NADD1:  MOV   A,@R0
        ADDC  A,@R1
        MOV   @R0,A
        DEC   R0
        DEC   R1
        DJNZ  R7,NADD1
        INC   R0
        RET
```

*三、用堆栈来传递参数

堆栈可以用于传递参数。调用时,主程序可用 PUSH 指令把参数压入堆栈中。以后子程序可按栈指针来间接访问堆栈中的参数,同时可把结果参数送回堆栈中。返回主程序后,可用 POP 指令得到这些结果参数。这种方法的一个优点是简单、能传递大量参数、不必要为特定的参数分配存贮单元。使用这种方法时,由于参数在堆栈中,故大大简化了中断响应时的现场保护。

在实际使用时,不同的调用程序可使用不同的技术来处理这些参数。下面以几个简单的例子来说明用堆栈来传递参数的方法。

*例 3.53   一位十六进制数转换为 ASCII 码子程序。

```
HASC:   MOV     R0, SP
        DEC     R0
        DEC     R0              ;R0 为参数指针
        XCH     A, @R0          ;保护 ACC,取出参数
        ANL     A, #0FH         ;只取(A)0～3
        ADD     A, #2           ;加偏移量
        MOVC    A, @A+PC
        XCH     A, @R0          ;查表结果放回堆栈并恢复 ACC
        RET
        DB      '0123456789'    ;十六进制数的 ASCII 字符表
        DB      'ABCDEF'
```

子程序 HASC 把堆栈中的一位十六进制数变成 ASCII 码。它先从堆栈中读出调用程序存放的数据,然后用它的低 4 位去访问一个局部的 16 项的 ASCII 码表,把得到的 ASCII 码放回堆栈中,然后返回。它不改变累加器的值。

可以按不同的情况来调用这个子程序。

*例 3.54   把内部 RAM 中 50H,51H 的双字节十六进制数转换为 4 位 ASCII 码,存放于(R1)指向的 4 个内部 RAM 单元,我们可以用如下所示的方法调用例 3.53 中的子程序。

```
HA24    MOV     A, 50H
        SWAP    A
        PUSH    ACC
        ACALL   HASC            ;(50H)4～7→ASCⅡ码
        POP     ACC
        MOV     @R1, A
        INC     R1
        PUSH    50H             ;(50H)0～3→ASCⅡ码
        ACALL   HASC
        POP     ACC
        MOV     @R1, A
        INC     R1
        MOV     A, 51H
        SWAP    A
        PUSH    ACC
        ACALL   HASC            ;(51H)4～7→ASCⅡ码
        POP     ACC
        MOV     @R1, A
```

```
        INC     R1
        PUSH    51H
        ACALL   HASC            ;(51H)_{0~3}→ASCⅡ码
        POP     ACC
        MOV     @R1, A
        ⋮
```

　　HASC 子程序只完成了 1 位十六进制数到 ASCII 码的转换,对于 1 字节中 2 位十六进制数,需由主程序把它分成两个 1 位十六进制数,然后两次调用 HASC,才能完成转换。对于需多次使用该功能的程序的场合,需占用很多程序空间。下面介绍一个把 1 字节的 2 位十六进制数变成两个 ASCII 码的子程序。

　　该子程序仍采用堆栈来传递参数,但现在传到子程序的参数为 1 字节,传回到主程序的参数为 2 字节,这样堆栈的大小在调用前后是不一样的。在子程序中,必须对堆栈内的返回地址和栈指针进行修改。

*例 3.55　一个字节单元中的 2 位十六进制数转换为两个 ASCII 码子程序。

```
HTA2:   MOV     R0, SP
        DEC     R0
        DEC     R0
        PUSH    ACC                     ;保护累加器内容,堆栈指针加 1
        MOV     A, @R0;                 ;取出参数
        ANL     A, #0FH
        ADD     A, #(ATAB−HTA20);       ;加偏移量
        MOVC    A, @A+PC
HTA20:  XCH     A, @R0                  ;低位 HEX 的 ASCII 码放入堆栈中并取参数
        SWAP    A
        ANL     A, #0FH
        ADD     A, #(ATAB−HTA21)        ;加偏移量
        MOVC    A, @A+PC
HTA21:  INC     R0
        XCH     A, @R0                  ;高位 HEX 的 ASCII 码放入堆栈中并取 PCL
        INC     R0
        XCH     A, @R0                  ;低位返回地址放入堆栈中并取 PCH
        INC     R0
        XCH     A, @R0                  ;高位返回地址放入堆栈,并恢复累加器内容
        RET
ATAB:   DB      '0123456789'
        DB      'ABCDEF'
```

*例 3.56　将内部 RAM 中 50H,51H 中的内容以 4 位十六进制数的 ASCII 形式在串行口发送出去,可如下调用 HTA2 程序:

```
SCOT4:  PUSH    50H
        ACALL   HTA2
        POP     ACC
        ACALL   COUT
        POP     ACC
        ACALL   COUT
        PUSH    51H
        ACALL   HTA2
        POP     ACC
        ACALL   COUT
        POP     ACC
        ACALL   COUT
        ⋮
COUT:   JNB     TI, COUT    ;字符发送子程序
        CLR     TI
        MOV     SBUF, A
        RET
```

例 3.55 的程序中,修改返回地址由

```
        XCH     A, @R0
```

指令来完成。修改栈指针的操作,这里并不需要,因为在子程序中,有 PUSH ACC(保护累加器内容),已经使栈指针加 1。如果在子程序出口处,栈指针与实际的栈内容不相符合,这时应修改栈指针。因为一般在用堆栈传递参数的子程序中,均用数据指针 R0 或 R1 来修改栈内容(包括返回地址),并且一般总是在最后修改返回地址,故可在返回前,加入一条

```
        MOV     SP, R0
或      MOV     SP, R1
```

指令,即可完成栈指针的修改。这种方法可适用于各种情况,包括调用参数多于结果参数和调用参数少于结果参数等各种场合。

*四、程序段参数传递

上面这些参数传递方法,多数是在调用子程序前,把值装入适当的寄存器来传递参数。如果有许多常数参数,这种技术不太有效,因为每个参数需要一个寄存器来传递,并且在每次调用子程序时需分别用指令把它们装入寄存器中。

如果需要大量参数,并且这些参数均为常数时,程序段参数传递方法(有时也称为直接参数传递)是传递常数的有效方法。调用时,常数作为程序代码的一部分,紧跟在调用子程序后面。子程序根据栈内的返回地址,决定从何处找到这些常数,然后在需要时,从程序存贮器中读出这些参数。

*例 3.57 字符串发送子程序。

在实际应用中,经常需要发送各种字符串,而这些字符串,通常放在程序存贮器中。按

通常方法,需要先把这些字符装入 RAM 中,然后用传递指针的方法来实现参数传递。为了简便,也可把字符串放在程序存贮器的独立区域中,然后用传递字符串首地址的方法来传递参数。以后子程序可按该地址用 MOVC 指令从程序存贮器中读出并发送该字符串。但是,最简单的方法是采用程序段参数传递方法。下例中,字符串以 0 作为结束标志。

程　序：

```
SOUT:   POP     DPH             ;栈中地址,指向程序段参数
        POP     DPL
SOT1:   CLR     A
        MOVC    A, @A+DPTR
        INC     DPTR
        JZ      SEND
        JNB     TI, $           ;$为本条指令地址
        CLR     TI
        MOV     SBUF, A
        SJMP    SOT1
SEND:   JMP     @A+DPTR
```

下面从发送字符串'AT89C52 CONTROLLER ↵'为例,说明该子程序使用方法。

```
MP1:    ACALL   SOUT
        DB      'AT89C52 CONTROLLER'
        DB      0AH, 0DH, 0
MP2:    :
```

后面紧接其他程序。

上面这种子程序有几个特点：

(1) 它不以一般的返回指令结尾,而是采用基寄存器加变址寄存器间接转移指令来返回到参数表后的第一条指令。一开始的两条 POP 指令已调整了堆栈指针的内容。

(2) 它可适用于 ACALL 或 LCALL,因为这两种调用指令均把下一条指令或数据字节的地址压入堆栈中。调用程序可位于程序存贮器地址空间的任何地方,因为该查表指令能访问所有 64K 字节。

(3) 传递到子程序的参数可按最方便的次序列表,而不必按使用的次序排列。子程序在每一条 MOVC 指令前向累加器装入适当的参数,这样基本上可"随机访问"参数表。

(4) 子程序只使用累加器 A 和数据指针 DPTR,应用程序可以在调用前,把这些寄存器压入堆栈中来保护它们的内容。

前面介绍了 4 种基本的参数传递方法,实际上,可以按需要合并使用两种或几种参数传递方法,以达到减少程序长度,加快运行速度、节省工作单元等目标。

习　题

1. 在汇编语言程序中,一条汇编指令行可以由哪几个部分组成? 写出它的格式,其中标号的含义是什么?

一般如何取标号名？
2. 请分别举例说明伪指令 ORG、DB、DW、BIT、EQU、END 的功能。
3. 51 系列的指令系统中有哪几种寻址方式？对内部 RAM 的 0~7FH 操作有哪些寻址方式？对 SFR 有哪些寻址方式？
4. 请写出下列功能对应的数据传送指令：
   (1) (R0)→A；(40H)→A；((R0))→A；80H→A
   (2) (78H)→R0；(A)→R6；88H→R7
   (3) (A)→50H；(70H)→P1；(R3)→P1；80H→P1
   (4) (A)→(R0)；(30H)→(R0)；30H→(R0)
   (5) 8000H→DPTR
   (6) (A)→栈；(DPH)→栈；退栈→DPH；退栈→A
   (7) (A)↔((R0))；(A)$_{0\sim3}$↔((R0))$_{0\sim3}$。
5. 写出下列各条指令的功能：
   (1) MOV A, @R1;   MOV A, 50H;   MOV A, R1;
   (2) MOV R7, 30H;   MOV R4, A;   MOV R7, #3
   (3) MOV 50H, A;   MOV P1, 40H;   MOV P1, R3
   (4) MOV @R1, A;   MOV @R1, 30H;   MOV @R1, #50H
   (5) MOV DPTR, #9000H
   (6) PUSH ACC;   PUSH B;   POP DPL;
   (7) XCH A, @R1;   XCHD A, @R1
   (8) MOVX A, @R0;   MOVC A, @A+PC;   MOVC A, @A+DPTR;
       MOVX A, @DPTR。
6. 指出下列指令的寻址方式和操作功能：
   INC   @R1
   INC   30H
   INC   B
   RL   A
   CPL   40H
   SETB   50H
   CLR   70H
7. 指出下面的程序段功能：
   (1) MOV   DPTR, #8000H   (2) ORG   2000H
       MOV   A, #5   MOV   A, #80H
       MOVC   A, @A+DPTR   MOVC   A, @A+PC
8. 指出下列指令的功能：
   (1) ADD   A, R0   (2) ADDC   A, R0
       ADD   A, @R0   ADDC   A, @R0
       ADD   A, 30H   ADDC   A, 30H
       ADD   A, #80H   ADDC   A, #90H
9. 指出下列程序段功能：
   MOV   A, R3
   MOV   B, R4

```
       MUL     AB
       MOV     R3, B
       MOV     R4, A
```

10. 指出下列指令的功能：
```
    ANL     P1, #0F7H
    ORL     P1, #8
    XRL     P1, #8
```

11. 指出下列程序段功能：
```
    MOV     R0, #50H
    MOV     A, @R0
    ANL     A, #0F0H
    SWAP    A
    MOV     60H, A
    MOV     A, @R0
    ANL     A, #0FH
    MOV     61H, A
```

12. 指出执行下面的程序段以后，累加器 A 的内容：
```
    MOV     A, #3
    MOV     DPTR, #0A000H
    MOVC    A, @A+DPTR
     ⋮
    ORG     0A000H
    DB      '123456789ABCDEF'
```

13. 设 (SP) = 074H 指出执行下面程序段以后,(SP)的值以及堆栈中 75H、76H、77H 单元的内容。
```
    MOV     DPTR, #0BF00H
    MOV     A, #50H
    PUSH    ACC
    PUSH    DPL
    PUSH    DPH
```

14. 指出下面程序段的功能：
```
    MOV     C, 0
    ANL     C, 20H
    ORL     C, 30H
    CPL     C
    MOV     P1.0, C
```

15. 请画出下面的子程序的框图，指出该子程序的功能：
```
    SSS:  MOV   R7, #10H
          MOV   R0, #30H
          MOV   DPTR, #8000H
    SSL:  MOV   A, @R0
          MOVX  @DPTR, A
          INC   DPTR
```

```
            INC    R0
            DJNZ   R7, SSL
            RET
```

16. 已知内部 RAM 中 30H～32H 内容为 12H, 45H, 67H,请写出下面的子程序执行后 30H～32H 的内容,并画出程序框图。

```
    RRS:    MOV    R7, #3
            MOV    R0, #30H
            CLR    C
    RRLP:   MOV    A, @R0
            RRC    A
            MOV    @R0, A
            INC    R0
            DJNZ   R7, RRLP
            RET
```

17. 指出下面程序段功能:

```
    MOV    C, P3.0
    ORL    C, P3.4
    CPL    C
    MOV    F0, C
    MOV    C, 20H
    ORL    C, 50H
    CPL    C
    ORL    C, F0
    MOV    P1.0, C
            ⋮
```

18. 指出下列指令中哪些是非法的?

    (1) INC   @R1
    (2) DEC   @DPTR
    (3) MOV   A, @R2
    (4) MOV   40H, @R1
    (5) MOV   P1.0, 0
    (6) MOV   20H, 21H
    (7) ANL   20H, #0F0H
    (8) RR   20H
    (9) RLC   30H
    (10) RL   B

*19. 指出下面子程序功能:

```
    SSS:    MOV    R0, #40H       ;40H→地址指针 R0
            CLR    A              ;清零 A
    SSL:    XCHD   A, @R0         ;(A)_{0~3} ↔ ((R0))_{0~3}
            XCH    A, @R0         ;(A) ↔ ((R_0))
            SWAP   A              ;(A)_{0~3} ↔ (A)_{4~7}
```

```
         XCH     A, @R0              ;(A)↔((R0))
         INC     R0                  ;(R0)+1→R0
         CJNE    R0, #43HH, SSL      ;(R0)≠43HH 转 SSL
         MOV     R2, A               ;(A)→R2
         RET
```

20. 指出下面子程序中每条指令的功能,画出程序框图,指出子程序的功能。
```
   SSS:   MOV   R7, #4
          MOV   R2, #0
   SSL0:  MOV   R0, #30H
          MOV   R6, #3
          CLR   C
   SSL1:  MOV   A, @R0
          RRC   A
          MOV   @R0, A
          INC   R0
          DJNZ  R6, SSL1
          MOV   A, R2
          RRC   A
          MOV   R2, A
          DJNZ  R7, SSL0
          RET
```

21. (1) 试编写一个程序段,其功能为:30H(高)～32H(低)和33H(高)～35H(低)两个三字节无符号数相加,结果写入 30H(高)～32H(低),设三字节数相加时无进位。

    (2) 试编写一个子程序,其功能为将内部 RAM 中 30H～32H 的内容左移 1 位,即:

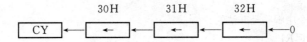

22. 试编写一个子程序,其功能为:
    (A)→(30H)→(31H)→(32H)→……(3EH)→(3FH)→丢失

23. 试编写一个子程序,其功能为将 30H～32H 中压缩 BCD 码拆成 6 位单字节 BCD 码存放到 33H～38H 单元。

24. 试编写一个子程序,其功能为将 33H～38H 单元的 6 个单字节 BCD 码拼成 3 字节压缩 BCD 码存入 40H～42H 单元。

25. 试编写一个子程序将内部 RAM 中 30H～4FH 单元的内容传送到外部 RAM 中 7E00H～7E1FH 单元。

26. 试编写一个子程序,其功能为:(R2R3)*(R4)→R5R6R7。

27. 试编写一个子程序,其功能为将内部 RAM 中 30H～3FH 单元的内容和外部 RAM 中 8000H～800FH 单元内容互换。

*28. 请画出例 3.53～3.56 的程序框图。

第4章 51系列单片机的功能模块及其应用

51系列单片机内部一般都含有8051的基本功能模块:并行口 P0、P1、P2、P3,16位定时器 T0、T1,异步串行口 UART。除此以外,许多新型51单片机内还有16位定时器 T2,监视定时器 W.D.T,多功能计数器阵列 PCA,模/数转换器 A/D,串行口 SPI、I^{2}CBUS、CAN,液晶显示器 LCD 驱动器、马达驱动器、节电控制模块、编程控制模块等。

本章要求掌握的基本内容是89C52的功能模块及其应用。对于其他新型功能模块(*)只作概括性介绍,需进一步了解的读者可以在网上查阅有关的器件手册(datasheet)。

§4.1 并行口及其应用

51系列单片机的并行口,按其特性可以分为以下类型:
- 单一的准双向口(如89C52的 P1.2~P1.7);
- 多种功能复用的准双向口(如89C52的 P1.0、P1.1,P3.0~P3.7);
- 可作为地址总线输出口的准双向口(P2口);
- 可作为地址/数据总线口的三态双向口(P0口)。

图 4-1(a)~(d)分别给出了89C52这4种类型并行口的1位结构框图。

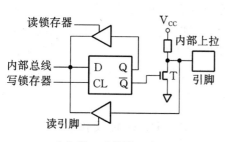

(a) 单一功能准双向口

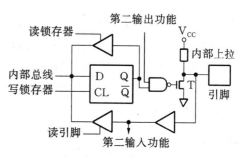

(b) 多功能准双向口

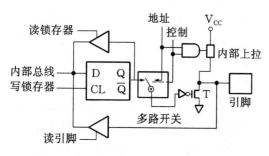

(c) 可作为地址总线口的准双向口 P2

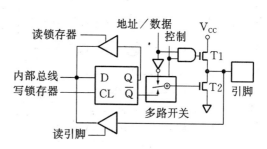

(d) 可作为地址/数据总线口的三态双向口 P0

图 4-1 并行口结构框图

由图 4-1 可见,并行口的口锁存器结构都是一样的,但输入缓冲器和输出驱动器的结构有差别。并行口的每一位口锁存器都是一个 D 触发器,复位以后的初态为 1。CPU 通过内部总线把数据写入口锁存器。CPU 对口的读操作有两种:一种是读—修改—写操作(例如 ANL P1,♯0FEH),读口锁存器的状态,此时口锁存器的状态由 Q 端通过上面的三态输入缓冲器送到内部总线,另一种是读引脚操作(例如 MOV A,P1),CPU 读取口引脚上的外部输入信息,这时引脚状态通过下面的三态输入缓冲器传送到内部总线。

P1、P2 和 P3 口内部有拉高电路,称为准双向口。P0 口是开漏输出的,内部没有拉高电路,是三态双向 I/O 口。

P1、P2、P3 口可以驱动 4 个 LSTTL 电路,P0 口可以驱动 8 个 LSTTL 电路。

4.1.1　P1 口

一、P1 口功能特性

89C52 的 P1.0、P1.1 为多功能准双向口,P1.2～P1.7 为单一功能准双向口。P1.0 的第二功能为定时器 T2 外部计数方式时的时钟输入线或时钟输出方式时的脉冲输出线,P1.1 的第二功能为 T2 捕捉方式时的触发输入线或 T2 允许加减计数时的加减控制输入线。P1 口的第一功能都是准双向口。P1 口的每一位可以分别定义为输入线或输出线,用户可以把 P1 口的某些位作为输出线使用,另外的一些位作为输入线使用。输出时,将"1"写入 P1 口的某一位口锁存器,则 $\overline{Q}$ 端上的输出场效应管 T 截止,该位的输出引脚由内部的拉高电路拉成高电平,输出"1";将"0"写入口锁存器,输出场效应管 T 导通,引脚输出低电平,即输出"0"。P1 的某一位作为输入线时,该位的口锁存器必须保持"1",使输出场效应管 T 截止,这时该位引脚由内部拉高电路拉成高电平,也可以由外部的电路拉成低电平,CPU 读 P1 引脚状态时,实际上就是读出外部电路的输入信息。P1 口作为输入时,可以被任何 TTL 电路和 CMOS 电路所驱动,由于内部具有上拉电路,也可以被集电极开路或漏极开路的电路所驱动。

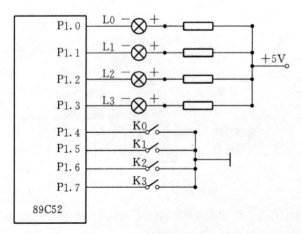

图 4-2　P1 口的输入/输出

二、P1 口的操作

对 P1 口的操作,可以采用字节操作,也可以采用位操作,复位以后,口锁存器为 1,对于作为输入的口线,相应位的口锁存器不能写入 0。在图 4-2 中,P1.0～P1.3 作为输出线,接指示灯 L0～L3,P1.4～P1.7 作为输入线接 4 个开关 K0～K3。例 4.1 的子程序采用字节操作指令将开关状态送指示灯显示,Ki 闭合,Li 亮。例 4.2 用位操作指令实现同样的功能。

例 4.1　KLA：MOV　A, P1　　;(A)=K3K2K1K0xxxx
　　　　　　　 SWAP　A　　　　;(A)=xxxxK3K2K1K0
　　　　　　　 ORL　A, #0F0H　;保持 P1.4~P1.7 口锁存器为 1 (A)=1111K3K2K1K0
　　　　　　　 MOV　P1, A　　　;(P1)=1111K3K2K1K0　(Ki 闭合, Li 亮, i=0~3)
　　　　　　　 RET
例 4.2　KLB：MOV　C, P1.4　;位传送不影响 P1.4~P1.7 口锁存器　(P1.4)→CY
　　　　　　　 MOV　P1.0, C　;(C)→P1.0
　　　　　　　 MOV　C, P1.5　;(P1.5)→CY
　　　　　　　 MOV　P1.1, C　;(CY)→P1.1
　　　　　　　 MOV　C, P1.6　;(P1.6)→CY
　　　　　　　 MOV　P1.2, C　;(CY)→P1.2
　　　　　　　 MOV　C, P1.7　;(P1.7)→CY
　　　　　　　 MOV　P1.3, C　;(CY)→P1.3
　　　　　　　 RET

4.1.2　P3 口

一、P3 口功能特性

P3 口为多功能口,它的第一功能为准双向口,其特性和 P1 口相似,第二功能为特殊输入/输出线,其定义如表 4-1 所示。

P3 口锁存器 Q 端接与非门,驱动输出场效应管 T,该与非门的另一个控制端为第二功能输出线。P3 口的引脚状态通过输入缓冲器输入到内部总线和第二功能输入线。

表 4-1　P3 口的第二功能定义

口引脚	第二功能	口引脚	第二功能
P3.0	RXD(串行输入线)	P3.4	T0(定时器 T0 外部计数脉冲输入线)
P3.1	TXD(串行输出线)	P3.5	T1(定时器 T1 外部计数脉冲输入线)
P3.2	$\overline{INT0}$(外部中断 0 输入线)	P3.6	$\overline{WR}$(外部数据存贮器写脉冲输出线)
P3.3	$\overline{INT1}$(外部中断 1 输入线)	P3.7	$\overline{RD}$(外部数据存贮器读脉冲输出线)

P3 口的每一位可以分别定义为第一功能输入/输出线或第二功能输入/输出线。P3 口的某一位作为第一功能输入/输出线时,第二功能输出总是为高电平,该位引脚输出电平仅取决于口锁存器的状态,为"1"时输出高电平,为"0"时输出低电平。同样,P3 口的某一位作为输入线时,该位口锁存器应保持"1",使输出场效应管 T 截止,引脚状态由外部输入电平所确定。P3 口的某一位作为第二功能输入/输出线时,该位的口锁存器也必须保持"1",使引脚的状态由第二功能的输入/输出确定。

二、P3 口的操作

一般情况下,P3 口部分口线作为第一功能输入/输出线,另一部分线作为第二功能输入/输出线,对于输入线或第二功能输入/输出的口线,相应的口锁存器不能写入 0。例如,若将 0 写入 P3.6、P3.7,则 CPU 不能对外部 RAM/IO 进行读/写,若将 0 写入 P3.0、P3.1 则串行口不能正常工作。对 P3 口的操作可以采用字节操作指令,也可采用位操作指令。

例 4.3　　ANL　　P3,♯0DFH　　;0→P3.5
　　　　　　　CLR　　P3.5　　　　　;0→P3.5
　　　　　　　ORL　　P3,♯20H　　　;1→P3.5
　　　　　　　SETB　 P3.5　　　　　;1→P3.5
　　　　　　　XRL　　P3,♯20H　　　;P3.5 取反
　　　　　　　CPL　　P3.5　　　　　;P3.5 取反

从上例中可以看出,将某一位置"1"或清"0"时,用位操作指令直观,不容易混淆,而采用逻辑操作指令时,应仔细考虑屏蔽字节常数的值。

4.1.3　P2 口

一、P2 口功能特性

P2 口也有两种功能,对于内部有程序存贮器的(89C52 等单片机)基本系统(也称最小系统),P2 口可以作为输入口或输出口使用,直接连接输入/输出设备;P2 口也可以作为系统扩展的地址总线口,输出高 8 位地址 A8～A15。对于内部没有程序存贮器的单片机,必须外接程序存贮器,P2 口只能作为系统扩展的高 8 位地址总线口,而不能直接作为外部设备的输入/输出口。

P2 口的输出驱动器上有一个多路电子开关(见图 4-1(c)),当输出驱动器转接至 P2 口锁存器的 Q 端时,P2 口作为第一功能输入/输出线,这时 P2 口的结构和 P1 口相似,其功能和使用方法也和 P1 口相同。当输出驱动器转接至地址时,P2 口引脚状态由所输出的地址确定。CPU 访问外部的程序存贮器时,P2 口输出程序存贮器的地址 A8～A15,(PC 的高 8 位);当 CPU 以 16 位地址指针 DPTR 访问外部 RAM/IO 的时候,P2 口输出外部数据存贮器地址 A8～A15(DPH),其他情况下,P2 口输出口锁存器的内容。

二、P2 口操作

(1) 对于内部有程序存贮器的 89C52 单片机所构成的基本系统,既不扩展程序存贮器,又不扩展 RAM/IO 口,这时 P2 作为 I/O 口使用,和 P1 口一样,是一个准双向口,对 P2 口操作可以采用字节操作,也可以采用位操作。

例 4.4　　XRL　　P2,♯1　　;P2.0 取反
　　　　　　　CPL　　P2.0　　　;P2.0 取反

(2) 对于只扩展少量外部 RAM/IO 口的紧凑系统,若其地址范围在 0～255 之间,P2 口也可以作为 I/O 口使用,但对外部 RAM/IO 口操作,只能使用 R0 或 R1 作地址指针,不能用 DPTR 作地址指针。

例 4.5　　将 33H 写入外部 RAM 的 50H 单元,CPU 执行下面的程序段不影响 P2 口的

输出状态,因而是正确的:

```
MOV   R0,#50H
MOV   A,#33H
MOVX  @R0,A
```

CPU执行下面的程序段将影响P2口的输出状态,因而是错误的:

```
MOV   DPTR,#50H
MOV   A,#33H
MOVX  @DPTR,A
```

(3) 对于64K字节的大规模扩展系统,P2口不能作为I/O口使用,对外部RAM/IO口操作则可以用DPTR、P2R0、P2R1三个16位地址指针。

例4.6 将常数33H写入外部RAM的8200H,下面的程序段都是正确的:

- ```
  MOV   P2,#82H
  MOV   R0,#0
  MOV   A,#33H
  MOVX  @R0,A
  ```
- ```
  MOV   P2,#82H
  MOV   R1,#0
  MOV   A,#33H
  MOVX  @R1,A
  ```
- ```
  MOV   DPTR,#8200H
  MOV   A,#33H
  MOVX  @DPTR,A
  ```

4.1.4 P0口

一、P0口功能特性

P0口为三态双向I/O口。对于内部有程序存贮器的89C52单片机基本系统,P0口可以作为输入/输出口使用,直接连外部的输入/输出设备;P0口也可以作为系统扩展的地址/数据总线口。对于内部没有程序存贮器的单片机(如8031),P0口只能作为地址/数据总线口使用。

P0口的输出驱动器中有两个场效应管T1和T2(见图4-1(d)),上管导通下管截止时输出高电平,上管截止下管导通时输出低电平,上下管都截止时输出引脚浮空。

P0口的输出驱动器中也有一个多路电子开关。输出驱动器转接至口锁存器的Q端时,P0口作为双向I/O口使用,P0口的锁存器为"1"时,输出驱动器中的两个场效应管均截止,引脚浮空;而写入"0"时,下管导通输出低电平。一般情况下,P0作为输入/输出口时应外接10kΩ拉高电阻。当输出驱动器转接至地址/数据时,P0口作为地址/数据总线口使用,分时输出外部存贮器的低8位地址A0~A7和传送数据D0~D7。低8位地址由地址允
  ```

许锁存信号 ALE 锁存到外部的地址锁存器中,接着 P0 口便输入/输出数据信息。P0 口输出的低 8 位地址来源于 PCL 或 DPL 或 R0 或 R1 等。

二、P0 口使用方法

P0 口为三态双向 I/O 口,当用作输入/输出口时,一般接 10kΩ 左右的拉高电阻。图 4-3 所示的 89C52 基本系统中,将一个开关 K0 接至 P1.0 和 P0.0 的电路有所差别,其原因是 P1 口内部具有拉高电阻,P0.0 必须外接拉高电阻,才能使开关 K0 闭合时读 P0.0 引脚为 0,K0 断开时读 P0.0 引脚为 1。

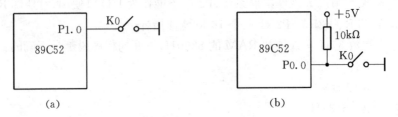

图 4-3 P1 口和 P0 口上开关的连接图

4.1.5 并行口的应用——蜂鸣器、可控硅的接口和编程

并行口都可以直接连 I/O 设备。除打印机、键盘、显示器等常规设备外,由于单片机应用场合的多样性,单片机的 I/O 设备也因此而多种多样。如开关、指示灯、继电器、蜂鸣器、马达、电磁铁等等都是常见的 I/O 设备。

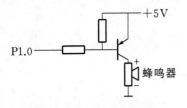

图 4-4 蜂鸣器接口电路

一、蜂鸣器

在洗衣机、电饭煲、空调等家用电器中都有蜂鸣器,它以发声的形式将机器状态告知人们。图 4-4 为一种蜂鸣器的接口电路。当 P1.0 输出 0 时,三极管导通,在蜂鸣器两端加上工作电压 5V(工作电压随型号变化),蜂鸣器发声。P1.0 输出 1 时,三极管截止,蜂鸣器不发声。

例 4.7 若使蜂鸣器响 5 次,约 0.5 秒响,1 秒停,则可以直接画出图 4-5 所示程序框图。下面为实现该功能的子程序。

```
BEEP:   MOV     R7, #5
BEEPL:  CLR     P1.0
        LCALL   DEL5
        SETB    P1.0
        LCALL   DEL10
        DJNZ    R7, BEEPL
        RET
DEL10:  MOV     R6, #20         ;设 fosc=12MHz
```

```
DEL11: MOV    R5,#0C3H   ;(R5R4)=50000=C350H
DEL12: MOV    R4,#50H
       DJNZ   R4,$
       DJNZ   R5,DEL12
       DJNZ   R6,DEL11
       RET
DEL5:  MOV    R6,#10
       SJMP   DEL11
```

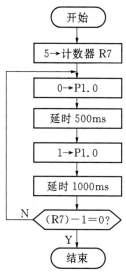

图 4-5　蜂鸣器响停控制程序框图

二、可控硅接口

可控硅为大功率可控整流元件,亦称晶闸管,常用在电机、加热等系统中。图 4-6(a)为一个可控的加热电路。图 4-6(a)实际上是一个可控的半波整流电路,当 $U_{AK}>0$,触发脉冲 Ig 达到一定值时,可控硅导通给电热丝加热,直至电源正半周结束。图 4-6(b)中 α 为控制角,Q 为导通角,Q 越大,加热功率越大。为安全可靠,采用光隔离电路。当 P1.0 输出一个正脉时,在可控硅的控制极 G 产生一个电流脉冲 Ig。

图 4-6(c)为交流电源过零输入电路,其功能是使 Ig 脉冲和交流电源波形同步,每当交流电源进入正半周,便在 P3.2 上输入一个负脉冲。

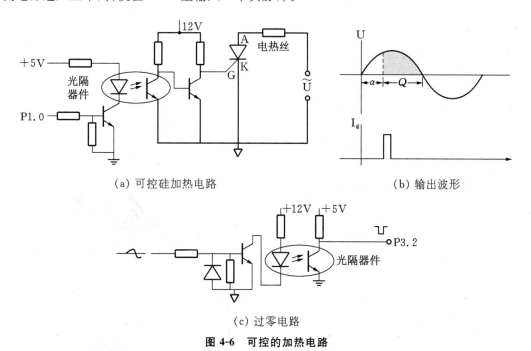

(a) 可控硅加热电路　　　　(b) 输出波形

(c) 过零电路

图 4-6　可控的加热电路

例 4.8　用查询方式等待 P3.2 输入负跳变,然后延时一段时间,在 P1.0 输出一个正脉冲,延时时间越大则导通角越小,功率越小,延时参数可在系统初始化过程中由用户设定或由温度采样值确定,若参数存放于 30H、31H 单元,则相应程序如下:

```
POIIU:  JB      P3.2,$           ;设 P1.0 初态为 1,等待 P3.2 负跳变
        LCALL   CDEL
        SETB    P1.0             ;P1.0 输出一定宽度正脉冲
        MOV     R7,#10           ;参数根据可控硅型号调节
        DJNZ    R7,$
        CLR     P1.0
        JNB     P3.2,$           ;等待 P3.2 正跳变
        SJMP    POIIU
CDEL:   MOV     R6,30H           ;30H、31H 为系统初始化时确定参数
CDEL1:  MOV     R5,31H
        DJNZ    R5,$
        DJNZ    R6,CDEL1
        RET
```

这个方法缺点是 CPU 在执行该段程序时,不能做其他任何事情,将在定时器一节中讨论实用的控制方法。

4.1.6 并行口的应用——拨码盘的接口和编程

在单片机应用中,有时仅需要输入少量的控制参数和数据,这种系统中可采用拨码盘作为输入设备,因为它具有接口简单、操作方便、具有记忆性等优点。

一、BCD 码拨码盘的构造

拨码盘的结构和型号有多种,而在单片机的应用中,经常使用 BCD 码的拨码盘。BCD 码拨码盘具有 0~9 十个位置,可以通过齿轮型圆盘拨到所需的位置,每个位置都有相应的数字指示,一个拨码盘可以输入 1 位十进制数据,如果要输入 4 位十进制数据,需 4 个 BCD 码拨码盘。图 4-7 为 4 个 BCD 码拨码盘结构示意图。每个 BCD 码拨码盘后面有 5 位引出

表 4-2 BCD 码拨码盘状态表

位置	8	4	2	1
0	∅	∅	∅	∅
1	∅	∅	∅	*
2	∅	∅	*	∅
3	∅	∅	*	*
4	∅	*	∅	∅
5	∅	*	∅	*
6	∅	*	*	∅
7	∅	*	*	*
8	*	∅	∅	∅
9	*	∅	∅	*

∅ 表示输入控制线 A 与数据线不通。
* 表示输入控制线 A 与数据线接通。

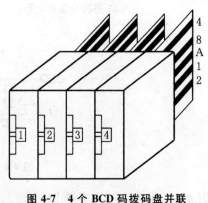

图 4-7 4 个 BCD 码拨码盘并联的结构示意图

线,其中1位为输入控制线(编号为A),另外4位是数据线(编号为8,4,2,1)。拨码盘被拨到某一个位置时,输入控制线(A)分别与4位数据线中的某几位接通,例如:齿轮拨到位置1,A与数据线1相通;齿轮拨到位置2,A与数据线2相通;拨到位置3,A与数据线2和1相通……齿轮从0拨到9,控制线A与4位数据线的关系如表4-2所示。

从表中可以看出,如果把接通的线定义为1,不通的线定义为0,则拨码盘数据线的状态就是拨码盘位置所指示的BCD码。

二、BCD码拨码盘的接口方法

BCD码拨码盘可直接和并行口相连,图4-8为两位BCD码拨码盘和P1口的接口方法,数据线分别接P1.3～P1.0和P1.7～P1.4,控制线接地。这样若数据线和A相通输入为0,不通为1,这和BCD码拨码盘编码规律相反,因此读P1取反后才是两位拨码盘的实际输入值。

图4-9为四位BCD码拨码盘的一种接口方法,图中四个拨码盘的控制线连到P1.4～P1.7,数据线通过电阻接+5V,再通过与非门和P1.0～P1.3相连。当某个拨码盘的控制线A为高电平时,那么不管它处于哪个位置,4位数据线总是为高电平。而当拨码盘的控制线为低电平时,则和控制线接通的数据线为低电平,不接通的数据线为高电平;数据线的状态经与非门取反,则就得到拨码盘位置(0～9)的BCD码了。当A0～A3中只有一位为低电平时,则与非门

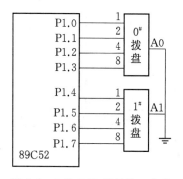

图4-8 二位BCD码的接口方法

的输出取决于控制线A为低电平的拨码盘的状态。这样便可以通过控制各个拨码盘控制线的状态,来读取任意选择的某一个BCD码拨码盘的输入数据。

例4.9 对于图4-9所示的系统,若拨码盘输入数据读入内部RAM的30H、31H单元,则程序如下:

```
INBCD:  MOV    R0,#30H
        MOV    P1,#7FH
        MOV    A,P1
        SWAP   A
        MOV    @R0,A
        MOV    P1,#0BFH      ;读2#拨码盘→(30H).0～3
        MOV    A,P1
        XCHD   A,@R0
        INC    R0
        MOV    P1,#0DFH      ;读1#拨码盘→(31H).4～7
        MOV    A,P1
        SWAP   A
        XCH    A,@R0
        MOV    P1,#0EFH      ;读0#拨码盘→(31H).0～3
```
;读3#拨码盘→(30H).4～7

```
MOV     A, P1
XCHD    A, @R0
RET
```

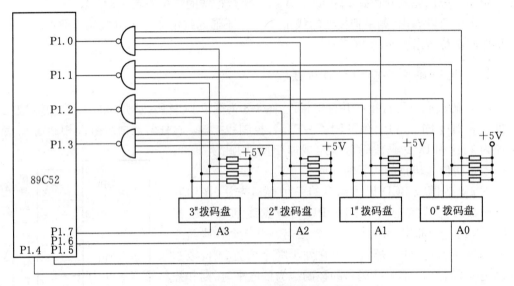

图 4-9 4 位 BCD 码拨码盘的接口方法

4.1.7 并行口的应用——4×4 键盘的接口和编程

键盘是由若干个按键组成的开关矩阵,它是最简单的也是最常用的单片机输入设备,操作员可以通过键盘输入数据或命令,实现简单的人机通信。

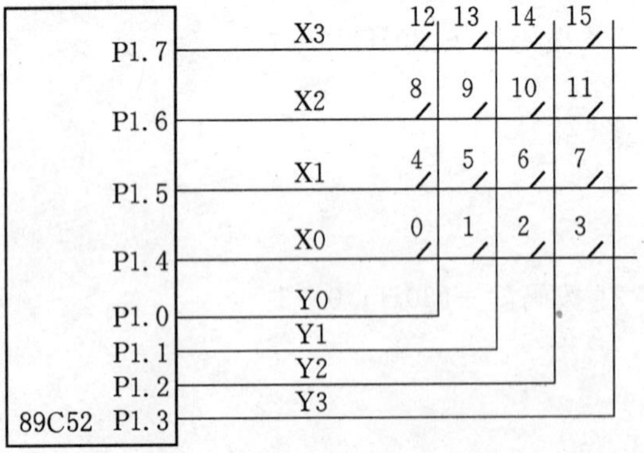

一、键盘工作原理

图 4-10 给出了 4×4 键盘的结构和一种接口方法。行线 X_0—X_3 接输入线 P1.4~P1.7,列线 Y_0—Y_3 接输出线 P1.0~P1.3。当键盘上没有键闭合时,行线由 P1.4~P1.7 内部拉高电路拉成高电平,当行线 X_i 上有键闭合时,则行线 X_i 和闭合键所在列线 Y_j 短路,X_i 状态取决于列线 Y_j 的状态。例如键 6 按下,X_1 和 Y_2 被接通,X_1 的状态由 P1.2 的输出状态(Y_2)决定。

图 4-10 4×4 键盘结构和接口方法

二、键盘状态的判断

若 P1.0~P1.3 输出全 0,即列线 $Y_3Y_2Y_1Y_0$ 为全 0,读 P1.4~P1.7(即行线 X_0—X_3)状态,如果 X_0—X_3 为全"1",键盘上行线和列线都不通,说明没有键闭合。如果 X_0—X_3 不为

全"1",则键盘上行线和列线有接通,即有键闭合。

三、闭合键的识别

当判断到键盘上有键闭合时,则要进一步识别闭合键的位置,有如下两种识别方法:

1. 逐行扫描法

- 首先 P1.3～P1.0 输出 1110,即列线 $Y_0=0$,其余列线为 1,读行线 $X_0～X_3$ 状态,若不全为 1,则为 0 的行线 X_i 和 Y_0 相交的键处于闭合状态。若 $X_0～X_3$ 为全"1",则 Y_0 这一列上无键闭合;
- 接着 P1.3～P1.0 输出 1101,即 Y_1 为 0 其余列线为 1,读 $X_0～X_3$ 状态,判断 Y_1 这一列上有无键闭合;
- 依此类推,最后使 P1.3～P1.0 输出 0111,即 Y_3 为 0 其余列线为 1,读行线 $X_0～X_3$ 状态,判断 Y_3 这一列上有无键闭合。这种逐行逐列检查键盘上闭合键的位置,称为逐行扫描法。

2. 行翻转法

- P1.4～P1.7 为输入线,P1.3～P1.0 为输出线,P1.3～P1.0 输出全"0",读行线 $X_0～X_3$ 状态,得到为 0 的行 X_i 即为闭合键所在的行;
- 将 P1.4～P1.7 改为输出线,P1.3～P1.0 改为输入线,P1.4～P1.7 输出上一步读到的行线状态,读 P1.3～P1.0,得到为 0 的列线 Y_j,则行线 X_i 和列线 Y_j 相交的键处于闭合状态。
- 把上两步得到的输入数据拼成一个字节数据作为键值,则键值和键的对应关系如表 4-3 所示。

表 4-3 键值表

键 号	键 值	键 号	键 值
0	EE	8	BE
1	ED	9	BD
2	EB	10	BB
3	E7	11	B7
4	DE	12	7E
5	DD	13	7D
6	DB	14	7B
7	D7	15	77

四、键抖动及处理

在图 4-10 中,若 P1.0 输出 0 即 Y_0 为 0,则在键 0 被按下时行线 X_0 的电压波形如图 4-11 所示。图中 t_1 和 t_3 为键的闭合和断开过程中的抖动期,抖动时间与键的机械特性有关,一般为 5～10ms,t_2 为稳定的闭合期,其时间由操作员按键动作而定,一般为几百毫秒至几秒。t_0、t_4 为稳定的断开期。为了保证 CPU 对闭合键作一次且仅作一次处理,一般采用延时方法去除键抖动,以便读到键的稳定状态并判别键的释放。

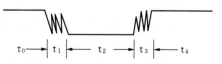

图 4-11 键按下和释放时行线电压波形

例 4.10 行翻转法键输入程序
- 判键盘状态子程序

```
KEYS:  MOV   P1, #0F0H       ;P1.4~P1.7 作行输入线,P1.0~P1.3 作列输出线
       MOV   A, P1
       CJNE  A, #0F0H, KEYY  ;行线为全"1",无键按下,1→CY 返回
       SETB  C
       RET
KEYY:  CLR   C               ;行线为非全"1",有键按下,0→CY 返回
       RET
```

- 判键号子程序

```
KEYN:  MOV   P1, #0F0H
       MOV   A, P1
       CJNE  A, #0F0H, KEYN1
       SETB  C               ;无键闭合,1→CY 返回
       RET
KEYN1: ANL   A, #0F0H
       MOV   B, A
       ORL   A, #0FH         ;P1.0~P1.3 作输入线
       MOV   P1, A           ;P1.4~P1.7 输出上一步行线状态
       MOV   A, P1           ;读输入的列线状态
       ANL   A, #0FH
       ORL   B, A            ;键值送 B
       MOV   DPTR, #KTAB     ;DPTR 指向键值表首地址
       MOV   R3, #0          ;键号计数器 R3 清零
KEYN2:
       MOV   A, R3
       MOVC  A, @A+DPTR      ;取键值表中键值
       CJNE  A, B, NEXT      ;不符合继续
       MOV   A, R3           ;键号→A
       CLR   C               ;0→CY 已得到键号
       RET
NEXT:  INC   R3              ;键号加 1
       AJMP  KEYN2
KTAB:  DB    0EEH, 0EDH, 0EBH, 0E7H, 0DEH, 0DDH, 0DBH, 0D7H
       DB    0BEH, 0BDH, 0BBH, 0B7H, 07EH, 07DH, 07BH, 077H
```

*4.1.8 并行口的应用——串行接口器件的接口和编程

可以用并行口的口线,由软件模拟串行接口时序(详见 5.8),外接串行接口的器件和设备。下面我们以移位寄存器 74LS164 为例,说明串行接口时序的模拟和数据传送方法。

例 4.11 图 4-12 给出了二片 74LS164 的一种接口方法，图中二片 74LS164 作为二个 8 位输出口，接 16 个指示灯，P1.7 作为移位时钟输出线，P1.6 作为串行数据输出线，图 4-13 给出了 74LS164 的数据移位时序，从图中可以看出，当数据线 D1、D2 状态稳定以后，CK 上的脉冲上升沿将数据移入移位寄存器，原来内容依次向右移一位。数据从低位开始串行输出，经 8 次移位后，一个字节数据移入 1#74LS164，原 1#74LS164 内容移入 0#74LS164，经 16 次移位后，二片 74LS164 内容（即指示灯 $L_{15} \sim L_0$ 状态）全部刷新。下面的程序即为将 30H、31H 单元内容串行输出至二片 74LS164 的子程序。图 4-14 给出了程序框图。

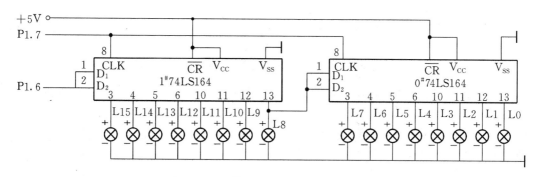

图 4-12 二片 74LS164 的一种接口方法

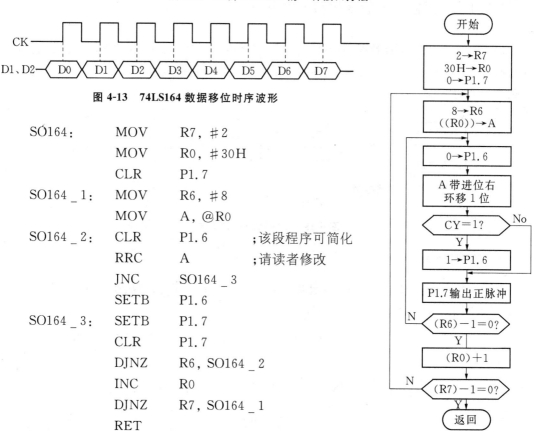

图 4-13 74LS164 数据移位时序波形

```
SO164:       MOV    R7,#2
             MOV    R0,#30H
             CLR    P1.7
SO164_1:     MOV    R6,#8
             MOV    A,@R0
SO164_2:     CLR    P1.6        ;该段程序可简化
             RRC    A           ;请读者修改
             JNC    SO164_3
             SETB   P1.6
SO164_3:     SETB   P1.7
             CLR    P1.7
             DJNZ   R6,SO164_2
             INC    R0
             DJNZ   R7,SO164_1
             RET
```

图 4-14 串行输出程序框图

对于多功能的并行口口线,只能在第一功能的输入、输出、第二功能之间任选一种功能。P1.0、P1.1 和 P3 口的第二功能为定时器、外部中断和串行口的输入输出线,P2 口、P0 口为并行的扩展总线口,这些功能的应用将在下面的章节中讨论。

§4.2 定时器及其应用

各种型号的单片机,不管其功能强弱都有定时器,因为定时器对于面向控制型应用领域的单片机特别有用,定时器可以实现下列功能:
- 定时操作:产生定时中断,实现定时采样输入信号,定时扫描键盘、显示器等定时操作;
- 测量外部输入信号:对输入信号累加统计或测量输入信号的周期等参数;
- 定时输出:定时触发输出引脚的电平,使输出脉冲的宽度、占空比、周期达到预定值,其精度不受程序状态的影响;
- 监视系统正常工作:一旦系统工作异常时,定时器溢出产生复位信号,重新启动系统正常工作。

4.2.1 定时器的一般结构和工作原理

定时器由一个 N 位计数器、计数时钟源控制电路、状态和控制寄存器等组成,计数器的计数方式有加 1 和减 1 两种,计数时钟可以是内部时钟也可以是外部输入时钟,其一般结构如图 4-15 所示。

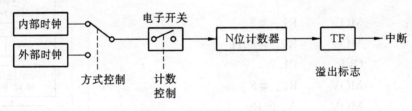

图 4-15 定时器的一般结构

一、定时方式

对于一个 N 位的加 1 计数器,若计数时钟的频率 f 是已知的,则从初值 a 开始加 1 计数至溢出所占用的时间为:

$$T = \frac{1}{f} * (2^N - a)$$

当 $N = 8$、$a = 0$、$t = \frac{1}{f}$ 时,最大的定时时间为:

$$T = 256t$$

这种工作方式称为定时器方式,其计数目的就是为了定时。例如:每当计数器从初值 a 计数至溢出时,P1.0求反,则P1.0输出一个方波。

二、计数器方式

若用外部输入时钟计数,一般其计数目的是对外部时钟累加统计或为了测量外部输入时钟的参数。例如:对电度表脉冲计数是为了统计用电量;如果在规定时间内测得外部输入脉冲数,则可求得脉冲的平均周期。这种方式通常称为计数器方式。

三、通用的多功能定时器

这种定时器有一个自由运行的 N 位计数器(一般 N = 16),若干个输入捕捉寄存器,若干个比较输出寄存器,以及相应的状态控制寄存器,图 4-16 给出了由一个 16 位计数器、一个 16 位比较输出寄存器、一个 16 位输入捕捉寄存器所构成的多功能定时器框图。

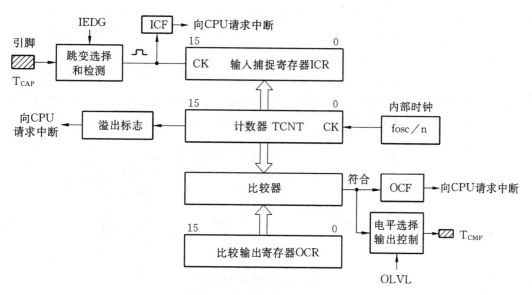

图 4-16 多功能定时器结构框图

1. 输入捕捉方式

输入捕捉也称为高速输入,用于捕捉外部输入信号电平跳变的发生时间。

由图 4-16 可知,系统时钟的分频信号作为计数器的计数时钟,其计数时钟周期是已知的,当引脚 T_{CAP} 输入电平发生指定的跳变(正或负跳变)时,检测电路输出一个脉冲,将计数器的当前值写入输入捕捉寄存器,并置位中断标志 ICF,向 CPU 请求中断,CPU 执行中断服务程序,读出输入捕捉寄存器的值 t,并清 0 中断标志 ICF,如图 4-17 所示,两次正跳变时间间隔即为脉冲周期,正跳变和负跳变之间时间为脉冲宽度。不难发现,输入捕捉时间是以计数值表示的,通过计数脉冲周期可以换算成时间单位。

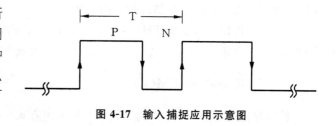

图 4-17 输入捕捉应用示意图

2. 比较输出

比较输出亦称为高速输出或定时输出,使输出引脚 T_{CMP} 在指定时间输出指定的电平。

操作时读计数器 TCNT 之值加上一个常数后写入比较输出寄存器 OCR,欲在 T_{CMP} 输出的电平写入 OLVL,当 TCNT 计数到和 OCR 内容相同时,比较器输出一个脉冲,并将先前写入 OLVL 的值输出至 T_{CMP} 引脚上,置位 OCF 中断标志,CPU 执行中断程序清"0" OCF,并把下一个时间值写入 OCR,下一个输出电平写到 OLVL,如此重复,使 T_{CMP} 输出精确的定时脉冲,其精度不受程序状态的影响;如果不考虑 T_{CMP} 引脚上输出电平,则可把 OCF 当作定时中断标志使用。

四、监视定时器 WDT

目前大多数单片机内具有监视定时器(watchdog timer),单片机应用系统在工作过程中受到干扰而工作不正常时(通常指硬件正常而程序因受干扰跳到一个非法区域或进入一个异常死循环),监视定时器溢出产生复位信号,使系统恢复正常工作。对于高电平复位有效的监视定时器一般结构如图 4-18 所示。

当允许监视定时器工作时($\overline{EW} = 0$),单片机的工作程序定时清"0" WDT 计数器,使 WDT 不产生溢出信号,系统保持正常操作,如果系统受到干扰,不在正常执行程序,导致停止清"0" WDT 计数器,从而使 WDT 计数器溢出产生复位信号。重新启动系统正常工作。

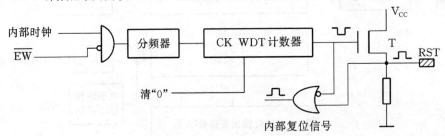

图 4-18 监视定时器一般结构

4.2.2 定时器 T0、T1 的功能和使用方法

51 系列的单片机内,直接与 16 位定时器 T0、T1 有关的特殊功能寄存器有以下几个: TH0、TL0、TH1、TL1、TMOD、TCON,另外还有中断控制寄存器 IE、IP。

TH0、TL0 为 T0 的 16 位计数器的高 8 位和低 8 位,TH1、TL1 为 T1 的 16 位计数器的高 8 位和低 8 位,TMOD 为 T0、T1 的方式寄存器,TCON 为 T0、T1 的状态和控制寄存器,存放 T0、T1 的运行控制位和溢出中断标志位。

通过对 TH0、TL0 和 TH1、TL1 的初始化编程来设置 T0、T1 计数器初值,通过对 TCON 和 TMOD 的编程来选择 T0、T1 的工作方式和控制 T0、T1 的运行。

一、方式寄存器 TMOD

特殊功能寄存器 TMOD 为 T0、T1 的工作方式寄存器,其格式如下:

D7	D6	D5	D4	D3	D2	D1	D0
GATE	C/$\overline{\text{T}}$	M1	M0	GATE	C/$\overline{\text{T}}$	M1	M0

|←————T1方式字段————→|←————T0方式字段————→|

TMOD 的低 4 位为 T0 的方式字段，高 4 位为 T1 的方式字段，它们的含义是完全相同的。

1. 工作方式选择位 M1M0

M1M0 两位确定计数器的结构方式，其对应关系如表 4-4 所示。

表 4-4 定时器的方式选择

M1	M0	功　能　说　明
0	0	方式 0，为 13 位的定时器
0	1	方式 1，为 16 位的定时器
1	0	方式 2，为初值自动重新装入的 8 位定时器
1	1	方式 3，仅适用于 T0，分为两个 8 位计数器，T1 在方式 3 时停止计数

2. 定时器方式和外部事件计数方式选择位 C/$\overline{\text{T}}$

如前所述，定时器方式和外部事件计数方式的差别是计数脉冲源和用途的不同，C/$\overline{\text{T}}$ 实际上是选择计数脉冲源。

C/$\overline{\text{T}}$ = 0 为定时方式。在定时方式中，以振荡器输出时钟脉冲的十二分频信号作为计数信号，也就是每一个机器周期定时器加"1"。若晶振为 12MHz，则定时器计数频率为 1MHz，计数的脉冲周期为 1μs。定时器从初值开始加"1"计数直至定时器溢出所需的时间是固定的，所以称为定时方式。

C/$\overline{\text{T}}$ = 1 为外部事件计数方式，这种方式采用外部引脚(T0 为 P3.4，T1 为 P3.5)上的输入脉冲作为计数脉冲。内部硬件在每个机器周期采样外部引脚的状态，当一个机器周期采样到高电平，接着的下一个机器周期采样到低电平时计数器加 1，也就是说在外部输入电平发生负跳变时加 1。外部事件计数时最高计数频率为晶振频率的二十四分之一，外部输入脉冲高电平和低电平时间必须在一个机器周期以上。对外部输入脉冲计数的目的通常是为了测试脉冲的周期、频率或对输入的脉冲数进行累加。

3. 门控位 GATE

GATE 为 1 时，定时器的计数受外部引脚输入电平的控制（$\overline{\text{INT0}}$ 控制 T0 的计数，$\overline{\text{INT1}}$ 控制 T1 的计数）；GATE 为 0 时定时器计数不受外部引脚输入电平的控制。

二、控制寄存器 TCON

特殊功能寄存器 TCON 的高 4 位为定时器的计数控制位和溢出标志位，低 4 位为外部中断的触发方式控制位和外部中断请求标志。TCON 格式如下：

D7	D6	D5	D4	D3	D2	D1	D0
TF1	TR1	TF0	TR0	IE1	IT1	IE0	IT0

1. 定时器 T0 运行控制位 TR0

TR0 由软件置位和清"0"。门控位 GATE 为 0 时，T0 的计数仅由 TR0 控制，TR0 为 1 时允许 T0 计数，TR0 为 0 时禁止 T0 计数；门控位 GATE 为 1 时，仅当 TR0 等于 1 且 $\overline{INT0}$ (P3.2)输入为高电平时 T0 才计数，TR0 为 0 或 $\overline{INT0}$ 输入低电平时都禁止 T0 计数。

2. 定时器 T0 溢出标志位 TF0

当 T0 被允许计数以后，T0 从初值开始加"1"计数，最高位产生溢出时置"1"TF0。TF0 可以由程序查询和清"0"。TF0 也是中断请求源，若允许 T0 中断则在 CPU 响应 T0 中断时由硬件清"0"TF0。

3. 定时器 T1 运行控制位 TR1

TR1 由软件置位和清"0"。门控位 GATE 为 0 时，T1 的计数仅由 TR1 控制，TR1 为"1"时允许 T1 计数，TR1 为"0"时禁止 T1 计数；门控位 GATE 为 1 时，仅当 TR1 为 1 且 $\overline{INT1}$(P3.3)输入为高电平时 T1 才计数，TR1 为 0 或 $\overline{INT1}$ 输入低电平时都将禁止 T1 计数。

4. 定时器 T1 溢出标志位 TF1

当 T1 被允许计数以后，T1 从初值开始加"1"计数，最高位产生溢出时置"1"TF1。TF1 可以由程序查询和清"0"，TF1 也是中断请求源，当 CPU 响应 T1 中断时由硬件清"0"TF1。

三、T0、T1 的工作方式和计数器结构

定时器 T0 有 4 种工作方式：方式 0、方式 1、方式 2、方式 3；定时器 T1 有 3 种工作方式：方式 0、方式 1、方式 2。不同的工作方式计数器的结构不同，功能上也有差别，除方式 3 外，T0 和 T1 的功能相同。下面以 T0 为例说明各种工作方式的结构和工作原理。

1. 方式 0

当 M1M0 为 00 时，定时器工作于方式 0。定时器 T0 方式 0 的结构框图如图 4-19 所示。方式 0 为 13 位的计数器，由 TL0 的低 5 位和 TH0 的 8 位组成，TL0 低 5 位计数溢出时向 TH0 进位，TH0 计数溢出时置"1"溢出标志 TF0。

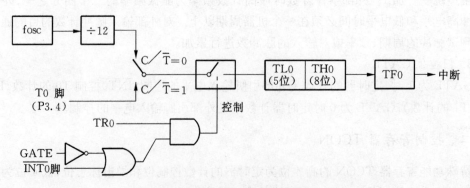

图 4-19　定时器 T0 方式 0 结构

在图 4-19 的 T0 计数脉冲控制电路中,有一个方式电子开关和允许计数控制电子开关。$C/\overline{T}=0$ 时,方式电子开关打在上面,以振荡器的十二分频信号作为 T1 的计数信号;$C/\overline{T}=1$ 时,方式电子开关打在下面,此时以 T0(P3.4)引脚上的输入脉冲作为 T0 的计数脉冲。当 GATE 为 0 时,只要 TR0 为 1,计数控制开关的控制端即为高电平,使开关闭合,计数脉冲加到 T0,允许 T0 计数。当 GATE 为 1 时,仅当 TR0 为 1 且 $\overline{INT0}$ 引脚上输入高电平时控制端才为高电平,才使控制开关闭合,允许 T0 计数,TR0 为"0"或 $\overline{INT1}$ 输入低电平都使控制开关断开,禁止 T0 计数。

若 T0 工作于方式 0 定时,计数初值为 a,则 T0 从初值 a 加 1 计数至溢出的时间为:

$$T = \frac{12}{f_{osc}} * (2^{13} - a) \mu s$$

如果 $f_{osc} = 12MHz$,则 $T = (2^{13} - a)\mu s$。

例 4.12 已知晶振频率 $f_{osc} = 6MHz$,若使用 T0 方式 0 产生 10ms 定时中断,试对 T0 进行初始化编程。

首先求出 TL0、TH0 初值,根据公式:

$$T = \frac{12}{f_{osc}} * (2^{13} - a) \mu s$$

则得:
$$a = 2^{13} - \frac{f_{osc}}{12} * T$$
$$= 2^{13} - 5000$$
$$= 3192$$

以二进制数表示:

$$a = 110001111000B$$

取 a 的低 5 位值作为 TL0 初值,高 8 位值作为 TH0 初值,因此 TL0 初值为 18H,TH0 初值为 63H,对 T0 初始化的子程序如下:

```
INI T0:  MOV    TH0, #63H        ;设置 TH0、TL0 初值
         MOV    TL0, #18H
         SETB   TR0              ;允许 T0 计数
         MOV    IE, #82H         ;允许 T0 中断
         RET
```

程序中没有对 TMOD 初始化,T0 就工作于方式 0 定时,请读者考虑为什么可以不对 TMOD 初始化?

2. 方式 1

方式 1 和方式 0 的差别仅仅在于计数器的位数不同,方式 1 为 16 位的定时器/计数器。定时器 T0 工作于方式 1 的逻辑结构框图如图 4-20 所示。T0 工作于方式 1 时,由 TH0 作为高 8 位,TL0 作为低 8 位,构成一个 16 位计数器。若 T0 工作于方式 1 定时,计数初值为 a,$f_{osc} = 12MHz$,则 T0 从计数初值加 1 计数到溢出的定时时间为:

$T = (2^{16} - a)\mu s$。

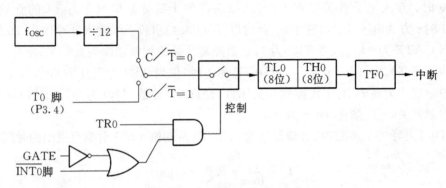

图 4-20 定时器 T0 方式 1 结构

例 4.13 设 fosc = 12MHz，T0 工作于方式 1，产生 50ms 定时中断，TF0 为高级中断源。试编写主程序中的初始化程序和中断服务程序，使 P1.0 产生周期为 1s 的方波。

根据公式：

$$T = \frac{12}{f_{osc}}(2^{16} - a)\mu s$$

则得：

$$a = 2^{16} - \frac{f_{osc}}{12} * T$$

$$= 2^{16} - 50000$$

$$= 15536$$

化为 16 进制数：

$$a = 3CB0H$$

因此 TH0 初值为 3CH，TL0 初值为 0B0H。

主程序：

MAIN:	MOV	SP, #0EFH	;栈指针初始化
	MOV	TH0, #3CH	;T0 初始化，
	MOV	TL0, #0B0H	
	MOV	TMOD, #1	;M1M0=01, C/$\overline{T}$=0, GATE=0
	MOV	IP, #2	;PT0=1
	MOV	IE, #82H	;中断初始化，EA=1，ET0=1
	SETB	TR0	;允许 T0 计数
	MOV	30H, #0AH	;T0 溢出中断次数计数单元初始化为 10(0.5s)
	⋮		
	⋮		;P1.0 求反，用 30H 作中断次数计数器单元

T0 中断服务程序：

PTF0:	ORL	TL0, #0B0H	;恢复 T0 初值，请读者考虑为什么用该指令

```
        MOV     TH0, #3CH
        DJNE    30H, PTF0R    ;中断次数是否减为0,即是否已发生10次？
        MOV     30H, #0AH     ;恢复中断次数计数单元值10
        CPL     P1.0          ;P1.0求反
PTF0R:  RETI
```

3. 方式2

T0工作于方式0和方式1时,初值a是由中断服务程序恢复的,而CPU响应T0溢出中断的时间随程序状态不同而不同(CPU所执行指令不同或者在执行其他中断程序都影响CPU响应中断的时间),CPU响应中断之前T0从0开始继续计数,CPU响应中断时又从初值开始计数,这样使定时产生误差。例4.12中用ORL指令恢复TL0初值,可以减小误差。

M1M0=10时,T0工作于方式2。方式2为自动恢复初值的8位计数器,其逻辑结构如图4-21所示。TL0作为8位计数器,TH0作为计数初值寄存器,当TL0计数溢出时,一方面置"1"溢出标志TF0,向CPU请求中断,同时将TH0内容送TL0,使TL0从初值开始重新加1计数。因此,T0工作于方式2时,定时精确,但定时时间小,$T = \frac{12}{f_{osc}} * (2^8 - a)$。

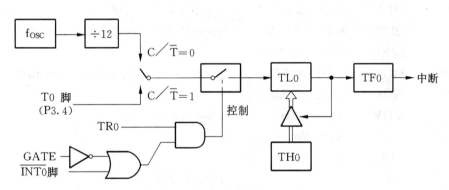

图4-21 定时器T0方式2结构

例4.14 设$f_{osc} = 12MHz$,T0工作于方式2,产生$250\mu s$定时中断(高级),试编写主程序中的初始化程序和中断程序,每1s使时钟显示缓冲器30H～32H实时计数,缓冲器分配如下:

```
30H | 十 | 个 |      31H | 十 | 个 |      32H | 十 | 个 |
      时                    分                    秒
```

根据公式:

$$T = \frac{12}{f_{osc}} * [2^8 - a]$$

计算得:

$$a = 6$$

T0在1s内产生4000次中断。

主程序：
```
MAIN:   MOV     SP, #0EFH
        LCALL   INICLK              ;调用时钟初值设置子程序,如通过键盘输入
                                    ; 初值。本例中略
        MOV     36H, #0FH           ;4000(0FA0)→中断次数计数单元 36H37H
        MOV     37H, #0A0H
        MOV     TMOD, #2
        MOV     TL0, #6
        MOV     TH0, #6
        SETB    TR0
        MOV     IE, #82H
        MOV     IP, #2
        ⋮
```
T0 中断程序：
```
PTF0:   PUSH    PSW                 ;保护现场  PSW,ACC 进栈
        PUSH    ACC
        MOV     PSW, #8             ;选工作寄存器1区
        DJNE    37H, PTF0R          ;判中断次数计数单元减1是否为0
        DJNE    36H, PTF0R
        MOV     36H, #0FH           ;4000→中断次数计数单元 36H37H
        MOV     37H, #0A0H
        MOV     R0, #32H            ;秒单元(32H)加1
        MOV     A, @R0
        ADD     A, #1               ;
        DA      A                   ;十进制调整
        MOV     @R0, A
        CJNE    A, #60H, PTF0R      ;判秒单元是否计数到60,不是60返回
        MOV     @R0, #0             ;秒清"0"
        DEC     R0
        MOV     A, @R0
        ADD     A, #1               ;分单元(31H)加1
        DA      A                   ;十进制调整
        MOV     @R0, A
        CJNE    A, #60H, PTF0R      ;判分单元是否计数到60,不是返回
        MOV     @R0, #0             ;分清"0"
        DEC     R0
        MOV     A, @R0
        ADD     A, #1               ;时单元(30H)加1
```

	DA	A	;十进制调整
	MOV	@R0,A	
	CJNE	A,♯24H,PTF0R	;判断时单元是否已计数到24,不是返回
	MOV	@R0,♯0	;清零时单元
PTF0R:	POP	ACC	;恢复现场,ACC,PSW 退栈
	POP	PSW	
	RETI		

4. 方式3

方式3只适用于 T0,若 T1 设置为工作方式3时,则使 T1 停止计数。T0 方式字段中的 M1M0 为 11 时,T0 被设置为方式3,此时 T0 的逻辑结构如图 4-22 所示,T0 分为两个独立的 8 位计数器 TL0 和 TH0。TL0 使用 T0 的所有状态控制位 GATE、TR0、$\overline{INT0}$ (P3.2)、T0(P3.4),TF0 等,TL0 可以作为 8 位定时器或外部事件计数器,TL0 计数溢出时置"1"溢出标志 TF0,TL0 计数初值必须由软件恢复。

TH0 被固定为一个 8 位定时器方式,并使用 T1 的状态控制位 TR1、TF1。TR1 为 1 时,允许 TH0 计数,当 TH0 计数溢出时置"1"溢出标志 TF1。

一般情况下,只有当 T1 用于串行口的波特率发生器时,T0 才在需要时选工作方式 3,以增加一个计数器。这时 T1 的运行由方式来控制,方式 3 停止计数,方式 0~2 允许计数,计数溢出时并不置"1"标志 TF1。

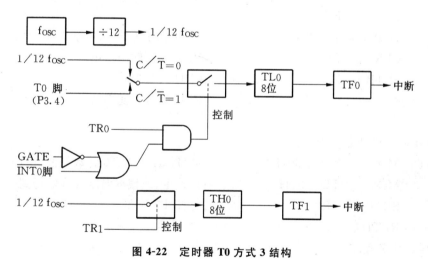

图 4-22 定时器 T0 方式 3 结构

*4.2.3 定时器 T0 的应用——定时中断控制可控硅导通角

定时器的最基本功能是用以实现定时操作。在例 4.8 中,交流电源过零信号接 P3.2 ($\overline{INT0}$),P1.0 输出可控硅的触发脉冲,用查询方法判断到 P3.2 引脚输入负跳变后,再用延时方法延时一段时间后使 P1.0 输出正脉冲触发可控硅。这种方法占用了 CPU 的全部时间,使 CPU 不能处理其他事情。现在改用外部中断 $\overline{INT0}$ 和定时器 T0 中断方法实现同样功能,其原理如图 4-23 所示。

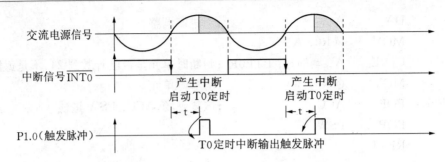

图 4-23　中断法控制可控硅导通角原理

例 4.15　中断方法控制可控硅的导通角。

由图 4-23 可见，当交流电进入正半周时，$\overline{INT0}$ 发生负跳变产生中断，这样可以由 $\overline{INT0}$ 中断服务程序启动定时器 T0 计数，当定时时间到，T0 溢出时产生中断，由 T0 中断服务程序使 P1.0 输出触发脉冲，这样便由 $\overline{INT0}$、T0 中断服务程序控制可控硅的导通角，主程序在对中断初始化以后，便可以处理其他事情。相应的程序如下：

主程序：

```
Main:   MOV    SP,#0EFH
        SETB   IT0              ;INT0设为边沿触发方式
        SETB   EX0              ;允许外部中断0和T0中断
        SETB   ET0
        MOV    TMOD,#1          ;T0工作于方式1,但禁止T0计数
        CLR    P1.0             ;P1.0初态输出低电平
        SETB   EA               ;CPU开放中断
        ⋮                       ;CPU处理其他事情
        ⋮
```

外部中断 0 中断服务程序：

```
PINT0:  MOV    TH0,30H          ;30H,31H为T0计数初值,由用
        MOV    TL0,31H          ;户设定,或根据温度采样值得到
        SETB   TR0              ;允许T0计数
        RETI
```

T0 中断服务程序：

```
PTF0:   SETB   P1.0             ;P1.0输出高电平
        CLR    TR0              ;禁止T0计数
        PUSH   PSW              ;保护PSW、ACC
        PUSH   ACC
        MOV    A,#5
PTF0L:  DEC    A                ;延时若干周期,使P1.0正脉冲达到一定宽度
        JNZ    PTF0L
        CLR    P1.0             ;P1.0输出低电平
```

```
        POP     ACC                ;恢复 ACC、PSW
        POP     PSW
        RETI
```

4.2.4 定时器 T2 的功能和使用方法

一、T2 的特殊功能寄存器

89C52 比 8051 增加了一个 16 位多功能定时器,相应地增加了 6 个特殊功能寄存器:TH2(0CDH)、TL2(0CCH)、RCAP2H(0CBH)、RCAP2L(0CAH)、T2MOD(0C9H)、T2CON(0C8H)。T2 主要有 3 种工作方式:捕捉方式、常数自动再装入方式和串行口的波特率发生器方式。TH2、TL2 组成 16 位计数器,RCAP2H、RCAP2L 组成一个 16 位寄存器。在捕捉方式中,当外部输入端 T2EX(P1.1)发生负跳变时,将 TH2、TL2 的当前计数值锁存到 RCAP2H、RCAP2L 中,在常数自动再装入方式中,RCAP2H、RCAP2L 作为 16 位计数初值常数寄存器。

1. T2CON

T2CON 为 T2 的状态控制寄存器,其格式如下:

D7	D6	D5	D4	D3	D2	D1	D0
TF2	EXF2	RCLK	TCLK	EXEN2	TR2	C/$\overline{T2}$	CP/$\overline{RL2}$

T2 的工作方式主要由 T2CON 的 D0、D2、D4、D5 位控制,对应关系如表 4-5 所示。

表 4-5 定时器 T2 方式选择

RCLK + TCLK	CP/$\overline{RL2}$	TR2	工 作 方 式
0	0	1	16 位常数自动再装入方式
0	1	1	16 位捕捉方式
1	×	1	串行口波特率发生器方式
×	×	0	停止计数

TF2　　T2 的溢出中断标志。在捕捉方式和常数自动再装入方式中,T2 计数溢出时,置"1"中断标志 TF2,CPU 响应中断转向 T2 中断入口(002BH)时,并不清"0"TF2,TF2 必须由用户程序清"0"。当 T2 作为串行口波特率发生器或工作于时钟输出方式时,TF2 不会被置"1"。

EXF2　　定时器 T2 外部中断标志。EXEN2 为 1 时,当 T2EX(P1.1)发生负跳变时置 1 中断标志 EXF2,CPU 响应中断转 T2 中断入口(002BH)时,并不清"0"EXF2,EXF2 必须由用户程序清"0"。在加减计数方式中 EXF2 不产生中断。

TCLK　　串行接口的发送时钟选择标志。TCLK = 1 时,T2 工作于波特率发生器方式,使定时器 T2 的溢出脉冲作为串行口方式 1、方式 3 时的发送时钟。TCLK = 0 时,定时器 T1 的溢出脉冲作为串行口方式 1、方式 3 时的发送时钟。

RCLK　　串行接口的接收时钟选择标志位。RCLK＝1时，T2工作于波特率发生器方式，使定时器T2的溢出脉冲作为串行口方式1和方式3时的接收时钟，RCLK＝0时，定时器T1的溢出脉冲作为串行口方式1、方式3时的接收时钟。

EXEN2　　T2的外部允许标志。T2工作于捕捉方式，EXEN2为1时，当T2EX（P1.1）输入端发生高到低的跳变时，TL2和TH2的当前值自动地捕捉到RCAP2L和RCAP2H中，同时还置"1"中断标志EXF2（T2CON.6）；T2工作于常数自动装入方式时，EXEN2为1时，当T2EX（P1.1）输入端发生高到低的跳变时，常数寄存器RCAP2L、RCAP2H的值自动装入TL2、TH2，同时置"1"中断标志EXF2，向CPU申请中断。EXEN2＝0时，T2EX输入电平的变化对定时器T2没有影响。

C/$\overline{T2}$　　外部事件计数器/定时器选择位。C/$\overline{T2}$＝1时，T2为外部事件计数器，计数脉冲来自T2（P1.0）；C/$\overline{T2}$＝0时，T2为定时器，以振荡脉冲的十二分频信号作为计数信号。

TR2　　T2的计数控制位。TR2为1时允许计数，为0时禁止计数。

CP/$\overline{RL2}$　　捕捉和常数自动再装入方式选择位。CP/$\overline{RL2}$为1时工作于捕捉方式，CP/$\overline{RL2}$为0时T2工作于常数自动再装入方式。当TCLK或RCLK为1时，CP/$\overline{RL2}$被忽略，T2总是工作于常数自动恢复的方式。

2. T2MOD

另外T2还有可编程的时钟输出方式，在16位常数自动再装入方式中可控制为加1计数或减1计数。它们由T2MOD控制。T2MOD为T2的方式寄存器，格式如下

D7	D6	D5	D4	D3	D2	D1	D0
—	—	—	—	—	—	T2OE	DCEN

T2OE：　T2时钟输出允许位，C/$\overline{T2}$＝0、T2OE＝1，T2（P1.0）输出可编程时钟。

DCEN：　DCEN＝1时，T2可构成加减计数器。在16位常数自动再装入方式中，若DCEN＝1，T2EX＝1，T2加"1"计数；DCEN＝1，T2EX＝0为减"1"计数。

二、T2的工作方式

1. 常数自动再装入方式（DCEN＝0）

DCEN＝0时的16位常数自动再装入方式的逻辑结构如图4-24所示，这种方式主要用于定时。C/$\overline{T2}$为0时为定时方式，以振荡器的十二分频信号作为T2的计数信号；C/$\overline{T2}$为1时为外部事件计数方式，外部引脚T2（P1.0）上的输入脉冲作为T2的计数信号（负跳变时T2加1）。

TR2置"1"后，T2从初值开始加1计数，计数溢出时将RCAP2H、RCAP2L中的计数初值常数自动再装入TH2、TL2，使T2从该初值开始重新加1计数，同时置"1"溢出标志TF2，向CPU请求中断（TF2也可以由程序查询）。

当EXEN2为1时，除上述功能外，还有一个附加的功能：当T2EX（P1.1）引脚输入电平发生"1"至"0"跳变时，也将RCAP2H、RCAP2L中常数重新装入到TH2、TL2，使T2重

新从初值开始计数,同时置"1"标志 EXF2,向 CPU 请求中断。

T2 的 16 位常数自动再装入方式是一种高精度的 16 位定时方式,计数初值由初始化程序一次设定后,在计数过程中不需要由软件再设定。若计数初值为 a,则定时时间精确地等于 $\frac{12}{f_{osc}} * (2^{16} - a) \mu s$。

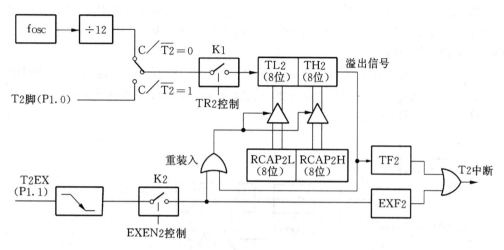

图 4-24　T2 16 位常数自动再装入方式(DCEN＝0)结构

2. 常数自动再装入方式(DCEN = 1)

DCEN = 1 时的 16 位常数自动再装入方式的逻辑结构如图 4-25 所示。当 DCEN = 1,T2EX(P1.1)输入高电平时,T2 加 1 计数,这时的 T2 功能和 DCEN = 0 时的常数自动再装入方式相似,只是 EXN2 不起控制作用。当 DCEN = 1,T2EX 输入低电平时,T2 为减 1 计数器,溢出时 0FFFFH 自动装入 T2。

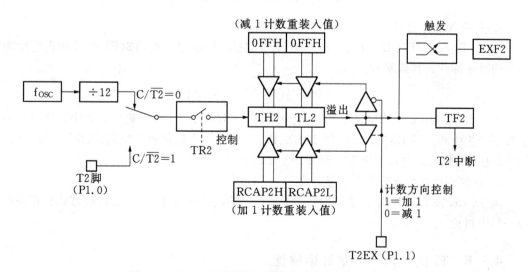

图 4-25　T2 16 位常数自动再装入方式(DCEN＝1)结构

3. 16位捕捉方式

T2 的 16 位捕捉方式的逻辑结构如图 4-26 所示。16 位捕捉方式的计数脉冲也由 C/$\overline{T2}$ 选择,C/$\overline{T2}$ 为 0 时以振荡器的十二分频信号作为 T2 的计数信号,C/$\overline{T2}$ 为 1 时以 T2 引脚上的输入脉冲作为 T2 的计数信号。置"1"TR2 后,T2 从初值开始加 1 计数,计数溢出时仅置"1"溢出标志 TF2。

EXEN2 为 1 时,除上述功能外,另外有一个附加的功能:当 T2EX(P1.1)输入电平发生负跳变时,将 TH2、TL2 的当前计数值锁存到 RCAP2H、RCAP2L,并置"1"中断标志 EXF2,向 CPU 请求中断。

T2 的 16 位捕捉方式主要用于测试外部事件的发生时间,可用于测试输入脉冲的频率、周期等。工作于捕捉方式时,T2 计数初值一般取 0,使 T0 循环地从 0 开始计数,每次溢出置"1"TF0,溢出周期为固定的。

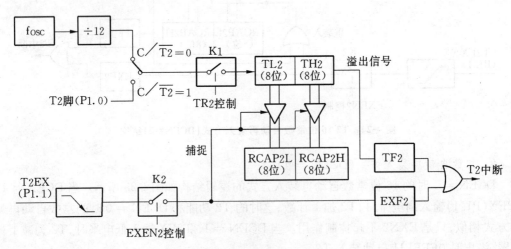

图 4-26　T2 16 位捕捉方式结构

4. 可编程时钟输出方式

当 C/$\overline{T2}$ = 0、T2OE = 1 时,T2 工作于可编程时钟输出方式,T2(P1.0)输出占空比为 50% 的时钟脉冲。其频率为:

$$f_{clockout} = fosc/4(65536-(RCAP2))$$

若晶振频率 fosc = 16MHz,则 $f_{clockout}$ 为 61Hz～4MHz。在时钟输出方式中,T2 计数溢出时不产生中断。若 EXN2 = 1,则 T2EX(P1.1)可以作为负跳变触发的外部中断输入线,EXF2 为中断标志。时钟输出方式时 T2 结构如图 4-27 所示。

5. 异步串行口的波特率发生器方式

当 TCLK 或 RCLK 为 1 时,T2 工作于串行口的波特率发生器方式,这种方式将在串行口一节中讨论。

4.2.5　T2 的应用——定时读键盘

T2 有常数自动再装入方式、捕捉方式、波特率发生器方式、时钟输出方式,其功能和用

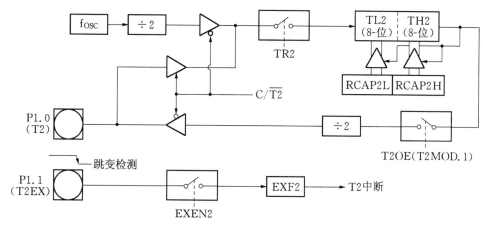

图 4-27 T2 时钟输出方式结构

途比 T0、T1 多。

常数自动再装入方式主要用于定时操作,类似于 T0、T1 的方式 2 定时,定时精度高,范围大。例如,可用 T2 产生 10ms 定时,在 T2 中断服务程序中调用判键盘状态子程序,以判断键盘上有无闭合键,调用判键号子程序读输入键键号。这种方法优点是既节省 CPU 时间,又可及时响应键盘操作。

例 4.16 定时读键盘程序的设计。

- 设置下列标志位,实现中断程序和主程序间信息交换:

KD: KD = 1 表示键闭合后已经过 10ms 延时进入稳定期;

KIN:KIN = 1 表示中断程序已判别到闭合键键号,键号在缓冲器 KBUF 中,通知主程序对 KBUF 中键号(数字或命令)进行处理;

KP: KP = 1 表示主程序已对 KBUF 中的输入键作了处理,但该键还未释放。

- 设置键号缓冲器 KBUF,T2 中断程序将键号写入 KBUF,主程序读 KBUF 中键号进行处理。

图 4-28 给出了定时读键盘的主程序和 T2 中断程序框图,下面为程序:

```
FLAG    EQU     20H
KD      BIT     0           ;(20H).0 为 KD
KIN     BIT     1           ;(20H).1 为 KIN
KP      BIT     2           ;(20H).2 为 KP
KBUF    EQU     30H         ;设置 1 个字节键号缓冲器
        ORG     0
        LJMP    MAIN
        ORG     2BH
        LJMP    PTF2
MAIN:   MOV     SP, #0EFH   ;堆栈设在 0F0H~0FFH
        MOV     FLAG, #0    ;清"0" KP、KIN、KD
        MOV     TH2, #0D8H  ;设 fosc=12MHz,T2 初值 D8F0H
```

```
            MOV     TL2,#0F0H        ;经10000个周期溢出,10ms定时
            MOV     RCAP2H,#0D8H
            MOV     RCAP2L,#0F0H
            MOV     T2CON,#4         ;常数再装入方式
            SETB    ET2              ;允许T2中断
            ⋮                        ;系统的其他初始化
            ⋮
            SETB    EA               ;开中
MLP0:       ⋮                        ;事务1处理
            ⋮
MLPN:       MOV     A,FLAG
            ANL     A,#6
            CJNE    A,#2,NEXT        ;KP=0,KIN=1?
            SETB    KP               ;置"1" KP表示已处理了KBUF中的键
            LCALL   PKBUF            ;调用处理KBUF中数字或命令子程序(略)
NEXT:       ⋮                        ;其他事务处理
            ⋮
            LJMP    MLP0
PTF2:       PUSH    PSW              ;保护现场
            PUSH    ACC
            PUSH    B
            PUSH    DPH
            PUSH    DPL
            SETB    RS0              ;选工作寄存器区1
            CLR     TF2              ;清中断标志
            LCALL   KEYS             ;调用例4-10中判键盘状态子程序
            JC      PTF2_2
            JB      KD,PTF2_1
            SETB    KD
            SJMP    PTF2_R
PTF2_1:     JB      KIN,PTF2_R       ;原闭合键未释放转PTF2_R
            LCALL   KEYN             ;调用例4-10中判键号子程序
            JC      PTF2_2
            MOV     KBUF,A           ;键号→KBUF
            SETB    KIN              ;通知主程序处理KBUF中键
            SJMP    PTF2_R
PTF2_2:     MOV     FLAG,#0          ;0→KD、KIN、KP
PTF2_R:     POP     DPL              ;恢复现场,返回
```

```
POP     DPH
POP     B
POP     ACC
POP     PSW
RETI
```

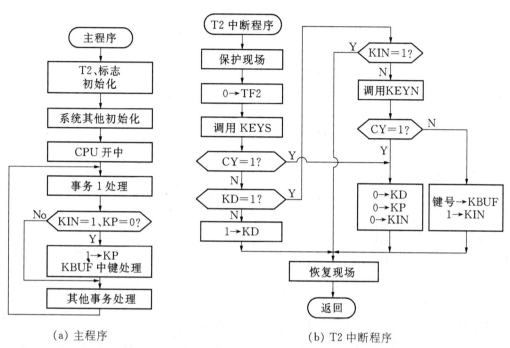

(a) 主程序　　　　　　　　(b) T2 中断程序

图 4-28　定时读键盘程序框图

*4.2.6　T2 捕捉方式应用——测量脉冲周期

　　T2 的捕捉方式可用于实时测量 T2EX 上输入的脉冲周期。在许多系统中，输入信息是以脉冲形式表示的。如洗衣机中水位、衣物的重量使压控振荡器输出脉冲周期发生变化，测得脉冲周期便间接测得水位高低、衣物的多少，并以此来控制洗衣机的进水、排水等操作。在 V/F 转换器中测得脉冲周期便可测得输入电压以及它所代表的温度、酸度等模拟量参数。测试旋转体上霍尔器件或光栅输出的脉冲周期，便可计算得到旋转体的转速。

　　用 T2 捕捉方式测量脉冲周期的方法如图 4-29 所示。若 fosc = 12MHz，T2 计数脉冲周期为 1μs。当 T2 工作于捕捉方式，允许外部触发中断，不允许 T2 溢出中断，则可测试的脉冲周期范围小于 65536μs，如果相继的二次外部触发中断中得到的捕捉值为 t_1、t_2，则脉冲周期为：

$$T = (t_2 - t_1)\mu s$$

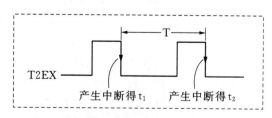

图 4-29　脉冲周期测量原理

若允许 T2 的外部触发中断和计数溢出中断，由溢出中断对溢出次数进行计数得 n，相继的二次外部触发中断得到捕捉值为 t_1、t_2，则脉冲周期为：

$$T = [(n * 65536 + t_2) - t_1]\mu s$$

例 4.17 脉冲周期测量程序。

- 设置存放 t_1、t_2 的缓冲器 BUF_T1H、BUF_T1L、BUF_T2H、BUF_T2L。
- 设置存放 T2 计数溢出次数缓冲器 OVRCNT。
- 设置标志位 F_EN； F_EN=1 表示允许测量脉冲周期；
  - F_ONE； F_ONE=1 表示已测得 t_1；
  - F_READY； F_READY=1 表示已测得 t_1 和 t_2。

图 4-30 给出了脉冲周期测量程序的框图，下面为主程序和 T2 中断程序：

```
BUF_T1L     EQU     30H
BUF_T1H     EQU     31H
BUF_T2L     EQU     32H
BUF_T2H     EQU     33H
OVRCNT      EQU     34H
FLAG        EQU     20H
F_EN        BIT     0
F_ONE       BIT     1
F_READY     BIT     2
MAIN:       MOV     SP,#0FEH        ;栈指针初始化
            MOV     FLAG,#1         ;F_EN=1,F_ONE=0,F_READY=0
            MOV     OVRCNT,#0
            MOV     T2CON,#0DH      ;T2 工作于捕捉方式
            SETB    ET2             ;允许 T2 中断
            ⋮                       ;其他初始化
            ⋮
            SETB    EA              ;CPU 开中
MLP0:       JNB     F_READY,NEXT
            LCALL   PULSE           ;调用脉冲周期计算子程序(本例中该程序略)
            MOV     OVRCNT,#0       ;清零 T2 溢出次数计数器
            MOV     FLAG,#1         ;F_EN=1,F_ONE=0,F_READY=0
NEXT:       ⋮                       ;处理其他事务
            ⋮
            LJMP    MLP0
PTF2:       PUSH    PSW
            JBC     TF2,PTF2_1
PTF2_0:     JBC     EXF2,PTF2_2
```

```
                SJMP    PTF2_R
PTF2-1：  JNB     F_ONE, PTF2_0
                INC     OVRCNT
                SJMP    PTF2_0
PTF2-2    JNB     F_EN, PTF2_R
                JB      F_ONE, PTF2_3
                MOV     BUF_T1H, RCAP2H
                MOV     BUF_T1L, RCAP2L
                SETB    F_ONE
                SJMP    PTF2_R
PTF2_3：  MOV     BUF_T2H, RCAP2H
                MOV     BVF_T2L, RCAP2L
                MOV     FLAG, #4        ;0→F_EN, 0→F_ONE
                                        ;1→F_READY
PTF2_R    POP     PSW
                RETI
```

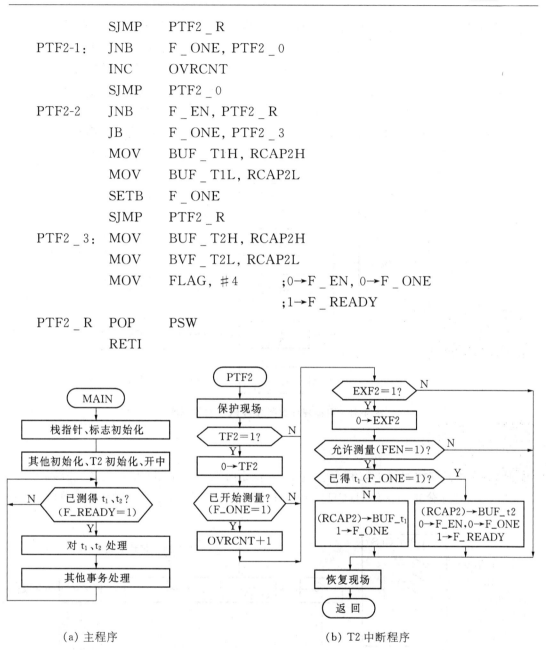

图 4-30 脉冲周期测量程序框图

T2 作为串行口波特发生器方式时，波特率的可变范围大，精度高。在需要时钟脉冲的应用系统中，T2 的时钟输出方式很有用。

*4.2.7 可编程的计数器阵列(PCA)的功能和使用方法

Intel、PhisLips、ATMEL 等公司的许多 51 系列单片机有可编程的计数器阵列 PCA。这是一个多功能的定时模块。我们以 8XC51FA/FB/FC 的 PCA 为例，介绍 PCA 的功能和使用方法。PCA 有一个 16 位的定时器和 5 个 16 位比较/捕捉模块所组成，逻辑结构如图 4-31 所示。PCA 的 16 位定时器作为比较/捕捉模块的定时标准，因此主要作为定时器使用，每个比较/捕捉模块都有 4 种用途：捕捉外部引脚 CEXn（n＝0～4）上输入电平发生跳变的时间，软件定时器，高速输出（即比较输出）和脉冲宽度调制输出。模块 4 还可以作为系统的监视定时器。

8XC51FA/FB/FC 的 P1 口为双功能口，其中 P1.3～P1.7 的第二功能为 PCA 的输入/输出线 CEX0～CEX4。

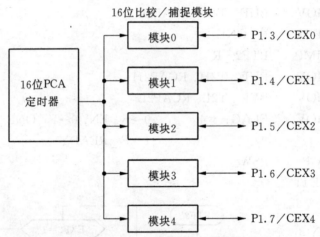

图 4-31 可编程计数器阵列 PCA 结构框图

一、PCA 定时器

PCA 定时器结构如图 4-32 所示。这个 16 位定时器由 CH 和 CL 组成，它们都是特殊功能寄存器，地址分别为：0F9H(CH)，0E9H(CL)。CPU 可以在任意时候对它们进行读或写。

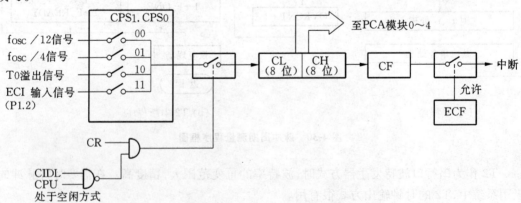

图 4-32 PCA 定时器框图

PCA 定时器的计数脉冲可以编程为下列 4 个信号中的任意一个：
● 振荡器的十二分频信号；

- 振荡器的四分频信号;
- 定时器 T0 的溢出信号;
- 外部引脚 ECI(P1.2)上的输入信号。

PCA 的定时器是一个加"1"计数器,计数溢出时置"1"中断请求标志 CF。处于空闲方式时,可以允许或停止 PCA 定时器的计数。与它有关的特殊功能寄存器还有方式寄存器 CMOD、控制寄存器 CCON,通过对这两个寄存器进行初始编程来选择 PCA 定时器的工作方式。

1. 方式寄存器 CMOD

CMOD 为 PCA 定时器的方式寄存器,地址为 0D9H,其格式如下:

D7	D6	D5	D4	D3	D2	D1	D0
CIDL	WDTE	—	—	—	CPS1	CPS0	ECF

CIDL 空闲方式时计数控制。CIDL = 0 时,PCA 定时器继续计数;CIDL = 1 时,禁止计数。
CPS1 PCA 计数脉冲选择位 1。
CPS0 PCA 计数脉冲选择位 0。

CPS1	CPS0	计数脉冲
0	0	振荡器的十二分频信号
0	1	振荡器的四分频信号
1	0	定时器 T0 的溢出信号
1	1	ECI(P1.2)上输入信号

WDTE 模块 4 的监视定时器(watchdog)允许位,WDTE = 0 禁止模块 4 的监视定时器功能,WDTE = 1 则允许。
ECF   PCA 定时器溢出中断允许位。ECF = 1 时,允许 CF 位产生中断;ECF = 0 时,禁止中断。

CMOD.3～CMOD.5 为保留位。对这些不用的位读/写无效,为了使软件和 51 系列的新产品兼容,不要把"1"写入这些位。

2. 控制寄存器 CCON

CCON 为 PCA 的中断标志和运行控制寄存器,地址为 0D8H,格式如下:

D7	D6	D5	D4	D3	D2	D1	D0
CF	CR	—	CCF4	CCF3	CCF2	CCF1	CCF0

CF   PCA 定时器溢出标志。若 ECF = 1,则产生中断,CF 可以由硬件或软件置"1",但必须由软件清"0"。
CR   PCA 定时器运行控制位。若软件置"1"CR,则启动 PCA 定时器计数,软件清"0"CR 后停止计数。

CCF4～CCF0　　PCA 比较/捕捉模块 4～0 的事件中断标志。当产生一次捕捉或匹配时由硬件置"1"，但必须由软件清"0"。

CF、CCF4～CCF0 为 PCA 的中断请求标志位。中断允许寄存器 IE.6 为 PCA 中断允许位 EC，EC＝1 允许 PCA 中断；EC＝0 禁止 PCA 中断。PCA 中断的入口地址为 033H，由 PCA 中断服务程序查询 CCON 寄存器中的各个中断标志位状态，若为 1，由软件清"0"，并分别进行相应中断处理。

二、比较/捕捉模块

PCA 中有 5 个比较/捕捉模块，每一个模块都有一个方式寄存器 CCAPMn（n＝0，1，2，3，4），它们都是特殊功能寄存器，地址为：

CCAPM0：0DAH
CCAPM1：0DBH
CCAPM2：0DCH
CCAPM3：0DDH
CCAPM4：0DEH

这些寄存器分别控制对应模块的工作方式，其格式完全相同。

D7	D6	D5	D4	D3	D2	D1	D0
—	ECOMn	CAPPn	CAPNn	MATn	TOGn	PWMn	ECCFn

ECOMn　　比较器使能位。ECOMn＝1，允许模块 n(n＝0～4) 中的比较器对 PCA 定时器和模块比较寄存器中的内容进行比较，若相等，则产生匹配信号；ECOMn＝0，禁止模块中的比较器工作。

CAPPn　　CAPPn＝1，允许捕捉外部引脚上的正跳变，为零时禁止捕捉。

CAPNn　　CAPNn＝1，允许捕捉外部引脚上的负跳变，为零时禁止捕捉。

MATn　　MATn＝1 时，当 PCA 定时器的计数值和模块中比较/捕捉寄存器的值相等时置"1"CCFn，产生中断。

TOGn　　触发控制位。TOGn＝1 时，在 PCA 定时器的计数值和模块中的比较/捕捉寄存器的值相等时使输出到 CEXn 上的电平跳变。

PWMn　　脉冲宽度调制方式位。PWMn＝1，使 CEXn 引脚上输出脉冲宽度调制波形。

ECCFn　　CCFn 中断允许位。ECCFn＝1 时，使 CCFn 标志置"1"时，产生一个中断。

表 4-6 列出了寄存器 CCAPMn 中有效的各位组态，表以外的组态是无定义的，因而是无效的。

表 4-6　模块方式寄存器 CCAPMn 各位组态

ECOMn	CAPPn	CAPNn	MATn	TOGn	PWMn	ECCFn	模　块　功　能
0	0	0	0	0	0	0	没有操作
×	1	0	0	0	0	×	CEXn 上的正跳变触发捕捉(16 位)
×	0	1	0	0	0	×	CEXn 上的负跳变触发捕捉(16 位)

(续表)

ECOMn	CAPPn	CAPNn	MATn	TOGn	PWMn	ECCFn	模 块 功 能
×	1	1	0	0	0	×	CEXn 上的跳变(正或负)触发捕捉(16 位)
1	0	0	1	0	0	×	16 位软件定时器
1	0	0	1	1	0	×	16 位高速输出
1	0	0	0	0	1	0	8 位脉冲宽度调制器
1	0	0	1	×	0	×	监视定时器(仅模块 4 有效)

三、16 位捕捉方式

16 位捕捉方式时的模块结构如图 4-33 所示。在 16 位捕捉方式中,当外部引脚 CEXn 上发生正跳变或负跳变或正负跳变时触发 PCA 的一次捕捉。对模块方式寄存器 CCAPMn 中的 CAPPn 和 CAPNn(n = 0 ~ 4)这两位置值来选择触发方式。

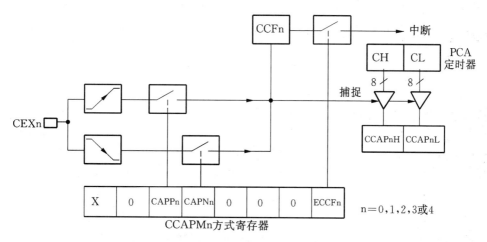

图 4-33　PCA 捕捉方式结构

PCA 中的比较/捕捉模块采样外部引脚 CEXn(n = 0 ~ 4)上的输入电平,当检测到一个有效跳变时由硬件将 PCA 定时器的计数值装到模块捕捉寄存器(CCAPnH 和 CCAPnL)。捕捉寄存器中的数值反映了外部引脚 CEXn 输入发生跳变时 PCA 定时器的计数值,亦即记录了发生跳变的实时时间。

在捕捉到一次跳变时,置位 CCON 寄存器中的模块事件标志位 CCFn,如果中断允许(ECCFn = 1, EC = 1) 将产生 PCA 中断。CPU 响应中断并不清"0"CCFn,它必须由软件清"0",在中断服务程序中,将 16 位捕捉寄存器的值保护到 RAM(必须在下一次捕捉事件发生前完成)。

四、软件定时器和高速输出(比较输出)方式

软件定时器和高速输出方式都是一种比较方式,这种方式的模块结构如图 4-34 所示。

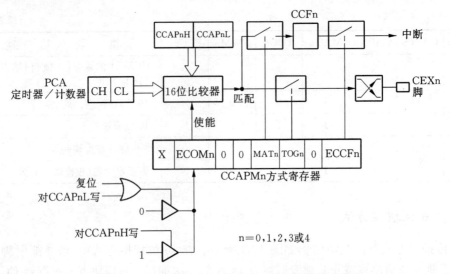

图 4-34 PCA 比较器输出:软件定时器和高速输出结构

在 16 位比较方式中（ECOMn = 1），16 位 PCA 定时器的计数值和模块中的 16 位比较寄存器（CCAPnH，CCAPnL）中的预置值在每个机器周期进行 3 次比较,若相等则产生一个匹配信号。

1. 16 位软件定时器

置"1"ECOMn 和 MATn 这两位,模块 n（n = 0～4）工作于 16 位软件定时器方式。在这种方式中,PCA 定时器的计数值和 16 位模块比较寄存器（CCAPnH，CCAPnL）中的预置值在每个机器周期进行 3 次比较,相等时产生一个匹配信号,该信号置"1"模块事件标志 CCFn。如果允许,则会产生一个中断（软件定时器中断）。

在中断服务程序中,必须清"0"CCFn,若需要,将一个新的 16 位比较值写入比较寄存器,由于 CPU 对 CCAPnL 写操作时清"0"ECOMn（暂时禁止比较以防止一次不希望的匹配）,对 CCAPnH 写时置"1"ECOMn,所以应先对 CCAPnL 写,后对 CCAPnH 写。若在中断服务程序中使比较寄存器在原值基础上加上一个固定的偏移量,则软件定时器中断的频率是一样的,这就起一个定时器的作用。

2. 高速输出方式

高速输出方式也称为比较输出方式,置"1"ECOMn、MATn 和 TOGn 这 3 位,模块 n（n = 0～4）就工作于高速输出方式,在 PCA 定时器计数值和模块的比较寄存器比较相等时产生一个匹配信号,该信号使外部引脚 CEXn 上的输出电平发生跳变,同时也置"1"模块事件标志 CCFn,如果允许也产生一个 PCA 中断。由软件设置 CEXn 上输出电平的初态,就可以使该引脚在预定时刻到达时发生正跳变或负跳变。

高速输出方式比一般的中断方式的软件定时输出在时间上更精确,因为中断等待时间不影响高速输出的操作。

五、脉冲宽度调制器方式

置"1"ECOMn 和 PWMn 这两位,模块 n（n = 0～4）就工作于如图 4-35 所示的脉冲宽度调制器方式。这种方式可以用作 D/A 转换器或控制电机转速等。脉冲宽度调制器输出脉冲的频率取决于 PCA 定时器的计数脉冲。若振荡器频率为 16MHz,则输出波形的最高频率为 15.6kHz。

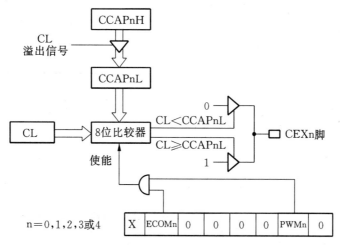

图 4-35 脉冲宽度调制器结构

通过对 PCA 定时器低 8 位 CL 和模块比较寄存器低 8 位 CCAPnL 的内容进行比较来产生 8 位脉冲宽度调制输出波形。当 CL 的值小于 CCAPnL 的值时,CEXn 引脚输出低电平;CL 的值大于或等于 CCAPnL 之值时,CEXn 输出高电平,这样由 CCAPnL 中的值控制输出波形的占空比。若要改变 CCAPnL 中的数值,软件应写入 CCAPnH 寄存器,当 PCA 定时器低 8 位 CL 计数溢出时,由硬件将 CCAPnH 的内容送至 CCAPnL。CCAPnH(一般也是 CCAPnL 的)可以在 0~255 中任选。输出波形的占空比在 100%~0.4% 之间变化(见图 4-36)。

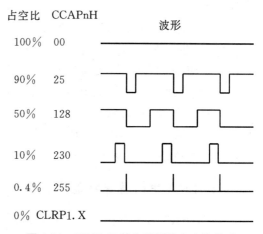

图 4-36 CCAPnH 值和调制波占空比关系

六、监视定时器

监视定时器(watchdog timer)的功能是当系统工作不正常时自动产生一个复位信号,在硬件无故障时,使系统恢复正常工作。它用在一些环境干扰信号较大或可靠性要求较高的应用场合。

只有模块 4 才可以编程为监视定时器方式 (ECOM4 = 1, MAT4 = 1, WDTE = 1),这时模块 4 的逻辑结构如图 4-37 所示。

监视定时器也是一种比较方式,每当 PCA 定时器的计数值和比较寄存器(CCAPnH,CCAPnL)的值比较相等时,就产生一个内部的复位信号。

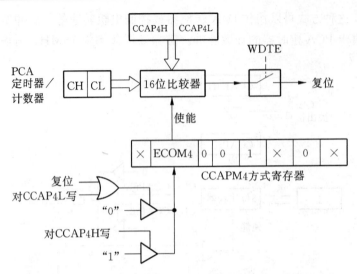

图 4-37 模块 4 监视定时器结构

系统正常工作时,必须由软件阻止产生内部复位,其方法有下列 3 种:

(1) 周期性地改变模块 4 中比较寄存器(CCAP4H,CCAP4L)的值,使它不会和 PCA 定时器的值相等。

(2) 周期性地改变 PCA 定时器的值(CH,CL),使它不会和模块 4 中比较寄存器的值相等。

(3) 在匹配将要发生时禁止监视器工作(0→WDTE),然后再允许监视器工作(0→WDTE),使匹配时不产生复位信号。

上面第二种方法将影响 PCA 中其他模块的工作,第三种方法不可靠,所以在大多数的应用中都采用第一种方法。

若系统因受干扰等原因 CPU 工作不正常时,不能阻止 PCA 定时器的计数值和比较寄存器的值比较相等,而使匹配信号产生内部复位信号,重新启运系统正常工作。

七、PCA 中的特殊功能寄存器地址

8xC51FA/FB/FC 中与可编程计数器阵列相关的特殊功能寄存器一共有 19 个,它们的地址分配如表 4-7 所示。

表 4-7 PCA 中特殊功能寄存器编址

寄存器名	地址	寄存器名	地址	寄存器名	地址
CCON	0D8H	CL	0E9H	CCAP0H	0FAH
CMOD	0D9H	CCAP0L	0EAH	CCAP1H	0FBH
CCAPM0	0DAH	CCAP1L	0EBH	CCAP2H	0FCH
CCAPM1	0DBH	CCAP2L	0ECH	CCAP3H	0FDH
CCAPM2	0DCH	CCAP3L	0EDH	CCAP4H	0FEH
CCAPM3	0DDH	CCAP4L	0EEH		
CCAPM4	0DEH	CH	0F9H		

*4.2.8 PCA 的应用——软件控制的双积分 A/D

PCA 计数器阵列比 89C52 的 T2 功能更强,用途更大。
- PCA 的捕捉方式可捕捉 CEXn 上的负跳变,也可捕捉正跳变,应用更加灵活;
- PCA 的高速输出方式能实时控制 CEXn 上输出电平,能精确控制定时输出;
- PCA 的脉冲宽度调制输出(PWM),可以作为 D/A,也可以控制电机的转速;
- PCA 的监视定时器功能(W. D. T)能使系统工作更可靠。

例 4.18 PCA 控制的软件双积分 A/D。

图 4-38 给出了 PCA 控制的双积分 A/D 电路和积分器的输出波形。电路由模拟开关 CD4051、积分器、比较器组成,PCA 的模块 0 工作于 16 位捕捉方式,模块 1 工作于高速输出方式,A/D 转换过程和原理如下:

- CEX1(P1.4)、P1.0 初态为 00, X0 和 Y 短路,积分器放电 V_A 为 0。
- P1.4、P1.0 置为 01, X1 和 Y 短路,积分器由模块 1 定时对 V_X 正向积分,V_X 越大,积分越快,V_A 升高越快。
- 模块 1 定时时间到,使 CEX1(P1.4)触发为高电平,X3 和 Y 短路,积分器对极性和 V_X 相反的参考电源 E 进行斜率固定的反向积分。当积分器输出过零时,比较器输出跳变,由模块 0 捕捉到跳变发生的时间,即得到反向积分的时间,它和被测电压 V_X 成正比,由此将电压转换为时间数字量。

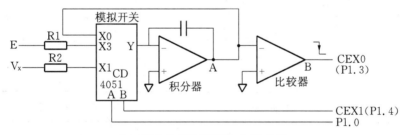

(a) PCA 控制的双积分 A/D 电路

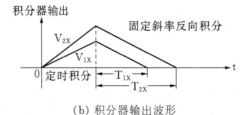

(b) 积分器输出波形

图 4-38 PCA 控制的双积分 A/D

§4.3 串行接口 UART

中央处理器 CPU 和外界的信息交换称为通信。通常有并行和串行两种通信方式,数据的各位同时传送的称为并行通信,数据一位一位串行地顺序传送的称为串行通信。

并行通信通过并行接口来实现,例如 89C52 的 P1 口就是并行接口。P1 口作为输出口时,CPU 将一个数据写入 P1 口以后,数据在 P1 口上并行地同时输出到外部设备。P1 口作为输入口时,对 P1 口执行一次读操作,在 P1 口上输入的 8 位数据同时被读出。

串行通信通过串行口来实现。51 系列单片机都有一个全双工的异步串行接口,可以用于串行数据通信。

在并行通信中,信息传输线的根数和传送的数据位数相等,通信速度快,适合于近距离通信;全双工的串行通信仅需一根发送线和一根接收线,半双工串行通信用一根线发送或接收,串行通信适合于远距离通信,虽然速度慢,但成本低。

串行通信有两种基本方式:异步通信方式和同步通信方式。

异步通信方式是按字符传送的,字符的前面有一个起始位(0),后面有一个停止位(1),这是一种起止式的通信方式,字符之间没有固定的间隔长度。这种方式的优点是数据传送的可靠性较高、能及时发现错误,缺点是通信效率比较低。典型的异步通信数据格式如图 4-39。

图 4-39 典型的异步通信数据格式

同步通信是按数据块传送的,把传送的字符顺序地连接起来,组成数据块(见图 4-40),在数据块前面加上特殊的同步字符,作为数据块的起始符号,在数据块的后面加上校验字符,用于校验通信中的错误。在同步通信中字符之间是没有间隔的,通信效率比较高。

串行通信中每秒传送的数据位数称为波特率。

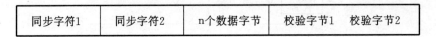

图 4-40 典型的同步通信数据格式

4.3.1 串行接口的组成和特性

51 系列的串行口是一个全双工的异步串行通信接口,可以同时发送和接收数据。

串行口的内部有数据接收缓冲器和数据发送缓冲器。数据接收缓冲器只能读出不能写入,数据发送缓冲器只能写入不能读出,这两个数据缓冲器都用符号 SBUF 来表示,地址都是 99H。CPU 对特殊功能寄存器 SBUF 执行写操作,就是将数据写入发送缓冲器;对 SBUF 读操作,就是读出接收缓冲器的内容。

特殊功能寄存器 SCON 存放串行口的控制和状态信息,串行口用定时器 T1 或 T2 (89C52 等)作为波特率发生器(发送接收时钟),特殊功能寄存器 PCON 的最高位 SMOD 为串行口波特率的倍率控制位。

一、串行口控制寄存器 SCON

串行口控制寄存器 SCON 是一个特殊功能寄存器,地址为 98H,具有位寻址功能。SCON 包括串行口的工作方式选择位 SM0,SM1,多机通信标志 SM2,接收允许位 REN,发送接收的第 9 位数据 TB8,RB8,以及发送和接收中断标志 TI,RI。SCON 的格式如下:

D7	D6	D5	D4	D3	D2	D1	D0
SM0	SM1	SM2	REN	TB8	RB8	TI	RI

SM0,SM1 是串行口的方式选择位,其功能如表 4-8 所示。

表 4-8

SM0	SM1	方式	功 能 说 明
0	0	0	扩展移位寄存器方式(用于 I/O 口扩展),移位速率为 fosc/12
0	1	1	8 位 UART,波特率可变(T1 溢出率/n)
1	0	2	9 位 UART,波特率为 fosc/64 或 fosc/32
1	1	3	9 位 UART,波特率可变(T1 溢出率/n)

SM2　方式 2 和方式 3 的多机通信控制位。对于方式 2 或方式 3,如 SM2 置为 1,则接收到的第 9 位数据(RB8)为 0 时不激活 RI。对于方式 1,如 SM2 = 1,则只有接收到有效的停止位时才会激活 RI。对于方式 0,SM2 应该为 0。

REN　允许串行接收位。由软件置位以允许接收。由软件清"0"来禁止接收。

TB8　对于方式 2 和方式 3,是发送的第 9 位数据。需要时由软件置"1"或清"0"。

RB8　对于方式 2 和方式 3,是接收到的第 9 位数据。对于方式 1,如 SM2 = 0,RB8 是接收到的停止位。对于方式 0,不使用 RB8。

TI　发送中断标志。由硬件在方式 0 串行发送第 8 位结束时置位,或在其他方式串行发送停止位的开始时置位。必须由软件清"0"。

RI　接收中断标志。由硬件在方式 0 接收到第 8 位结束时置位,或在其他方式接收到停止位的中间时置位,必须由软件清"0"。

二、特殊功能寄存器 PCON

D7	D6		D0
SMOD			

PCON 的最高位是串行口波特率系数控制位 SMOD,当 SMOD 为 1 时使波特率加倍。PCON 的其他位为掉电方式控制位(CMOS 器件有效,详见 §4.5)。

4.3.2 串行接口的工作方式

51 单片机的串行接口具有 4 种工作方式,它们是由 SCON 中的 SM0,SM1 这两位定义的。下面我们从应用的角度、重点讨论各种工作方式的功能特性和工作原理。

一、方式 0

方式 0 是扩展移位寄存器的工作方式。输出时将发送数据缓冲器中的内容串行地移到外部的移位寄存器,输入时将外部移位寄存器内容移入内部的输入移位寄存器,然后写入内部的接收数据缓冲器。

在以方式 0 工作时,数据由 RXD 串行地输入/输出,TXD 输出移位脉冲,使外部的移位寄存器移位。波特率固定为振荡器频率的十二分之一。

1. 方式 0 输出

方式 0 输出时,串行口上可以外接串行输入并行输出的移位寄存器 74LS164,接口逻辑如图 4-41 所示。TXD 端输出的移位脉冲将 RXD 端输出的数据移入 74LS164。

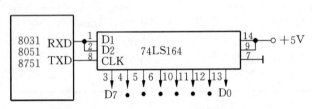

图 4-41 方式 0 输出:连接移位寄存器

CPU 对发送数据缓冲器 SBUF 写入一个数据,就启动串行口从低位开始串行发送,经过 8 个机器周期,串行口输出数据缓冲器内容移入外部的移位寄存器 74LS164,置位 TI,串行口停止移位,于是完成一个字节的输出。由此可见,在串行口移位输出过程中,74LS164 的输出状态是动态变化的。若 $fosc = 12MHz$,则这个时间为 $8\mu s$。另外,串行口是从低位开始串行输出的,所以在图 4-41 中,数据的低位在右,高位在左,这两点在具体应用中必须加以注意。串行口方式 0 输出时,可以串接多个移位寄存器。

例 4.19 图 4-42 中,串行口外接两个 74LS164,164 的输出接指示灯 L0~L15,欲使 L0~L3、L8、L10、L12、L14 亮,其余灯暗,可如下编程:

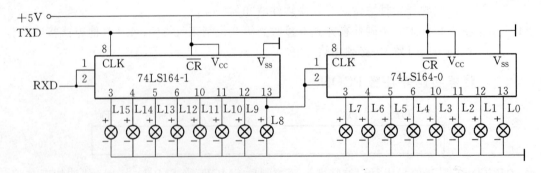

图 4-42 串行口方式 0 输出应用

```
LSUB0:  MOV   SBUF,#0FH
        JNB   TI, $
        CLR   TI
        MOV   SBUF,#055H
```

```
        JNB    TI, $
        CLR    TI
        RET
```

由此可见,用串行口方式 0 比例 4.10 中的软件时序模拟实现数据串行传送方便得多。

2. 方式 0 输入

方式 0 输入时,RXD 作为串行数据输入线,TXD 作为移位脉冲输出线,串行口与外接的并行输入串行输出的移位寄存器 74LS166 的接口逻辑如图 4-43 所示。

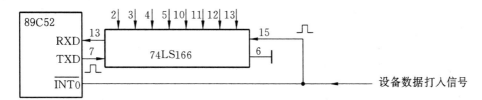

图 4-43 方式 0 输入:连接移位寄存器

在 REN = 1,RI = 0 时启动串行口接收,TXD 端输出的移位脉冲频率为 $f_{osc}/12$,若 $f_{osc} = 12MHz$,移位速率为 $1\mu s$/位,经过 8 次移位,外部移位寄存器内容移入内部移位寄存器,并写入 SBUF,置位 RI,停止移位,完成一个字节的输入,CPU 读 SBUF 的内容便得到输入结果。当检测到外部移位寄存器内容再次有效时(设备将数据打入外部移位寄存器,打入信号 ⎍ 向 CPU 请求中断),清"0"RI,启动串行口接收下一个数据。

二、方式 1

串行口定义为方式 1 时,它是一个 8 位异步串行通信口,TXD 为数据输出线,RXD 为数据输入线。传送一帧信息的数据格式如图 4-44 所示,一帧为 10 位:1 位起始位,8 位数据位(先低位后高位),1 位停止位。

图 4-44 方式 1 数据格式

1. 方式 1 输出

CPU 向串行口发送数据缓冲器 SBUF 写入一个数据,就启动串行口发送,在串行口内部一个十六分频计数器的同步控制下,在 TXD 端输出一帧信息,先发送起始位 0,接着从低位开始依次输出 8 位数据,最后输出停止位 1,并置"1"发送中断标志 TI,串行口输出完一个字符后停止工作,CPU 执行程序判断 TI = 1 后清"0"TI,再向 SBUF 写入数据,启动串行口发送下一个字符。

2. 方式 1 输入

REN 置"1"以后,就允许接收器接收。接收器以所选波特率的 16 倍的速率采样 RXD 端的电平。当检测到 RXD 端输入电平发生负跳变时,复位内部的十六分频计数器。计数器的16个状态把传送一位数据的时间分为16等分,在每位中心,即7、8、9这3个计数状态,位检测器采样 RXD 的输入电平,接收的值是3次采样中至少是两次相同的值,这样处理可以防止干扰。如果在第1位时间接收到的值(起始位)不是0,则起始位无效,复位接收电路,重新搜索 RXD 端上的负跳变。如果起始位有效,则开始接收本帧其余部分的信息。接收到停止位为1时,将接收到的8位数据装入接收数据缓冲器 SBUF,置位 RI,表示串行口接收到有效的一帧信息,向 CPU 请求中断。接着串行口输入控制电路重新搜索 RXD 端上的负跳变,接收下一个数据。

三、方式2和方式3

串行口定义为方式2或方式3时,它是一个9位的异步串行通信接口,TXD 为数据发送端,RXD 为数据接收端。方式2的波特率固定为振荡器频率的1/64或1/32,而方式3的波特率由定时器 T1 或 T2 的溢出率所确定。

在方式2和方式3中,一帧信息为11位:1位起始位,8位数据位(先低位后高位),1位附加的第9位数据(发送时为 SCON 中的 TB8,接收时第9位数据为 SCON 中的 RB8),1位停止位。数据的格式如图4-45。

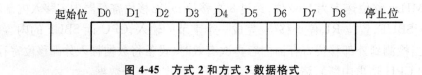

图 4-45 方式2和方式3数据格式

1. 方式2和方式3输出

CPU 向发送数据缓冲器 SBUF 写入一个数据就启动串行口发送,同时将 TB8 写入输出移位寄存器的第9位。在串行口内部一个16分频计数器的同步控制下。先发送起始位0,接着从低位开始依次发送 SBUF 中的8位数据,再发送 SCON 中 TB8,最后发送停止位,置"1"发送中断标志 TI,CPU 判 TI = 1 以后清"0"TI,可以再向 TB8 和 SBUF 写入新的数据,再次启动串行口发送。

2. 方式2和方式3输入

REN 置"1"以后,接收器就以所选波特率的16倍的速率采样 RXD 端的输入电平。当检测到 RXD 上输入电平发生负跳变时,复位内部的十六分频计数器。计数器的16个状态把一位数据的时间分成16等分,在一位中心,即7、8、9这3个计数状态,位检测器采样 RXD 的输入电平,接收的值是3次采样中至少是两次相同的值。如果在第1位时间接收到的值不是0,则起始位无效,复位接收电路,重新搜索 RXD 上的负跳变。如果起始位有效,则开始接收本帧其余位信息。

先从低位开始接收8位数据,再接收第9位数据,在 RI = 0,SM2 = 0 或接收到的第9位数据为1时,接收的数据装入 SBUF 和 RB8,置位 RI;如果条件不满足,把数据丢失,并且不置位 RI。一位时间以后又开始搜索 RXD 上的负跳变。

4.3.3 波特率

一、方式 0 波特率

串行口方式 0 的波特率由振荡器的频率所确定：
方式 0 波特率 = 振荡器频率/12

二、方式 2 波特率

串行口方式 2 的波特率由振荡器的频率和 SMOD(PCON.7)所确定：
方式 2 波特率 = 2^{SMOD} × 振荡器频率/64

SMOD 为 0 时,波特率等于振荡器频率的六十四分之一;SMOD 为 1 时,波特率等于振荡器频率的三十二分之一。

三、方式 1 和方式 3 的波特率

串行口方式 1 和方式 3 的波特率由定时器 T1 或 T2 的溢出率和 SMOD 所确定。T1 和 T2 是可编程的,可以选的波特率范围比较大,因此串行口方式 1 和方式 3 是最常用的工作方式。

1. 用定时器 T1 产生波特率

大多数情况下,串行口用 T1 作为波特率发生器,这时串行口方式 1 和方式 3 的波特率由下式确定：

$$方式 1 和方式 3 波特率 = 2^{SMOD} × (T1 溢出率)/32$$

SMOD 为 0 时,波特率等于 T1 溢出率的三十二分之一;SMOD 为 1 时,波特率等于 T1 溢出率的十六分之一。

定时器 T1 作波特率发生器时,应禁止 T1 中断。通常 T1 工作于定时方式($C/\overline{T}=0$),计数脉冲为振荡器的十二分频信号。T1 的溢出率又和它的工作方式有关,一般选方式 2 定时,此时波特率的计算公式为：

$$方式 1 和方式 3 波特率 = 2^{SMOD} × 振荡器频率/[32 × 12(256 - (TH1))]$$

表 4-9 列出了最常用的波特率以及相应的振荡器频率、T1 工作方式和计数初值。

表 4-9 常用波特率

波 特 率	fosc(MHz)	SMOD	定 时 器		
			$C/\overline{T}$	方 式	重新装入值
方式 0 最大:1MHz	12	×	×	×	×
方式 2 最大:375kHz	12	1	×	×	×
方式 1、3:62.5kHz	12	1	0	2	FFH
19.2kHz	11.0592	1	0	2	FDH

(续表)

波 特 率	fosc(MHz)	SMOD	定 时 器		
			C/$\overline{T}$	方 式	重新装入值
9.6kHz	11.0592	0	0	2	FDH
4.8kHz	11.0592	0	0	2	FAH
2.4kHz	11.0592	0	0	2	F4H
1.2kHz	11.0592	0	0	2	E8H
137.6	11.986	0	0	2	1DH
110	6	0	0	2	72H
110	12	0	0	1	FEEBH

当振荡器频率选用 11.0592MHz 时,对于常用的标准波特率,能正确地计算出 T1 的计数初值,所以这个频率是最常用的。

2. 用定时器 T2 产生波特率

89C52 等单片机有定时器 T2,复位后 TCLK = RCLK = 0,T1 作为波特率发生器。若将 TCLK、RCLK 置为 1,则以 T2 作为串行口波特率发生器,这时 T2 的逻辑结构如图 4-46 所示。

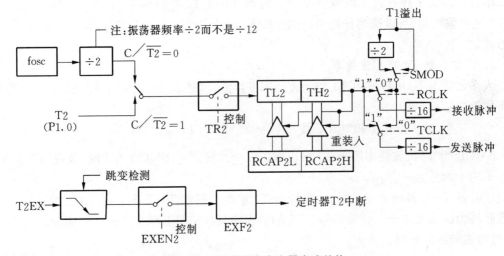

图 4-46 T2 波特率发生器方式结构

T2 的波特率发生器方式和常数自动再装入方式相似,一般情况下 C/$\overline{T2}$=0,以振荡器的二分频信号作为 T2 的计数脉冲,T2 作为波特率发生器时,当 T2 计数溢出时,将 RCAP2H 和 RCAP2L 中常数(由软件设置)自动装入 TH2、TL2,使 T2 从这个初值开始计数,但是并不置"1"TF2,RCAP2H 和 RCAP2L 中的常数由软件设定后,T2 的溢出率是严格不变的,因而使串行口方式 1 和方式 3 的波特率非常稳定,其值为:

方式 1 和方式 3 波特率 = 振荡器频率 /32[65536 − (RCAP2H)(RCAP2L)]

T2 工作于波特率发生器方式时,计数溢出时不会置"1"TF2,不向 CPU 请求中断。如果 EXEN2 为 1,当 T2EX(P1.1)上输入电平发生"1"至"0"的负跳变时,也不会引起 RCAP2H 和 RCAP2L 中的常数装入 TH2、TL2,仅仅置位 EXF2,向 CPU 请求中断,因此

T2EX 可以作为一个外部中断源使用。

在 T2 计数过程中(TR2 = 1)不应该对 TH2、TL2 进行读/写。如果读,则读出结果不会精确(因为每个状态加1);如果写,则会影响 T2 的溢出率使波特率不稳定。在 T2 的计数过程中可以对 RCAP2H 和 RCAP2L 进行读但不能写,如果写也将使波特率不稳定。因此,在初始化中,应先对 TH2、TL2、RCAP2H、RCAP2L 初始化编程以后才置"1"TR2,启动 T2 计数。与 T1 工作于方式 2 的波特率发生器方式相比,T2 产生的波特率可选的范围大,但由于 T2 功能强,应用中一般还是以 T1 作为波特率发生器(T2CON 中 TCLK = RCLK = 0)。

4.3.4 多机通信原理

如上所述,串行口控制寄存器 SCON 中的 SM2 为多机通信控制位。串行口以方式 2 或方式 3 接收时,若 SM2 为 1,则仅当接收到的第 9 位数据 RB8 为 1 时,数据才装入 SBUF,置位 RI,请求 CPU 对数据进行处理;如果接收到的第 9 位数据 RB8 为 0,则不产生中断标志 RI,信息丢失,CPU 不作任何处理。当 SM2 为 0 时,则接收到一个数据后,不管第 9 位数据 RB8 是 1 还是 0,都将数据装入接收缓冲器 SBUF,置位中断标志 RI,请求 CPU 处理。应用这个特性,便可以实现 51 系列单片机的主从式多机通信。

设在一个主从式的多机系统中,有一个 89C52 系统作为主机,有 3 个 89C52 作为从机,并假设它们被安装在同一块印板之内,以 TTL 电平通信,则主机和从机的连接方式如图 4-47 所示。

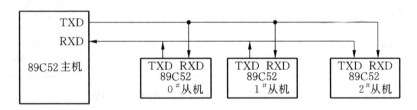

图 4-47 51 系列多机通信系统结构框图

根据 89C52 的 I/O 特性,主机串行口上的信息发送到各个从机,各个从机的发送端(TXD)都是 1 时,主机才收到 1,有一个为 0 时则收到 0。因此,在任意时候只能有一个从机向主机发送信息。

设从机的地址分别定义为 0、1、2,各个从机的初始化程序(或有关的通信处理程序)将串行口编程为 9 位异步通信方式(方式 2 或方式 3),置位多机通信标志 SM2,允许接收和串行口中断。

在主机和系统中某一个从机通信时,先发出通信联络命令,与指定的从机相互确认以后才进行正式的通信。

主机发送联络命令时,第 9 位数据 TB8 为 1,各个从机收到的 RB8 为 1,置位 RI,请求 CPU 处理,各个从机都判断所收到的命令是否正确。若命令格式正确,联络的从机地址和本机地址符合,则清"0"SM2,回答主机"从机已作好通信准备";若命令格式不正确或地址不符合,则保持 SM2 为 1。

当主机收到一个从机(只可能是一个)回答后,则可以和该从机正式通信,主机向从机发送命令、数据,从机向主机回送数据、状态等信息。在通信过程中,主机发送的信息第9位数据 TB8 为 0,各从机收到的 RB8 为 0,只有一个联络好的指定从机(SM2=0)才会收到主机的命令或数据,并作相应处理,其他的从机由于 SM2 保持 1,对主机的通信命令或数据不作任何处理。这样便实现主机和从机之间的一对一通信。当一次通信结束以后,从机的 SM2 恢复 1,主机可以发送新的联络命令,以便和另一个从机进行通信。

这是一种最简单的主从式多机系统。

4.3.5 串行口的应用和编程

一、串行口应用

在同一块印板内两个单片机的串行口可以直接相连,以 TTL 电平(大于 0.8V 为 1,小于 0.3V 为 0)直接串行通信,串行口可工作于方式 1、2、3。一般用一个外部脉冲源作为单片机的时钟,结构框图如图 4-48 所示。

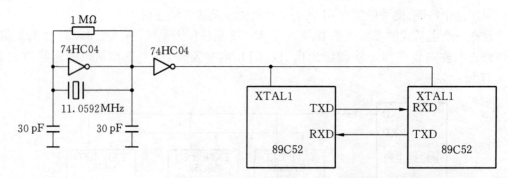

图 4-48 两个单片机之间的 TTL 电平串行通信

在单片机应用中,常把单片机作为 PC 机的前置机,利用串行口和 PC 机通信,单片机完成数据的采样,PC 机完成数据的处理。PC 机的串行口(COM1 或 COM2)是 RS232 电平(+12V 为 0,-12V 为 1),单片机的串行口是 TTL 电平,必须通过电平转换器(如 MAX232 接收发送器)变成 RS232 电平以后才能和 PC 机的串行口相连,其结构如图 4-49 所示。

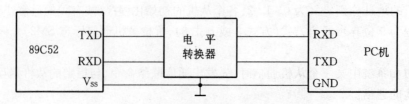

图 4-49 单片机和 PC 机的通信

二、串行口编程

串行口编程包括编写串行口的初始化程序和串行口的输入/输出程序。对串行口初始化的程序功能是选择串行口的工作方式、串行口的波特率以及允许串行口中断,(即对 SCON、PCON、TMOD、TCON、TH1、TL1、IE、IP 编程)。输入/输出程序的功能是在确定的工作方式下实现数据的传送。

例 4.20 试编写一个程序,其功能为对串行口初始化为方式 1 输入/输出,fosc=11.0592MHz,波特率为 9600,首先在串行口上输出字符串'AT89C52 Microcomputer',接着读串行口上输入的字符,又将该字符从串行口上输出。

```
MAIN:   MOV     TMOD,#20H       ;对 T1 初始化
        MOV     TH1,#0FDH
        MOV     TL1,#0FDH
        SETB    TR1
        MOV     SCON,#52H       ;选串行口方式 1,允许接收,初态 TI=1,以便
                                 循环程序的编写
        MOV     R4,#0           ;R4 作字符串表指针
        MOV     DPTR,#TSAB
MLP1:   MOV     A, R4
        MOVC    A, @A+DPTR
        JZ      MLP6            ;字符串以 0 表示结束
MLP3:   JBC     TI, MLP2
        SJMP    MLP3
MLP2:   MOV     SBUF, A
        INC     R4
        SJMP    MLP1
MLP6:   JBC     RI, MLP5
        SJMP    MLP6
MLP5:   MOV     A, SBUF
MLP8:   JBC     TI, MLP7
        SJMP    MLP8
MLP7:   MOV     SBUF, A
        SJMP    MLP6
TSAB:   DB      'AT89C52 Microcomputer'
        DB      0AH, 0DH, 0
```

***例 4.21** 在一个 89C52 应用系统中,fosc=11.0592MHz,利用串行口和 PC 机通信,试编写一个程序,其功能为对串行口初始化为方式 3,波特率为 19200,TB8、RB8 作为奇偶校验位,先向 PC 机输出'AT89C52 READY',然后以中断控制方式接收 PC 机的命令(每个命令为一个 ASCII 字符,合法命令字符为 A~F),收到命令后置位标志 MCMD,主程序查信到 MCMD=1 时,作相应的命令处理。

```
MCMD    BIT     0               ;定义收到主机命令标志位
ESO     BIT     1               ;定义允许串行口输出标志位
```

```
ESI     BIT    2                    ;定义允许串行口输入标志位
SBFR    EQU    30H                  ;串行口输入输出数据缓冲区
SCNT    EQU    2FH                  ;串行口数据缓冲器有效长度≤16
SPOT    EQU    2EH                  ;串行口数据缓冲器指针
        ORG    0
        LJMP   MAIN
        ORG    23H
        LJMP   PSIO
MAIN:   MOV    TMOD,#20H            ;波特率19200
        MOV    TH1,#0FDH
        MOV    TL1,#0FDH
        ORL    PCON,#80H            ;1→SMOD
        MOV    SP,#0EFH
        SETB   TR1
        MOV    SCON,#0D2H
        MOV    R4,#10H              ;#10H 可改为#(ASAB-MLP0)
MLP1:   MOV    A,R4
        MOVC   A,@A+PC
MLP0:   JZ     MLP4                 ;(2字节)
MLP2:   JBC    TI,MLP3              ;(3字节)
        SJMP   MLP2                 ;(2字节)
MLP3:   MOV    C,P                  ;奇偶位→TB8(2字节)
        MOV    TB8,C                ;(2字节)
        MOV    SBUF,A               ;写SBUF,启动发送(2字节)
        INC    R4                   ;(1字节)
        SJMP   MLP1                 ;(2字节)
ASAB:   DB     'AT89C52 READY'
        DB     0DH,0AH,0
MLP4:   CLR    ESO                  ;禁止对串行口输出
        SETB   ESI                  ;允许串行口输入
        MOV    IE,#90H              ;允许串行口中断
LP0:    JNB    MCMD,LP1
        CLR    MCMD
        LJMP   PMCMD
LP1:      ⋮
          ⋮                         ;其他事务处理
        LJMP   LP0
PMCMD:  MOV    A,SBFR               ;命令处理程序
        CJNE   A,#'A',$+3           ;判收到字符为A~F否?
```

```
            JC      MCDE
            CJNE    A, #'G', $+3
            JNC     MCDE
            CLR     C
            SUBB    A, #'A'
            MOV     B, #3
            MUL     AB
            MOV     DPTR, #PMAB
            JMP     @A+DPTR
    MCDE:   MOV     SBFR, #'E'        ;错误命令处理
            MOV     SBFR+1, #'r'
            MOV     SBFR+2, #'r'
            MOV     SCNT, #3
            MOV     SPOT, #SBFR
            SETB    ESO
            CLR     ESI
            SETB    TI
            LJMP    LP0
    PMAB:   LJMP    PMA               ;转 A~F 命令处理入口(略)
            LJMP    PMB
            LJMP    PMC
            LJMP    PMD
            LJMP    PME
            LJMP    PMF
    PSIO:   PUSH    PSW               ;串行口中断服务程序
            PUSH    ACC               ;首先保护现场
            MOV     PSW, #8
            JBC     RI, PRI
    PTI:    JNB     TI, SIOR
            CLR     TI
            JNB     ESO, SIOR
            MOV     R0, SPOT
            MOV     A, @R0
            INC     SPOT
            MOV     C, P
            MOV     TB8, C
            MOV     SBUF, A
            DJNZ    SCNT, SIOR
            SETB    ESI
```

```
         CLR   ES0
         SJMP  SIOR
PRI:     JNB   ESI, PTI
         MOV   A, SBUF
         JB    PSW.0, PRI1
         JB    RB8, SIOE        ;奇偶错转错处理
         SJMP  PRI2
PRI1:    JNB   RB8, SIOE
PRI2:    MOV   SBFR, A
         SETB  MCMD
         CLR   ESI
SIOR:    POP   ACC
         POP   PSW
         RETI
SIOE:    MOV   A, #0FFH         ;将一个非法命令→缓冲器
         SJMP  PRI2             ;由主程序处理
```

请读者画出该程序的流程图。

4.3.6 RS-232C 总线和电平转换器

RS-232C 是美国电气工业协会推广使用的一种串行通信总线标准,是 DCE(数据通信设备,如微机)和 DTE(数据终端设备,如 CRT)间传输串行数据的接口总线。

RS-232C 最大传输距离为 15m,最高传输速率约 20kbps,信号的逻辑 0 电平为 +3～+15V,逻辑 1 电平为 -3～-15V。

一、RS-232C 信号线和 RS-232C 连接器 DB-25、DB-9

完整的 RS-232C 总线由 25 根信号线组成,DB-25 是 RS-232C 总线的标准连接器,其上有 25 根插针。表 4-10 和表 4-11 列出了 RS-232C 信号线名称、符号以及对应在 DB-25 和 DB-9 上的针脚号。

表 4-10 RS-232C 信号线及其在 DB-25 上的针脚号

分类	符号	名 称	脚 号	说 明
地线数据信号线		机架保护地(屏蔽地)	1	
	GND	信号地(公共地)	7	
	TXD	数据发送线	2	● 在无数据信息传输或收/发数据信息间隔期,RXD/TXD 电平为"1"
	RXD	数据接收线	3	
	TXD	辅助信道数据发送线	14	● 辅助信道传输速率较主信道低,其余同
	RXD	辅助信道数据接收线	16	

(续表)

分类	符号	名称	脚号	说明
定时信号线		DCE 发送信号定时	15	● 指示被传输的每个 bit 信息的中心位置
		DCE 接收信号定时	17	
		DTE 发送信号定时	24	
控制线	RTS	请求发送	4	DTE 发给 DCE
	CTS	允许发送	5	DCE 发给 DTE
	DSR	DCE 装置就绪	6	
	DTR	DTE 装置就绪	20	DTE 发给 DCE
	DCD	接收信号载波检测	8	DTE 收到一个满足一定标准的信号时置位
	RI	振铃指示	22	由 DCE 收到振铃信号时置位
		信号质量检测	21	由 DCE 根据数据信息是否有错而置位或复位
		数据信号速率选择	23	指定两种传输速率中的一种
	RTS	辅助信道请求发送	19	
	CTS	辅助信道允许发送	13	
	RCD	辅助信道接收检测	12	
备用线			9	未定义 保留供 DCE 装置测试用
			10	
			11	
			18	
			25	

表 4-11 RS-232C 信号线和 DB-9 引脚关系

符号	名称	引脚
DCD	接收信号载波检测	1
RXD	数据接收线	2
TXD	数据发送线	3
DTR	DTE 装置数据就绪	4
GND	公共地	5
DSR	DCE 装置就绪	6
RTS	请求发送	7
CTS	清除发送	8
RI	振铃指示	9

二、RS-232C 电平与 TTL 电平的转换

由于 RS-232C 总线上传输的信号的逻辑电平与 TTL 逻辑电平差异很大,所以就存在这两种电平的转换问题,这里介绍一种常用电路。

常用的 RS232 电平转换器芯片有 MAX232、HI232 等,它们的引脚和功能相同,只需单一的 +5V 供电,由内部电压变换器产生 ±10V。芯片内有 2 个发送器(TTL 电平转换成 RS232 电平),2 个接收器(RS232 电平转换为 TTL 电平)。引脚排列和外接元件线路如图 4-50 所示。

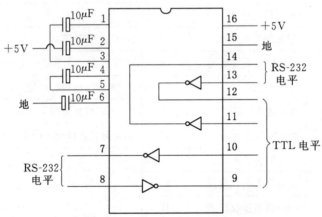

图 4-50　MAX232 引脚排列和外接元件线路

*4.3.7　RS-422/485 通信总线和发送/接收器

RS-232 采用高电平传送信号,一定程度上提高了抗干扰能力,但它采用不平衡传送方式,当干扰信号较大时,还会影响通信。RS-422/485 采用平衡式传送,输入/输出均采用差动方式,能有效消除共模信号干扰,通信距离可达几千米。RS-422 采用全双工通信方式,RS-485 采用半双工通信方式,允许主机的串行输出接到多个从机的接收器上,实现主从式多机通信。

常用的 RS485 发送器为 SN75174、接收器为 SN75175,发送接收器 75176。图 4-51 给出了 75176 框图和引脚排列。75176 适用于半双工多机通信,从机平时处于接收状态(DE = 0, $\overline{RE}$ = 0),在接收到主机命令需回答时才转为输出方式(DE = 1, $\overline{RE}$ = 1)。

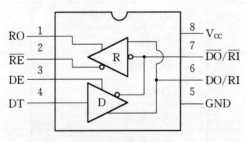

图 4-51　75176 框图

*§4.4　8XC552 的 A/D 转换器

在单片机的应用中,经常处理一些连续变化的物理量,例如电流、电压等,这些连续变化的物理量通常称为模拟量。计算机只能对数字量(如二进制数)进行各种运算,对于模拟量必须先转换成数字量以后才能送给 CPU 处理,这种将模拟量转换成数字量的器件称为模数转换器,简称 A/D。有些单片机内部没有 A/D 转换器,应用中如需要 A/D 则必须外接,这类应用系统成本高,软硬件研制的工作量大。

目前很多新型的单片机内部有 A/D 模块。例如 Intel 的 8XC51GB、Philips 的 8XC552 和 ATmel 的许多单片机内都有 8～12 位的 A/D 转换器,一般都采用逐次逼近式 A/D 转换,它们的结构和工作原理相似。本节以 8XC552 为例说明单片机内部 A/D 模块的功能和使用方法。

4.4.1　A/D 转换器功能和使用方法

一、8XC552 A/D 模块结构

8XC552 A/D 转换器由 8 路模拟量输入多路开关、10 位线性的逐次逼近 A/D 转换器所构成。模拟参考电压和模拟电路电源分别通过相应引脚接入,1 次转换需 50 个机器周期,即振荡频率为 12MHz 时转换时间等于 $50\mu s$,输入模拟量电压范围为 0～+5V。内部 DAC 应用了 1 个比例测量分压器,因此具有连续转换的特性。图 5-52 给出了模数转换电路的框图。

图 5-53 给出了逐次逼近式模数转换器的部件(ADC)。ADC 内含有 1 个数模转换器 DAC,它将逐次逼近寄存器中的数字量转换为 1 个电压,该电压和输入的模拟电压相比较,比较器的输出反馈到逐次逼近的控制逻辑,并控制逐次逼近寄存器。

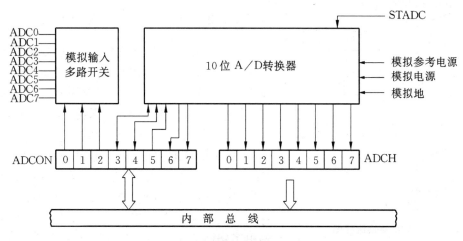

图 4-52　模数转换电路框图

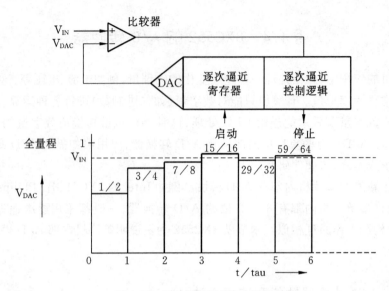

图 4-53 逐次逼近 ADC 的结构

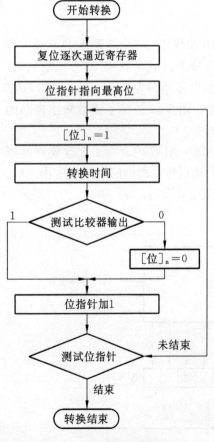

图 4-54 A/D 转换流程图

二、A/D 的启动

由置位 ADCS 来启动 A/D，ADCS 由两种方式置位：

- 软件置位：ADEX = 0 时为软件启动方式，仅由软件置"1"ADCS；
- 软件或硬件置位：ADEX = 1 时，可以由软件或硬件启动 A/D，即可由软件置"1"ADCS，也可由 STADC 引脚的正跳变置"1"ADCS。

置"1"ADCS 后便启动 A/D，在 A/D 转换期间输入电压应稳定。

三、逐次逼近式 A/D 转换原理

逐次逼近控制逻辑首先置位逐次逼近寄存器的最高位，清"0"其他的位（10 0000 0000B），DAC 输出（量程的 50%）和输入电压进行比较，如果输入电压（V_{IN}）大于 V_{DAC}，该位保持 1，否则清"0"，逐次逼近控制逻辑再置位下 1 位（11 0000 0000B 或 01 0000 0000B 取决于上面比较结果），V_{DAC} 再和 V_{IN} 比较，输入电压大于 V_{DAC}，该位保持 1，否则清"0"。重复这样的过程，直至 10 个位全部测试到，每次转换结果保存在逐次逼近寄存器中。图 4-54 给出了转换的流程图。位指针指出正在测试的位。

A/D 转换结束以后置"1"ADCI，结果的高 8 位保存在 ADCH，低 2 位保存在 ADCON 的高 2 位。

一个正在进行的 A/D 转换过程不受外部或软件启动 A/D 的影响。ADCI = 1 时，AD 结果保持不变。

四、A/D 分辨率和模拟电源

图 4-55 显示了 ADC 是如何实现的。ADC 有自己独立的电源引脚(AV_{DD} 和 AV_{SS})和两个连 DAC 梯形电阻网络的引脚(AV_{REF+} 和 AV_{REF-})。梯形电阻网络有 1023 个相同的以电阻 R 隔开的节点，第一个节点位于 AV_{REF-} 上面的 0.5R 处，最后一个节点位于 AV_{REF+} 下面的 0.5R 处。一共有 1024×R 梯形电阻。如图 4-56 所示，这种结构保证了 DAC 是单调的，量化的结果误差是对称的。对于 AV_{REF-} 和 AV_{REF-} +1/2 LSB 之间的输入电压，A/D 转换结果为 00 0000 0000B，对于 (AV_{REF+})-3/2 LSB 和 AV_{REF+} 之间的输入电压，A/D 转换的结果为 11 1111 1111B = 3FFH。AV_{REF+} 和 AV_{REF-} 可以在 AV_{DD} + 0.2V 和 AV_{SS} - 0.2V 之间。AV_{REF+} 相对于 AV_{REF-} 应是正的，而输入电压应在 AV_{REF+} 和 AV_{REF-} 之间。如果模拟输入电压从 2~4V，对 AV_{REF+} = 4V 和 AV_{REF-} = 2V，则将得到该区间的 10 位 A/D 结果。A/D 结果可以由下式计算：

$$结果 = 1024 \times (V_{IN} - AV_{REF-})/(AV_{REF+} - AV_{REF-})$$

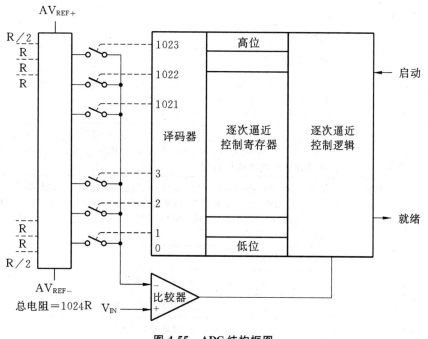

图 4-55 ADC 结构框图

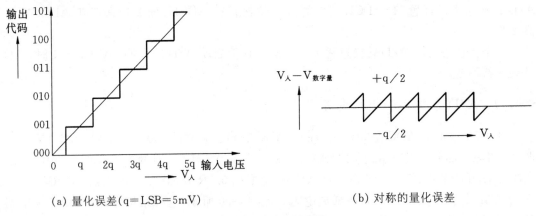

(a) 量化误差(q=LSB=5mV)　　　　(b) 对称的量化误差

图 4-56　实际转换特性

五、A/D 状态控制寄存器

8XC552 的 A/D 模块有一个特殊功能寄存器 ADCON,其格式如表 4-12 所示。

表 4-12　ADC 控制寄存器 ADCON

	D7	D6	D5	D4	D3	D2	D1	D0
ADCON(C5H)	ADC.1	ADC.0	ADEX	ADCI	ADCS	AADR2	AADR1	AADR0

位	符号	功　能
ADCON.7	ADC.1	ADC 结果位 1
ADCON.6	ADC.0	ADC 结果位 0
ADCON.5	ADEX	允许外部引脚 STADC 上输入信号启动 A/D 转换 0:仅由软件启动 A/D 转换(置 ADCS) 1:可以由软件或外部启动(STADC 上升沿)
ADCON.4	ADCI	ADC 中断标志,A/D 转换结果准备好可读时置位该标志,如果允许,引起中断。当 0 写入 ADCON 时,ADCI 清"0"。该标志为 1 时,不能启动 ADC 转换,ADCI 不能由软件置位
ADCON.3	ADCS	ADC 启动和状态位:置"1"该位启动 A/D 转换。它由软件或外部 STADC 置位,当 ADC 忙时控制逻辑确保该信号为高电平,A/D 转换完成后复位 ADCS,同时置位 ADCI, ADCS 不能由软件复位。当 ADCS=1 或 ADCI=1 时,不能启动新的一次转换
		<table><tr><td>ADCI</td><td>ADCS</td><td>ADC 状态</td></tr><tr><td>0</td><td>0</td><td>ADC 空闲,可以启动一次转换</td></tr><tr><td>0</td><td>1</td><td>ADC 忙,屏蔽新的转换命令</td></tr><tr><td>1</td><td>0</td><td>转换完成,屏蔽新的转换命令</td></tr></table>
ADCON.2 ADCON.1 ADCON.0	AADR2 AADR1 AADR0	模拟输入通路选择位,这些二进制编码的地址选择 P5 口上 8 路模拟信号中一路输入到 ADC 转换器,仅当 ADCI 和 ADCS 都是低电平时才变化。000~111 对应于 ADC0(P5.0)~ADC7 (P5.7)

4.4.2 A/D 的应用

在冰箱、空调、电饭煲等家用电器中对温度的测量和控制,电子秤中对物体重量的测量,气象测量系统对温度、气压等气象要素的测量,炉窑控制器对酸度等参数的测量与控制,都要用到 A/D 转换器,将温度、气压、酸度等模拟量转换为数字量,再经计算处理,显示或控制这些物理量。模拟量输入电路的结构如图 4-57 所示。

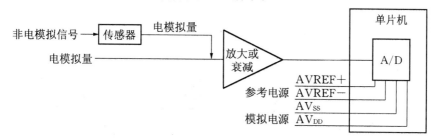

图 4-57 模拟量输入电路

图 4-57 中,对于温度、压力等非电的模拟量,需经热敏电阻、压力应变片电路等传感器转换为电模拟量信号,经放大或衰减为 0~5V 电压信号输入至单片机内的 A/D 模块,转换为数字信号。单片机中的 A/D 都采用逐次逼近方法,速度比较高,分辨率为 8~12 位。程序简单,只要对 A/D 模块中的特殊功能寄存器操作,就能启动 A/D、读出 A/D 结果。例 4-16 中介绍的双积分 A/D,速度低,程序复杂,但精度可以做得较高,常用在电子秤等测量慢速变化的模拟量测量系统中。

§4.5 节 电 方 式

4.5.1 节电方式操作方法

CMOS 51 系列单片机耗电省,而且还有两种节电方式——空闲(等待)和掉电(停机)方式。89C52 工作于 5V,12MHz 晶振时,正常运行的电流为 25mA,空闲方式为 6.5mA,掉电方式为 $100\mu A$。空闲和掉电方式的内部控制电路如图 4-58 所示。在空闲方式中,振荡器保持工作,时钟脉冲继续输出到中断、串行口、定时器等功能部件,使它们继续工作,但时钟脉冲不再送到 CPU,因而 CPU 停止工作。在掉电方式中,振荡器工作停止,单片机内部所有的功能部件停止工作。

89C52 等 CMOS 型单片机的节电工作方式是由特殊功能寄存器 PCON 控制的,PCON 的格式如下:

	D7	D6	D5	D4	D3	D2	D1	D0
PCON	SMOD	—	—	—	GF1	GF0	PD	IDL

SMOD 串行口波特率倍率控制位。
GF1   通用标志位。
GF0   通用标志位。
PD   掉电方式控制位,置"1"后使器件进入掉电方式。
IDL   空闲方式控制位,置"1"后使器件进入空闲方式。

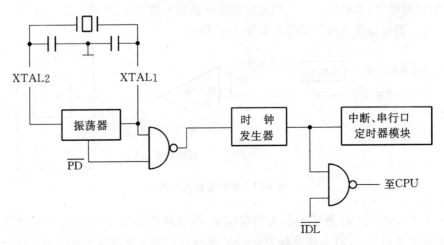

图 4-58 空闲方式和掉电方式控制电路

一、空闲方式

CPU 执行一条置"1"PCON.0(IDL)的指令,就使它进入空闲方式状态,该指令是 CPU 执行的最后一条指令,这条指令执行完以后 CPU 停止工作。进入空闲方式以后,中断、串行口和定时器继续工作。CPU 现场(堆栈指针 SP、程序计数器 PC、程序状态字 PSW、累加器 ACC)、内部 RAM 和其他特殊功能寄存器内容维持不变,引脚保持进入空闲方式时的状态,ALE 和 $\overline{PSEN}$ 保持逻辑高电平。

进入空闲方式以后,有两种方法使器件退出空闲方式:

一是被允许的中断源请求中断时,由内部的硬件电路清"0"PCON.0(IDL),于是中止空闲方式,CPU 响应中断,执行中断服务程序,中断处理完以后,从激活空闲方式指令的下一条指令开始继续执行程序。

PCON 中的 GF0 或 GF1 可以用来指示中断发生在正常工作状态或空闲方式状态。例如:CPU 在置"1"IDL 激活空闲方式时,可以先置"1"GF0(或 GF1),由于产生了中断而退出空闲方式时,CPU 在执行该中断服务程序中查询 GF0 的状态,便可以判别出在发生中断时 CPU 是否处于空闲方式。

另一种是硬件复位,因为空闲方式中振荡器在工作,所以仅需两个机器周期便完成复位。应用时需注意,激活空闲方式的下一条指令不应是对口的操作指令和对外部 RAM 的写指令,以防止硬件复位过程中对外部 RAM 的误操作。

二、掉电方式

CPU 执行一条置位 PCON.1(PD)的指令,就使器件进入掉电方式,该指令是 CPU 执行的最后一条指令,执行完该指令后,便进入掉电方式,内部所有的功能部件都停止工作。在掉电方式期间,内部 RAM 和寄存器的内容维持不变,I/O 引脚状态和相关的特殊功能寄存器的内容相对应。ALE 和 $\overline{PSEN}$ 为逻辑低电平。

退出掉电方式的唯一方法是硬件复位。复位以后特殊功能寄存器的内容被初始化,但 RAM 单元的内容仍保持不变。

在掉电方式期间,V_{CC} 电源可以降至 2V,但应注意,只有当 V_{CC} 恢复正常值(5V)并经过一段时间后,才可以使器件退出掉电方式。

4.5.2 节电方式的应用

当 CPU 空闲时激活空闲方式,当接收到一个中断时退出空闲方式,若处理完以后又没有事做时再激活空闲方式,这样 CPU 断断续续地工作以达到节电的目的。这实际上以空闲工作方式代替一般的 CPU 空转(循环等待某个事件的发生)。

在以交流供电为主而直流电池作为备用电源的系统中,只是在停电时才激活空闲方式或掉电方式。在空闲方式状态中,若产生了中断,CPU 退出空闲方式,执行该中断的服务程序,处理完以后查询交流供电是否恢复,若没有恢复再次激活空闲方式。当器件处于掉电方式状态时,当交流供电恢复时由硬件电路产生一个复位信号,使 CPU 退出掉电方式继续工作。

一、空闲方式的应用

假设有一个 89C52 数据采集系统在交流供电正常时完成所规定的全部功能,停电时只有 89C52 和外部 RAM 依靠备用电池供电,要求系统的实时时钟继续工作,外部 RAM 中的数据维持不变。该系统的供电线路如图 4-59 所示。

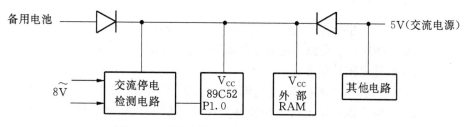

图 4-59 采用空闲方式的 89C52 系统供电框图

若系统的实时时钟由软件计时,T0 产生 1ms 的定时中断,T0 中断服务程序完成实时时钟计数及其他的定时操作,同时检测 P1.0 上的输入状态:P1.0 为低电平,则交流供电正常;若 P1.0 为高电平,则交流电将要停电或已经停电,这时置位 GF0 后返回。通常主程序是一个无限循环的程序,当查询到 GF0 为"1"时激活空闲方式,该指令下面的程序为循环查询 GF0 的状态,以确定是否需要再激活空闲方式。T0 中断程序和主程序的操作框图如图 4-60 所示。

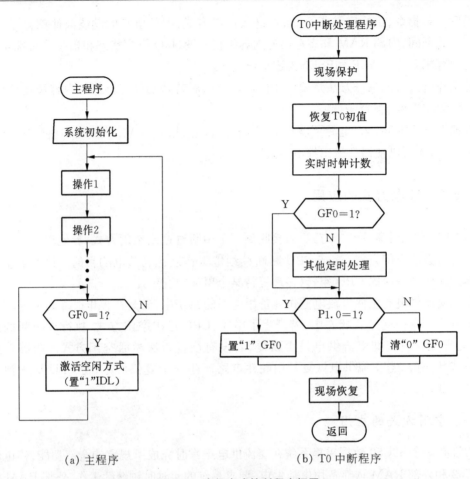

(a) 主程序　　　　　　　　(b) T0 中断程序

图 4-60　空闲方式控制程序框图

二、掉电方式的应用

若有一个 89C52 应用系统,停电时只需保持外部 RAM 中的数据不变。硬件电路框图在图 4-60 的基础上增加一个交流上电的复位电路(见图 4-61)。在交流电恢复供电时产生一个复位信号,使器件退出掉电方式。

系统软件定时查询 P1.0 的状态,当查询到停电时,置"1"PCON.1(PD)使器件进入掉电工作方式,直至交流电恢复供电时才由硬件复位信号使 89C52 退出掉电工作方式,恢复系统的正常工作。

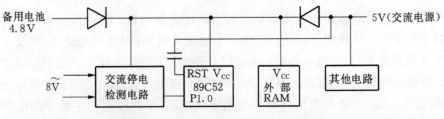

图 4-61　采用掉电方式的 89C52 供电线路

§4.6 89C52 FLASH 程序存贮器

大多数单片机内部都有 ROM 或 EPROM(OTP)或 FLASH 程序存贮器,ROM 型单片机中的用户程序由厂商替用户写入,对于 EPROM 或 FLASH 型单片机,都有现成的程序代码写入工具——编程器,也称为烧写器。用户可以用编程器将程序代码写入单片机内的 EPROM 或 FLASH,也可以擦除 FLASH。AT89C51RC2 等 FLASH 型单片机还具有在系统的擦除和编程功能。

4.6.1 89C52 FLASH 程序存贮器的编程操作

一、特性

89C52 有 8K FLASH 程序存贮器,有 3 个可编程的加密位 LB1、LB2、LB3,以防止 89C52 内部的程序代码被非法读取。加密位的保密功能如表 4-13 所示。

表 4-13 加密位保密位功能

	LB1	LB2	LB3	功　　能
1	U	U	U	未加密可读可校验
2	P	U	U	禁止执行外部程序读取内部代码的 MOVC 指令,复位时取样并锁存$\overline{EA}$,禁止进一步编程
3	P	P	U	除有 2 同样功能外,禁止校验
4	P	P	P	除有 3 功能外,禁止执行外部程序

注:P 表示该保密位已编程　　U 表示未编程

89C52 FLASH 的编程电压有 12V 和 5V 两种,这在器件上有标志(××××-12 为 12V、××××-5 为 5V)。也可以读取内部的标志字节确认。89C52 内部有 3 个标志字节,分别指出厂商、型号和编程电源电压,含义如下:

(30H) = 1EH,表示为 ATMEL 器件;
(31H) = 52H,表示型号为 89C52;
(32H) = FFH,编程电源电压为 12V,05H 则为 5V。

二、操作方式

出厂时 89C52 FLASH 存贮器的内容为全"1",各单元均为 0FFH,可以直接写入代码和对保密位编程,对于已写入过程序代码的 89C52,必须擦除为全"1"以后才可以重新编程。因此在对 89C52 的编程过程中有写入代码数据、读代码数据、写加密位,擦除、读标志字节等操作。这些操作方式是由输入到 89C52 的控制信号确定的(见表 4-14)。

表 4-14 89C52 FLASH 操作方式

操作方式		RST	$\overline{\text{PSEN}}$	ALE/$\overline{\text{PROG}}$	EA/V_{PP}	P2.6	P2.7	P3.6	P3.7
写入代码数据		H	L	⎍	H/12V	L	H	H	H
读代码数据		H	L	H	H	L	L	H	H
写入加密位	LB1	H	L	⎍	H/12V	H	H	H	H
	LB2	H	L	⎍	H/12V	H	H	L	L
	LB3	H	L	⎍	H/12V	H	L	H	L
擦　除		H	L	⎍(1)	H/12V	H	L	H	L
读标志字节		H	L	H	H	L	L	L	L

注：H 表示 TTL 高电平 V_{IH}，L 表示 TTL 低电平 V_{IL}；(1)擦除的编程脉冲为 10ms。

三、编程操作

编程操作包括将程序代码写入 FLASH 和对保密位编程。根据表 4-14，这两种操作控制的差别仅在于输入到 P2.6、P2.7、P3.6、P3.7 的逻辑电平不同。编程线路如图 4-62 所示。

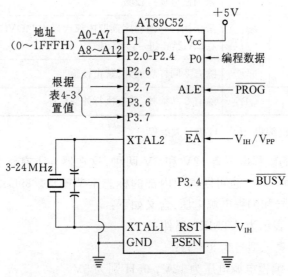

图 4-62 89C52 编程线路

(1) 代码数据写入 FLASH

图 4-63 给出了 89C52 的编程波形，相应的时间参数见表 4-15。编程中字节写入的定时是由 89C52 内部控制的，典型的一个字节写入周期不超过 1.5ms，在 $\overline{\text{PROG}}$ 端输入负脉冲后，可以通过读校验或查询 READY/$\overline{\text{BUSY}}$(P3.4)的状态来确认一个字节是否写完。根据图 4-63 用查询 READY/$\overline{\text{BUSY}}$ 方法，将程序代码写入 FLASH 的流程如图 4-64 所示。

第4章 51系列单片机的功能模块及其应用

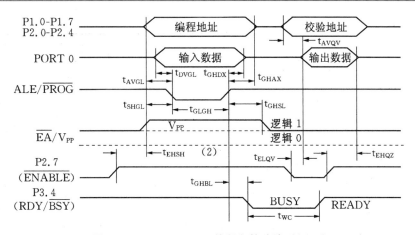

图 4-63 89C52 FLASH 编程和校验波形(12V)

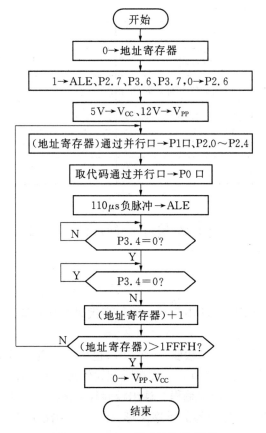

图 4-64 89C52 程序写入流程图

表 4-15 FLASH 的编程和校验参数

符 号	参 数	最小值	最大值	单 位
V_{PP}	编程电源电压	11.5	12.5	V
I_{PP}	编程电源电流		1.0	mA

(续表)

符号	参数	最小值	最大值	单位
1/TCLCL	振荡器频率	3	24	MHz
TAVGL	地址建立至$\overline{PROG}$低时间	48		时钟周期
TGHAX	$\overline{PROG}$低后地址保持时间	48		时钟周期
TDVGL	数据建立至$\overline{PROG}$低时间	48		时钟周期
TGHDX	$\overline{PROG}$低后数据保持时间	48		时钟周期
TEHSH	P2.7高至V_{PP}高时间	48		时钟周期
TSHGL	V_{PP}建立至$\overline{PROG}$低时间	10		μs
TGHSL[(1)]	$\overline{PROG}$高后V_{PP}保持时间	10		μs
TGLGH	$\overline{PROG}$编程脉冲宽度		110	μs
TAVQV	地址有效至数据有效时间		48	时钟周期
TELQV	$\overline{ENABLE}$(P2.7)低至数据有效时间		48	时钟周期
TEHQZ	$\overline{ENABLE}$(P2.7)高至数据浮空时间	0	48	时钟周期
TGHBL	$\overline{PROG}$高至READY/$\overline{BUSY}$低时间		1	μs
TWC	字节写入周期		2	ms

（2）保密位编程

根据表 4-14 中保密位的编程要求，输入正确的控制信号，编程线路和操作时序与代码写入的操作相同。

四、读校验操作

读校验操作包括读出 FLASH 中已写入的程序代码进行校验和读出标志字节。

（1）程序校验

在编程过程中可以写一个字节校验一个字节，也可以在查询 READY/$\overline{BUSY}$确认一个字节写入完以后，马上写下一个字节。一般在所有的代码写入完以后，要对整个程序代码进行读出校验。正确以后再对保密位编程。读出校验线路如图 4-65 所示。

图 4-63 的右半部分为读出校验的时序波形。图 4-66 给出了整个程序代码的读出校验流程。

（2）读标志字节

除控制信号不同外，读标志字节的线路和时序与读程序代码相同。

五、擦除

除控制信号不同和编程脉冲为 10ms 外，擦除操作的线路和时序与编程操作相同。

第4章 51系列单片机的功能模块及其应用

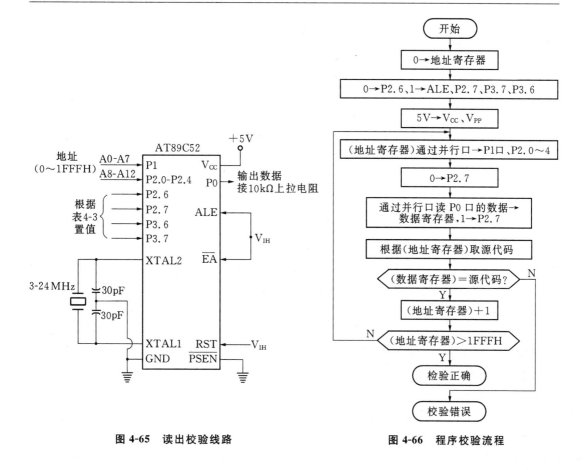

图 4-65 读出校验线路　　　　图 4-66 程序校验流程

*§4.7　其他功能模块简介

4.7.1　液晶显示器(LCD)驱动器

液晶是一种有机化合物,它具有液体的流动性和晶体的一些光学特性。液晶显示器本身不发光,而只是调制环境光,越是亮的地方显示越清晰,它具有体积小、功耗低等优点。

一、结构和工作原理

在内表面刻有对称电极 FiBi 的两块平板玻璃内注入 $7\sim 10\mu m$ 厚的液晶层(见图 4-67)就构成液晶显示屏,上玻璃片的电极称为段 Fi,下玻璃片的电极称为背景 Bi,段的形状和数量确定它的显示功能。液晶显示器有彩色和黑白两类,对于黑白显示屏,在电极 Fi 和 Bi 之间加上一定幅度的电压方波,使液晶顺着电场方向排列则不透明而显示黑色,要求方波的直流分量越小越好,否则容易老化。

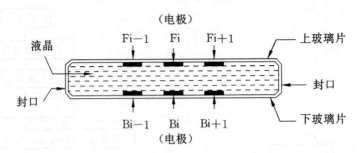

图 4-67 液晶显示屏结构示意图

二、单片机的液晶显示器驱动模块

液晶显示器的显示控制比较复杂,显示屏较大的点阵式液晶显示器,一般有可与单片机连接的专用驱动电路,单片机将显示数据输出至驱动电路,数据便显示在 LCD 显示屏上。目前许多单片机内有 LCD 驱动模块,但段的数量很有限,只能驱动笔画式的 LCD。如 Philips 的 P83C434/834,它的 LCD 驱动模块可工作于静态或占空比为 $\frac{1}{2}$、$\frac{1}{3}$、$\frac{1}{4}$ 的动态扫描方式,可驱动 4×22 或 3×13 或 2×24 或 24 个段,适用于笔画式的 LCD 数字显示,最多可以驱动 12 位 7 段显示器。

4.7.2 串行外围接口 SPI

AT89S53 等许多 51 系列单片机具有串行外围接口 SPI(serial peripheral interface),可用于单片机之间或单片机和外围器件之间的串行高速通信,具有如下特点:
- 全双工的同步数据传送;
- 可编程为主方式或从方式;
- 最高速率为 6Mbit;
- 可编程为从高位或低位开始传送;
- 同步时钟可编程为正脉冲或负脉冲;
- 数据可以在时钟的上升沿或下降沿移位。

SPI 具有 4 个 I/O 引脚:
- MISO:主方式时为数据输入线,从方式时为数据输出线;
- MOSI:主方式时为数据输出线,从方式时为数据输入线;
- SCK:同步时钟线,主方式时为时钟输出线,从方式时为时钟输入线;
- $\overline{SS}$:主方式时接高电平,从方式时作为主机对从机选择线,低电平有效。

图 4-68 为两个 89S53 单片机通过 SPI 通信的连接示意图。图中甲机工作于主方式,乙机工作于从方式,甲机 $\overline{SS}$ 接+5V,乙机 $\overline{SS}$ 接地(因系统中无其他从器件),甲机产生同步时钟经 SCK 送至乙机,数据从高位开始传送。

初始化 SPI 中的 SFR 寄存器以后,甲机将数据写入移位寄存器后,启动 SPI 数据传送,甲机产生同步时钟送至甲、乙两机的 SPI 移位寄存器,通过 MISO、MOSI 串行数据线,将这两个 8 位移位寄存器串接成 16 位移位寄存器,在同步时钟控制下从高位开始左环移,经 8 次移位后,甲机和乙机中 SPI 的移位寄存器内容相互交换,停止同步时钟,产生中断,这样实现 SPI 全双工同步通信。

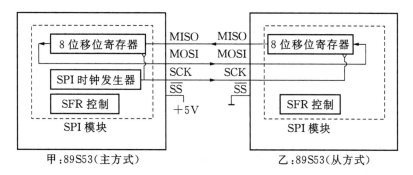

图 4-68　两个单片机的 SPI 通信示意图

4.7.3　I²C 串行总线口

I²C 总线是通过两根线(SDA 串行数据线和 SCL 串行时钟线)实现器件之间通信的总线。总线上的器件可以主动连络和其他器件通信,称为主方式(一般是单片机),也可以被呼叫以后和其他器件通信称为从方式(单片机或外围器件)。典型的 I²C 结构如图 4-69 所示。图 4-70 给出了 I²C 总线上数据传送过程。

Philips 公司的 51 系列单片机大多数产品具有 I²CBUS 串行口。

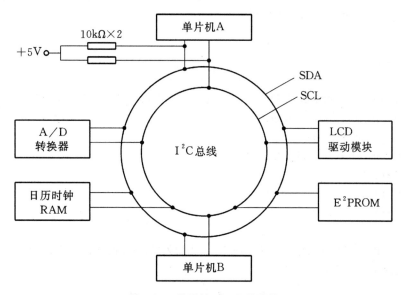

图 4-69　典型的 I²C 总线结构

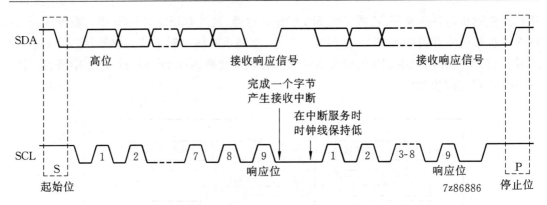

图 4-70 I²C 总线上数据传送过程

4.7.4 控制器局域网(CAN)接口

控制器局域网(controller area network, CAN)原先是 Bosch 公司为汽车应用开发的一种多路网络系统,后来许多半导体厂商生产 CAN 接口器件和带有集成 CAN 接口的单片机,它们被广泛地应用于工业自动化生产线、汽车、医疗设备、智能化大楼、环境控制等分布式实时系统。

在 51 系列单片机中,Philips 公司的 P8XC592、P8XC598 以及 SIEMENS 的公司 C505C-L/-2R 等带有 CAN 接口。

4.7.5 其他

单片机的功能模块还有 E²PROM 数据存贮器、屏幕字符显示接口 OSD、双音频电话接口 DTMF、电机控制模块 PWMMC 等。

习 题

1. 请简要写出 P1 口的使用方法,并指出 P1 口作为输入的位为什么相应位的口锁存器必须保持"1"?
2. 请分别编写实现下列功能的子程序:
   - $(P1.0) \wedge (P1.1) \rightarrow (20H).0$
   - $(P1.2) \wedge (P1.3) \rightarrow (20H).7$
   - $\overline{(P1.0)} \rightarrow P1.4$
   - $\overline{(P1.1)} \rightarrow P1.5$
   - $\overline{(P1.2)} \rightarrow P1.6$
   - $\overline{(P1.3)} \rightarrow P1.7$

*3. 在图 4-2 中,P1.0~P1.3 为输出线,P1.4~P1.7 为输入线,请根据下面的程序框图编写一个实验程序,并指出该程序的功能。

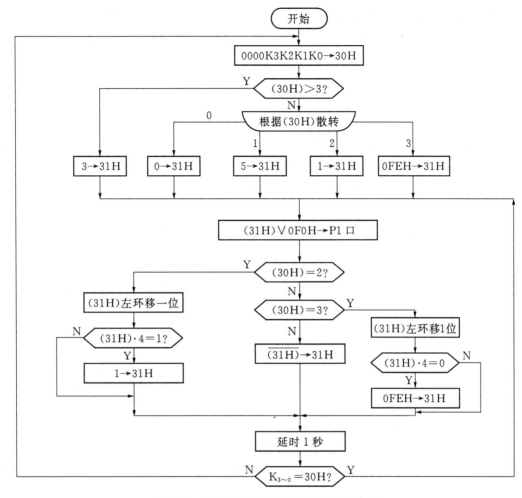

图 4-71　P1 口上的开关指示灯控制程序框图

4. 在 89C52 应用中,什么情况下 P2 口可以作为 I/O 口连 I/O 设备?
5. 根据图 4-4,设 fosc = 12MHz,请编写一个子程序,其功能是使蜂鸣器响 0.5 秒。
6. 请画出例 4.8 的程序框图。
7. 根据图 4-8,编写一个子程序,其功能为读出拨码盘输入的 2 位 BCD 码并转换为二进制数写入内部 RAM 30H 单元。
*8. 根据图 4-10,编写一个用逐行扫描法判键号的子程序。
9. 根据计数器结构不同,T0、T1 分别有哪几种工作方式?根据计数脉冲(或用途)不同,T0、T1 有哪些工作方式?
10. 若 fosc = 24MHz,则 T0 的方式 1 和方式 2 的最大定时时间为多少?
11. 若 fosc = 12MHz,用 T0 方式 2 产生 250μs 定时中断,使用中断控制方法使 P3.4 输出周期为 1 秒的方波(使 P3.4 上接的指示灯以 0.5 秒速率闪亮)。试分别编写出 T0 和中断的初始化程序和中断服务程序。
*12. T0 工作于方式 1 产生约 10ms 定时,根据图 4-10、参考例 4.10 和例 4.15 编写一个定时读键盘的主程序和 T0 中断程序。

* **13.** 若 fosc = 12MHz,用 T2 产生 50ms 定时,试编写一个初始化程序,其功能为对 T2、中断初始化,并清零时钟单元 30H~32H,秒定时计数单元置初值,并编写 T2 中断程序,其功能为 1 秒定时,并对时钟单元(时、分、秒)计数。
   14. 请画出例 4.13 中的程序框图。
* **15.** 若 fosc = 12MHz,用 PCA 的高速输出方式使 P1.3 输出周期为 40ms 的方波,请分别编写出初始化程序及 PCA 中断程序。
* **16.** 根据图 4-42,并用 T2 产生 50ms 定时(fosc = 12MHz),试分别编写相关初始化程序和 T2 中断程序,用 T2 中断控制对 74LS164-1、-2 输出,使 L0~L15 中仅有一个灯亮,并以 1 秒速率左环移。
   17. 改写例 4.17 中的程序,并编写串口中断程序,其功能为:先用查询方式输出 AT89C52 Micro computer,接着用串口中断方式接收串行口输入的字符又将该字符从串口上输出。
* **18.** 请画出例 4-20 中的程序框图。

第 5 章 单片机接口技术

§5.1 51系列单片机并行扩展原理

51系列单片机的 P0 口、P2 口可以作为并行扩展总线口,能在外部扩展 64K 字节的程序存贮器和 64K 字节的数据存贮器(RAM/IO 口)。实际的应用系统扩展规模由单片机内部资源和硬件的需求确定。

本章将扩展原理、扩展器件、设备接口技术结合在一起,综合介绍单片机应用系统中常用的接口技术和程序设计方法。对于带 * 号的章节根据教学要求选用。

5.1.1 大系统的扩展总线和扩展原理

一、大系统(large)

对于硬件需求量大,外部存贮器空间被充分利用的应用系统,其系统结构规模大,我们称之为大系统。

在大系统中,P0 口和 P2 口都作为总线口使用,不能作为第一功能的 I/O 接口连接外部设备。DPTR、R0、R1 都可以作为访问外部数据存贮器的地址指针。

二、大系统总线时序

大系统中 P0 口、P2 口作为扩展总线口时,P2 口输出高 8 位地址 A8~A15,P0 口输出低 8 位地址 A0~A7,同时作为双向数据总线口 D0~D7,控制总线有外部程序存贮器读选通信号线 $\overline{PSEN}$,外部数据存贮器的读信号线 $\overline{RD}$(P3.7)、写信号线 $\overline{WR}$(P3.6),以及低 8 位地址 A0~A7 的锁存信号线 ALE。图 5-1 给出了大系统中 CPU 访问外部存贮器的时序波形。

三、大系统扩展总线

由图 5-1 可见,P0 口是地址/数据复用的总线口,地址信息 A0~A7 在 ALE 上升以后有效,在 ALE 下降以后消失,因此必须使用 ALE 的负跳变将地址信息 A0~A7 打入外部的地址锁存器。图 5-2(a)是用 74HC573 作为地址锁存器的系统扩展总线图。图 5-2(b)中,74HC573 的 $\overline{E}$ 为 Q0~Q7 上接的三态门允许输出控制输入端,$\overline{E}$ 接地,则 Q0~Q7 总是允许输出。G 为锁存信号输入端,高电平时 Q0~Q7=D0~D7,负跳变时将 D0~D7 上输入信息打入 Q0~Q7。图 5-2(a)中,74HC573 的 G 接 ALE,$\overline{E}$ 接地,这样 ALE 为高电平时,P0 口输出的地址信息直接通过 74HC573 输出,使 P2 口和 P0 口输出的地址信息同时到达地址总线 A0～A15，ALE 负跳变时，P0 口上的地址信息打入 74HC573，使地址总线上地址信息保持不变，接着 P0 口便作为数据总线传送数据 D0～D7。

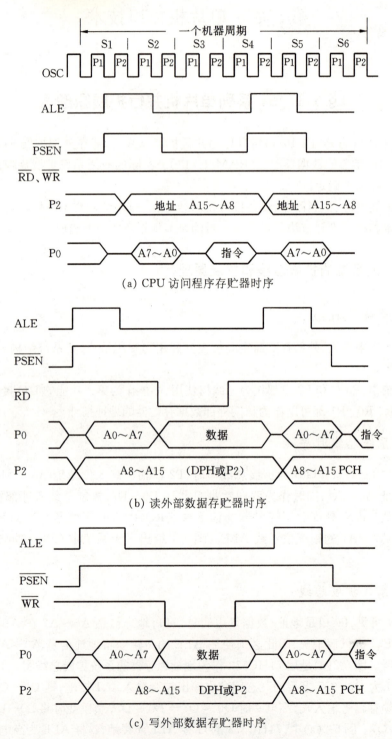

图 5-1　大系统 CPU 访问外部存贮器时序

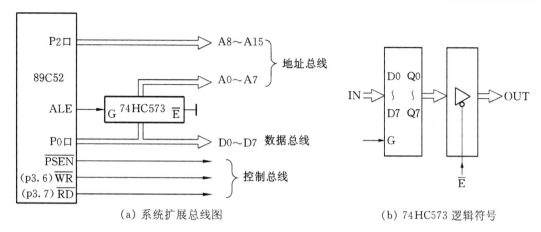

图 5-2 大系统扩展总线图

四、大系统地址译码方法

单片机中 CPU 是根据地址访问外部存贮器的,即由地址总线上地址信息选中某一芯片的某个单元进行读或写。在逻辑上,芯片选择信号线一般是由高位地址线译码产生的,而芯片中的单元选择是由低位地址确定。地址译码方法有线选法和全地址译码法两种。

1. 线选法

所谓线选法就是用某一位地址线作为选片线,一般芯片的选片信号为低电平有效(如:$\overline{CS}$、$\overline{CE}$),只要这一位地址线为低电平,就选中该芯片进行读写。若外部扩展的芯片中最多的单元地址线为 A0～Ai,则可以作为选片的地址线为 A15～Ai+1。例如:i=12,则只有 A15、A14、A13 可以作为选片线。图 5-3(a)中 A15 作为 $\overline{CS0}$、A14 作为 $\overline{CS1}$、A13 作为 $\overline{CS2}$,分别接到 0#、1#、2# 芯片的选片端。不管芯片中有多少个单元,所占的地址空间一样大,可以用如下方法确定芯片中单元地址:芯片中未用到的地址线为 1,用到的地址线由所访问的芯片和单元确定。在图 5-3(a)中,0# 芯片的单元地址为 7FF8～7FFFH,1# 芯片中单元地址为 0A000H～0BFFFH,2# 芯片中单元地址为 0DFFC～0DFFFH。

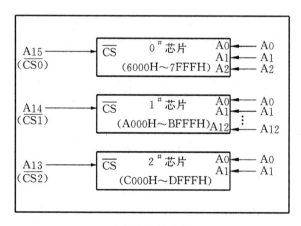

(a) 线选法举例

图 5-3

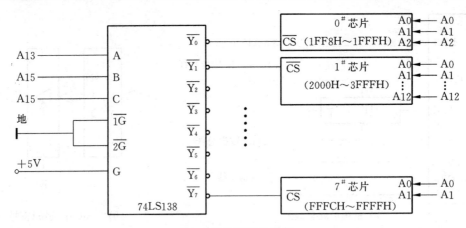

(b) 全地址译码法举例

图 5-3 大系统地址译码示意图

2. 地址译码法

线选法的优点是接线简单,缺点是外部存贮器的地址空间没有被充分利用,可以接的芯片少。如图 5-3(a)中,3 个芯片总共有(8192＋4＋8)个单元,却占用了 64K 空间。可以用对高位地址译码方法克服这个缺点。常用地址译码器为:

2—4 译码器 74HC139 对 A15、A14 译码产生 4 个选片信号线,接 4 个芯片,每个芯片占 16K 字节;

3—8 译码器 74HC138 对 A15、A14、A13 译码产生 8 个选片信号,可接 8 个芯片,每个芯片占 8K 字节(见图 5-3(b))。

实际使用中常常将线选法和译码法结合起来使用。

5.1.2 紧凑系统的扩展总线和扩展原理

一、紧凑系统(compact)和小系统(small)

由于单片机内部资源种类和数量的增加,目前大多数的单片机应用系统不需要大规模地扩展外部存贮器,尤其是不需要扩展程序存贮器,对于只扩展少量数据存贮器(RAM/IO 口)的系统,我们称之为紧凑系统(compact)。

在紧凑系统中,只用 P0 口作为扩展总线口,P2 口可以作为第一功能的准双向口使用接 I/O 设备,也可以将部分口线作为地址线。这种系统中,为了不影响 P2 口所连的设备,CPU 访问外部数据存贮器时,不能用 DPTR 作地址指针,只能用 R0、R1 作地址指针。

把 P2 口、P0 口不作为总线口使用的系统称之为小系统(small)。

二、紧凑系统总线时序

在紧凑系统中,P0 中作为地址 A0～A7 和数据 D0～D7 复用的总线口,$\overline{WR}$(P3.6)、$\overline{RD}$(P3.7)作为外部数据存贮器的写信号线和读信号线,ALE 作为地址 A0～A7 的锁存信号。图 5-4 给出了紧凑系统中 CPU 访问外部数据存贮器的时序波形。

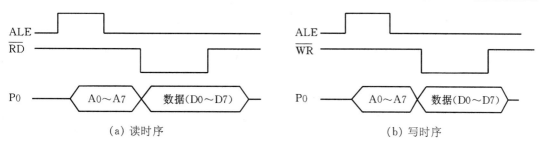

图 5-4 紧凑系统 CPU 访问外部数据存贮器时序

三、紧凑系统的扩展总线

在紧凑系统中，P0 口输出的地址信息也必须由 ALE 打入外部的地址锁存器，控制总线只有外部数据存贮器的读信号线$\overline{RD}$、写信号线$\overline{WR}$。图 5-5 给出紧凑系统的扩展总线图，它实际上是图 5-2 中裁去了地址线 A8～A15 和程序存贮器读选通信号线$\overline{PSEN}$后的剩余部分。

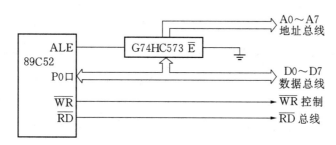

图 5-5 紧凑系统扩展总线图

四、紧凑系统地址译码方法

1. 线选法

这种方法适用于只扩展少量 I/O 接口芯片的应用系统。对于 I/O 接口芯片，内部的寄存器一般不大于 8 个，可以用 A0—A2 作为芯片中寄存器的地址选择线，A3～A7 作为选片信号线，则可以外接 5 个 I/O 接口芯片。按线选法的地址分配方法，这 5 个芯片的地址分别为：78H～7FH、0B8H～0BFH、0D8H～0DFH、0E8H～0EFH、0F0H～0F7H。

2. 地址译码法

若 A0～A3 作为芯片中寄存器地址选择线，A4～A7 用 4—16 译码器产生选片信号线，则最多可以接 16 片 I/O 接口芯片，地址分别为 0～0FH, 10～1FH, …… 0F0H～0FFH。

3. P2 口部分口线作为地址线的译码方法

对于扩展 256 字节 RAM 和 I/O 口的系统，可以用 P2 口的部分口线作为地址线，剩余的 P2 口线连 I/O 设备，这种系统也称为紧凑系统。在访问外部数据存贮器时，先对作为地址线的 P2 口口线操作，选中外部数据存贮器某一页，然后用 R0 或 R1 作为页内地址指针，对外部数据存贮器进行读或写，P20、P21 作为地址线的一种地址译码方法如图 5-6 所示。图 5-6 中采用了线选法和译码法相结合的方法。$\overline{CS0}$、$\overline{CS1}$用线选法产生，在$\overline{CS0}$、$\overline{CS1}$都为高电平时，

3—8译码器输出的$\overline{CS4}$、$\overline{CS5}$、$\overline{CS6}$、$\overline{CS7}$中有一个选片信号线有效,这样可外接6个芯片。

5.1.3 海量存贮器系统地址译码方法

在报站器、屏幕显示等一些特殊应用中,需超过64K字节的存贮器,则可以用P1的口线作为区开关来实现。如扩展一片128K字节RAM 628128和I/O口的系统,可以采用图5-7的一种译码方法。图5-7中,628128占0区和1区的64K存贮空间,I/O接口占2区

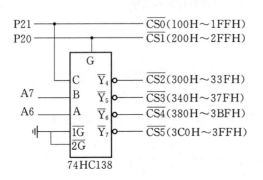
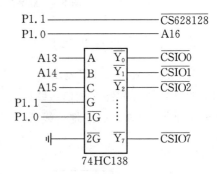

图5-6　P2部分口线作为地址线的一种译码方法　　图5-7　海量存贮器的一种译码方法

存贮空间,每个区为64K字节。在访问外部RAM/IO时,先对P1.1、P1.0操作选择一个区,然后用DPTR作指针,对所选中的区中的单元操作。也可以用扩展I/O口作为地址线(如3个8位口产生24位地址),将地址写入扩展口以后再对存贮器读写。

§5.2　程序存贮器扩展

目前在单片机应用中,已很少扩展程序存贮器。89C52内部已有8K FLASH程序存贮器,只有在需要大量常数存贮器(如字库)等特殊应用中,才在外面扩展一片EPROM或FLASH只读存贮器。这样的系统都是大系统,P0口、P2口都作为扩展总线口使用。

5.2.1 常用EPROM存贮器

EPROM是紫外线可擦除(有窗口)电可编程的只读存贮器,掉电以后信息不会丢失。图5-8给出了27C128、27C256、27C512的引脚图。由图可见,这些EPROM仅仅是地址线数目(容量)不同和编程信号引脚有些差别。

一、引脚说明

- A0～Ai：地址输入线,i=13～15;
- O0～O7：三态数据总线(常用D0～D7表示),读或编程校验时为数据输出线,编程时为数据输入线。维持或编程禁止时,O0～O7呈高阻抗;
- $\overline{CE}$：选片信号输入线,"0"(低电平)有效;
- $\overline{PGM}$：编程脉冲输入线;

- $\overline{OE}$： 读选通信号输入线，"0"有效；
- V_{PP}： 编程电源输入线，V_{PP}的值因芯片型号和制造厂商而异；
- V_{CC}： 主电源输入线，V_{CC}一般为+5V；
- GND： 线路地。

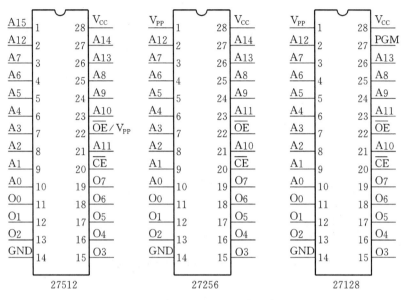

图 5-8 常用 EPROM 芯片引脚图

二、操作方式

对 EPROM 的主要操作方式有：
- 编程方式： 把程序代码(机器指令、常数)固化到 EPROM 中；
- 编程校验方式： 读出 EPROM 中的内容，检验编程操作的正确性；
- 读出方式： CPU 从 EPROM 中读取指令或常数(单片机应用系统中的工作方式)；
- 维持方式： 不对 EPROM 操作，数据端呈高阻；
- 编程禁止方式： 用于多片 EPROM 并行编程。

表 5-1 给出了 27256 不同操作方式下控制引脚的电平。

表 5-1 27256 的操作控制

方式 \ 引脚	$\overline{CE}$ (20)	$\overline{OE}$ (22)	V_{PP} (1)	V_{CC} (28)	O0~O7 (11~13)(15~19)
读	V_{IL}	V_{IL}	V_{CC}	5V	数据输出
禁止输出	V_{IL}	V_{IH}	V_{CC}	5V	高阻
维 持	V_{IH}	任意	V_{CC}	5V	高阻
编 程	V_{IL}	V_{IH}	V_{PP}	V_{CC}^*	数据输入
编程校验	V_{IH}	V_{IL}	V_{PP}	V_{CC}^*	数据输出
编程禁止	V_{IH}	V_{IH}	V_{PP}	V_{CC}^*	高阻

注：V_{PP}与型号有关，一般为 12V，V_{CC}^*与编程方式有关(5V 或 6V)

5.2.2 程序存贮器扩展方法

外部程序存贮器一般只要一片 EPROM,选片信号可以接地。图 5-9 为 89C52 扩展一片 27C512 的接口电路,图中 $\overline{EA}$ 接+5V,CPU 在取指令或执行查表指令时,当地址小于 1FFFH 时,从内部 FLASH 中取代码,大于 1FFFH 时从外部 EPROM 中取代码。为了程序的保密,程序代码尽可能地放在内部,外部存放常数,在对 89C52 编程时不要对 LB3 编程(允许读取外部 EPROM 中代码)。

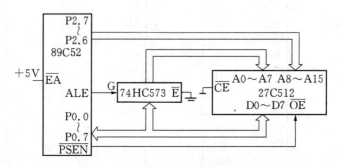

图 5-9　89C52 扩展一片 EPROM 电路

§5.3　数据存贮器扩展

数据存贮器一般用以存贮现场采集的数据、运算的结果等,因此采用能随机读写的 RAM 存贮器。89C52 等大多数单片机内都有 256 字节 RAM,在控制性应用场合,通常能满足应用需求。在数据采集等特殊应用中,可在外部并行扩展一片 RAM,在允许掉电又要不丢失系统运行参数的特殊应用中,也可以串行扩展一片 E^2PROM 或 FLASH 存贮器。

5.3.1　常用 RAM 芯片

图 5-10 为常用 RAM 芯片 6116(2K)、6264(8K)、62256(32K)的引脚图,这些芯片的引脚符号和使用方法相似。

引脚说明

- A0~Ai：　　地址输入线,i=10(6116),12(6264),14(62256);
- O0~O7：　　双向三态数据线,有时用 D0~D7 表示;
- $\overline{CE}$:　　　选片信号输入线,低电平有效;
- $\overline{OE}$:　　　读选通信号输入线,低电平有效;
- $\overline{WE}$:　　　写选通信号输入线,低电平有效;
- V_{cc}:　　　工作电源+5V;
- GND：　　线路地。

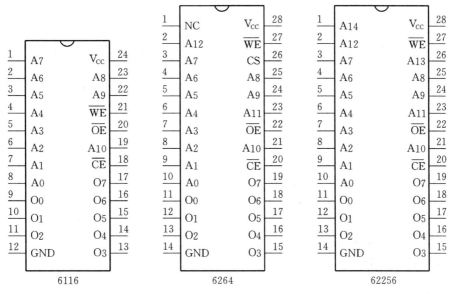

注：NC 为空脚；CS 为 6264 第二选片信号脚，高电平有效，CS = 1 $\overline{CE}$ = 0 选中。

图 5-10　常用 RAM 芯片引脚图

5.3.2　RAM 存贮器扩展方法

一、扩展方法

51 系列单片机外部的 RAM、I/O 接口共占一个 64K 地址空间，在并行扩展 RAM 的系统中，多数还要扩展 I/O 接口电路。图 5-11 为 89C52 扩展一片 RAM 的一种接口方法，62256 占用的地址空间为 0～7FFFH，若还要扩展多片 I/O 接口，可采用图 5-12 对 8000H～FFFFH 的地址空间译码产生 I/O 接口的选片信号 $\overline{CS0}$～$\overline{CS7}$。

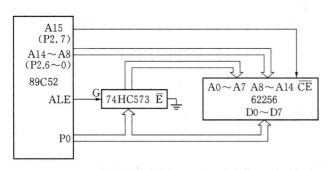

图 5-11　89C52 扩展一片 RAM 电路

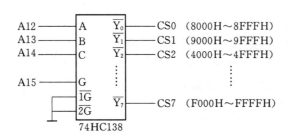

图 5-12　对 8000H～0FFFFH 地址空间译码方法

二、外部 RAM 的读写程序

对图 5-11 中 RAM 的读写操作,可以用 R0、R1、DPTR 作指针,程序很简单。下面 3 个例子分别为用 R0 和 DPTR 为指针的读写子程序。

例 5.1 用 R0 作指针的清零外部 RAM 0~FFH 的子程序。

```
INIRAM_P:   MOV     P2, #0
            MOV     R0, #0
            CLR     A
INI_PL:     MOVX    @R0, A
            INC     R0
            CJNE    R0, #0, INI_PL
            RET
```

例 5.2 用 DPTR 作指针的清零外部 RAM 0~FFH 子程序。

```
INIRAM:     MOV     DPTR, #0
            MOV     R7, #0
            CLR     A
INIL:       MOVX    @DPTR, A
            INC     DPTR
            DJNZ    R7, INIL
            RET
```

例 5.3 将 DPTR 指出的外部 RAM 中 16 个字节数据传送到 R0 指出的内部 RAM。

```
TXRAM:      MOV     R7, #16
TXRAML:     MOVX    A, @DPTR
            MOV     @R0, A
            INC     R0
            INC     DPTR
            DJNZ    R7, TXRAML
            RET
```

§5.4 RAM/IO 扩展器 8155 的接口技术和应用

5.4.1 RAM/IO 扩展器 8155 的接口技术

8155 有 256 字节 RAM、2 个 8 位并行口、1 个 6 位并行口、1 个 14 位定时器。是 51 系列单片机应用中常用的外围器件。

一、结构和引脚功能

图 5-13 给出了 8155 的引脚分布和内部逻辑结构框图。8155 的引脚功能如下：

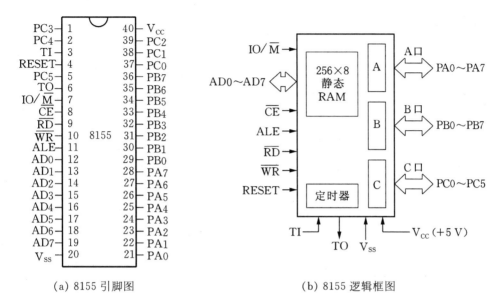

(a) 8155 引脚图　　　　　　(b) 8155 逻辑框图

图 5-13　8155 引脚图和逻辑框图

- AD0～AD7：　地址/数据总线；
- IO/$\overline{M}$：　　IO 和 RAM 选择信号输入线，高电平选择 IO 口，低电平选择 RAM；
- $\overline{CE}$：　　　选片信号输入线，低电平有效；
- ALE：　　　地址允许锁存信号输入线，ALE 端电平负跳变时把总线 AD0～AD7 的地址以及 $\overline{CE}$，IO/$\overline{M}$ 的状态锁入片内锁存器；
- $\overline{RD}$：　　　读选通信号输入线，低电平有效；
- $\overline{WR}$：　　　写选通信号输入线，低电平有效；
- TI：　　　　定时器的计数脉冲输入线；
- TO：　　　定时器的输出信号线；
- RESET：　复位控制信号输入线，高电平有效；
- PA0～PA7：8 位并行 I/O 口线；
- PB0～PB7：8 位并行 I/O 口线；
- PC0～PC5：6 位并行 I/O 口线；
- V_{CC}：　　　电源线，+5V；
- V_{SS}：　　　线路地。

二、内部寄存器及其操作

8155 内部有 6 个 I/O 寄存器，IO/$\overline{M}$ 为高电平时，A0～A7 为 I/O 寄存器地址，寄存器编址见表 5-2。CPU 对 8155 的 I/O 寄存器的读写操作如表 5-3 所示。

表 5-2　8155 内部 IO 寄存器编址

名　称	地　址	名　称	地　址
命令字寄存器、状态字寄存器	××××000	PC 口寄存器	××××011
PA 口寄存器	××××001	定时器/计数器低字节寄存器	××××100
PB 口寄存器	××××010	定时器/计数器高字节寄存器	××××101

表 5-3　CPU 对 8155 的操作控制

控　制　信　号				操　作
$\overline{CE}$	IO/$\overline{M}$	$\overline{RD}$	$\overline{WR}$	
0	0	0	1	读 RAM 单元(地址为 00H～FFH)
0	0	1	0	写 RAM 单元(地址为 00H～FFH)
0	1	0	1	读内部 IO 寄存器
0	1	1	0	写内部 IO 寄存器
1	—	—	—	无操作

三、命令字和状态字

1. 8155 的命令字格式

8155 的并行口和定时器的逻辑结构是可编程的,即 CPU 通过把命令字写入命令寄存器来控制它们的逻辑功能。命令寄存器只能写不能读。格式如下:

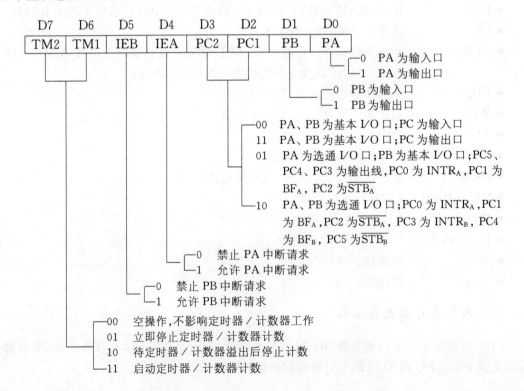

第5章 单片机接口技术

8155 的 PA 口、PB 口可编程为无条件的基本输入/输出方式和应答式的选通输入/输出方式(关于这两种方式的含义与时序波形请参阅 5.5 节 8255A 的操作方式),图 5-14 给出了 PC2、PC1 和 I/O 口逻辑组态的对应关系。

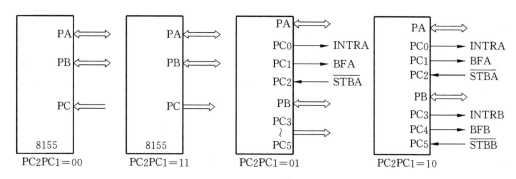

图 5-14 8155 I/O 口的逻辑组态

2. 状态字

状态字寄存器存放 8155 并行口、定时器的当前方式和状态供 CPU 查询,状态字只能读不能写,它和命令字寄存器共用一个地址。状态字格式如下:

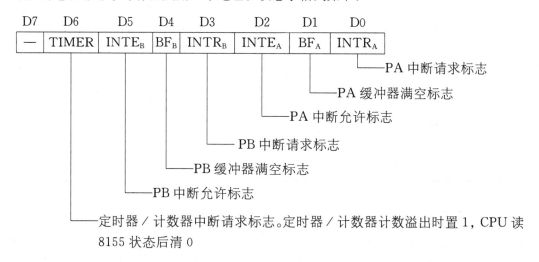

四、定时器

8155 的定时器/计数器是一个 14 位的减法计数器。它的计数初值可设在 0002～3FFFH 之间。它的计数速率取决于输入 TI 的脉冲频率,最高可达 4MHz。它有 4 种操作方式,不同的方式下引脚 TO 输出不同的波形。8155 内有两个寄存器存放操作方式码和计数初值,其存放格式如下:

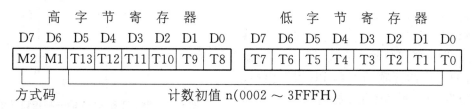

表 5-4 给出了 4 种操作方式的选择及相应输出波形。初始化时，应先对定时器的高、低字节寄存器编程，设置方式和计数初值 n。然后对命令寄存器编程（命令字最高两位为 1），启动定时器/计数器计数。注意硬件复位并不能初始化定时器/计数器为某种操作方式或者启动计数。

若要停止定时器/计数器计数，需通过对命令寄存器编程（最高两位为 01 或 10），使定时器/计数器立即停止计数或待定时器/计数器溢出后停止计数。

8155 在计数过程中，定时器/计数器的值并不直接代表从 TI 脚输入的时钟个数，必须通过下列步骤来获得 TI 上输入的时钟数：

(1) 停止计数。
(2) 读定时器/计数器的高、低字节寄存器并取其低 14 位信息。
(3) 若这 14 位值为偶数，则当前计数状态等于此偶数除 2；若为奇数，则当前计数值等于此奇数除 2 后加上计数初值的一半的整数部分，得当前计数值。
(4) 初值和当前计数值之差即为 TI 脚输入的时钟个数。

表 5-4 8155 定时器/计数器的四种操作方式

M_2 M_1	方 式	TO 脚输出波形	说 明
0　0	单负方波		宽为 n/2 个 (n 偶) 或 (n−1)/2 个 (n 奇) TI 时钟周期
0　1	连续方波		低电平宽 n/2 个 (n 偶) 或 (n−1)/2 个 (n 奇) TI 时钟周期；高电平宽 n/2 个 (n 偶) 或 (n+1)/2 个 (n 奇) TI 时钟周期，自动恢复初值。
1　0	单负脉冲		计数溢出时输出一个宽为 TI 时钟周期的负脉冲
1　1	连续脉冲		每次计数溢出时输出一个宽为 TI 时钟周期的负脉冲并自动恢复初值

五、51 系列单片机和 8155 的接口方法

8155 常用于 51 单片机的紧凑系统中，可以直接和 51 单片机接口。图 5-15 为 89C52 只扩展一片 8155 的紧凑系统。选片端 $\overline{CE}$ 接地，$IO/\overline{M}$ 接 P2.0，8155 RAM 地址为 0～0FFH，IO 寄存器地址为 100H～105H。P2.1～P2.7 可以作为 I/O 口使用。置 P2.0 状态后，再用 R0 或 R1 作指针对 8155 读写。

例 5.4 如果使 8155 的定时器/计数器作为方波发生器，TO 输出方波，频率是 TI 输入时钟的二十四分频，PA 和 PB 为输出口，PC 口为输入口，则初始化子程序如下：

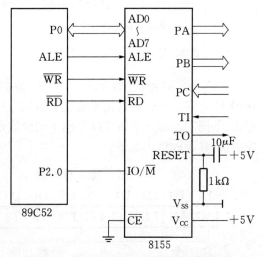

图 5-15 89C52 和 8155 的一种接口逻辑

```
INI8155:  SETB   P2.0              ;选 8155 的 I/O 口
          MOV    R0,#4             ;置 8155 定时器为方式 1,初值为 24
          MOV    A,#16H
          MOVX   @R0,A
          INC    R0
          MOV    A,#40H
          MOVX   @R0,A
          MOV    R0,#0             ;启动定时器,并置 PA、PB 口为输出口
          MOV    A,#0C3H           ;PC 口为输入口
          MOVX   @R0,A
          RET
```

5.4.2　8155 的应用——七段发光显示器的接口和编程

发光二极管组成的显示器是单片机应用产品中最常用的廉价输出设备。它由若干个发光二极管按一定的规律排列而成。当某一个发光二极管导通时,相应的一个点或一笔画被点亮,控制不同组合的二极管导通,就能显示出各种字符。

一、显示器结构

常用的七段显示器的结构如图 5-16 所示。发光二极管的阳极连在一起的称为共阳极显示器,阴极连在一起的称为共阴极显示器。1 位显示器由 8 个发光二极管组成,其中 7 个发光二极管 a~g 控制 7 个笔画(段)的亮或暗,另一个控制一个小数点的亮和暗,这种笔画式的七段显示器能显示的字符较少,字符的形状有些失真,但控制简单,使用方便。

还有一种点阵式的发光显示器,发光二极管排成一个 n×m(例如 5×7)的矩阵,一个发光二极管控制点阵中的一个点,这种显示器显示的字形逼真,能显示的字符比较多,但控制比较复杂。

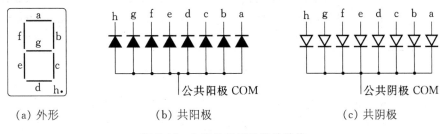

(a) 外形　　　　　(b) 共阳极　　　　　(c) 共阴极

图 5-16　七段发光显示器的结构

二、显示器的工作方式和显示程序设计

1. 静态显示方式

所谓静态显示方式,就是显示器在显示一个字符时,相应的发光二极管恒定地导通或截

止,例如 a、b、c、d、e、f 导通,g 截止时显示"0"。这种使显示器显示字符的字形数据常称为段数据。静态显示方式的每一个七段显示器,需要由一个 8 位并行口控制。

例 5.5 89C52 串行口方式 0 输出的应用之一,可以在串行口上扩展 8 片串行输入并行输出的移位寄存器(见图 5-17)作为静态显示器接口。下面为更新显示器的子程序,在更新显示器内容时,将显示数据写入显示缓冲器,然后调用该子程序。

```
SDIR:   MOV    R7, #8
        MOV    R0, #7FH            ;7FH～78H 为显示缓冲器
SDL0:   MOV    A, @R0              ;取出要显示的数
        ADD    A, #(SEGTAB － SDL3) ;加上偏移量
        MOVC   A, @A+PC            ;查表取出字形数据
SDL3:   MOV    SBUF, A             ;启动串行输出数据
SDL1:   JNB    T1, SDL1            ;输出完否?
        CLR    T1                  ;完,清中断标志
        DEC    R0                  ;指向下一个显示数据
        DJNZ   R7, SDL0            ;循环 8 次
        RET                        ;返回
SEGTAB: DB     3FH, 06H, 5BH, 4FH, 66H  ;0, 1, 2, 3, 4
        DB     6DH, 7DH, 07H, 7FH, 6FH  ;5, 6, 7, 8, 9
        DB     77H, 7CH, 39H, 5EH, 79H  ;A, b, C, d, E
        DB     71H, 40H, 73H, 1CH, 00H  ;F, -, P, ⌴,暗
```

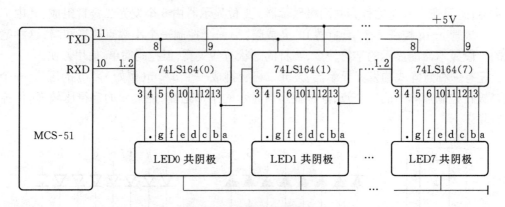

图 5-17 8 位静态显示器接口

静态显示的优点是:显示稳定,在发光二极管导通电流一定的情况下显示器的亮度大,系统在运行过程中,仅仅在需要更新显示内容时 CPU 才执行一次显示更新子程序,这样大大节省了 CPU 的时间,提高 CPU 的工作效率;其缺点是位数较多时显示口随之增加。为了节省 I/O 口线,可采用另外一种显示方式——动态显示方式。

2. 动态显示方式

所谓动态显示,就是一位一位地轮流点亮各位显示器(扫描),对于每一位显示器来说,每隔一段时间点亮一次。显示器的亮度既与导通电流有关,也与点亮时间和间隔时间的比

例有关。调整电流和时间参数,可实现亮度较高较稳定的显示。若显示器的位数不大于 8 位,则控制显示器公共极电位只需一个 8 位口(称为扫描口),控制各位显示器所显示的字形也需一个 8 位口(称为段数据口)。

例 5.6 6 位共阴极显示器的接口和编程。

6 位共阴极显示器和 8155 的接口逻辑如图 5-18 所示,8155 的 PA 作为扫描口,经反相驱动器 75452 接显示器阴极,PB 作为段数据口,经同相驱动器 7407 接显示器的各个段。8155 和 89C52 的接口逻辑见图 5-15。系统中仅扩展一片 8155,$\overline{CE}$接地,IO/$\overline{M}$接 P2.0,对 8155 的初始程序见例 5.4。

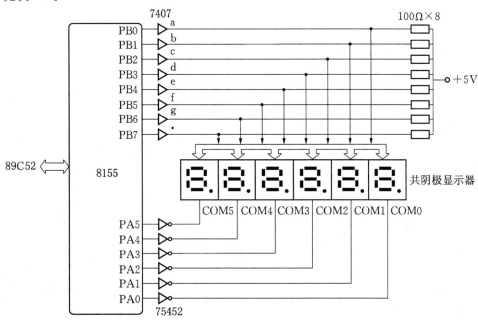

图 5-18 6 位动态显示器接口

对于图 5-18 中的 6 位显示器,在 RAM 中设置 6 个显示缓冲器单元 DIRBUF0～DIRBUF5,8155 的 PA 口输出总是只有一位为高电平,即显示器的阴极只有一位为低电平,其他位阴极为高电平,PB 口输出相应位显示数据的段数据,则阴极为低的显示器显示出一个字符,阴极为高电平的显示器暗。依次地改变 PA 中输出为高的位和 PB 输出的段数据,6 位显示器就显示出显示缓冲器中的内容。下面为 6 位显示器的动态扫描子程序,框图见图 5-19。

```
    DIRBUF0   EQU    79H              ;设 79H～7EH 为显示缓冲器
    DIR:      SETB   P2.0             ;选择 I/O 口
              MOV    R3, #1           ;扫描模式→PA 口
              MOV    A, R3
              MOV    R0, #DIRBUF0
    LD0:      MOV    R1, #1
              MOVX   @R1, A
              INC    R1               ;段数据→PB 口
```

```
            MOV     A, @R0
            ADD     A, #(DSEG-LD2)
            MOVC    A, @A+PC
LD2:        MOVX    @R1, A
            ACALL   DL1                 ;延时
            INC     R0
            MOV     A, R3
            JB      ACC.5, LD1
            RL      A
            MOV     R3, A
            SJMP    LD0
LD1:        RET
DSEG:       DB      3FH, 06H, 5BH, 4FH, 66H, 6DH    ;段数据表
DSEG1：     DB      7DH, 07H, 7FH, 6FH, 77H, 7CH    ;段数据表
DSEG2：     DB      39H, 5EH, 79H, 71H, 73H, 3EH    ;段数据表
DSEG3：     DB      31H, 6EH, 1CH, 23H, 40H, 03H    ;段数据表
DSEG4：     DB      18H, 00, 00, 00
DL1:        MOV     R7, #02H                        ;延时子程序
DL:         MOV     R6, #0FFH
DL6：       DJNZ    R6, DL6
            DJNZ    R7, DL
            RET
```

*例 5.7 定时扫描显示器程序。

例 5.6 中动态扫描显示子程序用延时方法控制一位的显示时间，CPU 效率很低，并且仅当 CPU 能循环调用 DIR 子程序时，显示器才能稳定地显示数据，若 CPU 忙于处理其他事务，显示器会抖动，甚至只显示某一位而其他位发黑。使用 T0 中断定时扫描显示器，可以解决这个问题。方法如下：

● 设置 6 个字节显示缓冲器 DIRBUF～DIRBUF+5，和显示缓冲器指针 DIRBFP，其初值指向 DIRBUF；

● 设计一个显示 1 位子程序，其功能为将 DIRBFP 指出的内容显示在显示器对应位上，修改 DIRBFP；

● 对 T0 初始化，使 T0 产生 1ms 定时中断，由 T0 中断程序调用显示 1 位子程序，使 CPU 每隔 1ms 对显示器扫描 1 位。

这样使显示器显示稳定，而且 CPU 可以处理其他事务。显示 1 位的子程序框图如图 5-20 所示。下面为相应程序：

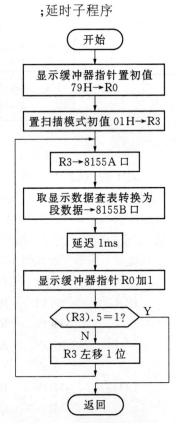

图 5-19 动态显示子程序框图

第 5 章 单片机接口技术

```
            DIRBFP   EQU    30H           ;定义指针单元
            DIRBUF   EQU    31H           ;定义显示缓冲器
                                          ● 主程序
MAIN:       MOV      SP, #0EFH            ;栈指针初始化
            MOV      DIRBFP, #DIRBUF      ;显示缓冲器指针初始化
            MOV      TH0, #0FCH           ;T0 初始化
            MOV      TL0, #018H
            MOV      TMOD, #1
            LCALL    INI8155              ;调用 8155 初始化程序,见例 5.4
            SETB     TR0                  ;允许 T0 计数
            SETB     ET0                  ;开中
            SETB     EA                   ;其他初始化和日常事务处理(一般为
                                          ;无限循环处理的程序)
            ⋮

● T0 中断程序
PTF0:       MOV      TH0, #0FCH           ;恢复 T0 初值
            MOV      TL0, #18H
            PUSH     PSW                  ;保护现场
            PUSH     ACC
            PUSH     DPH
            PUSH     DPL
            MOV      C, P2.0              ;保护 P2.0
            MOV      F0, C
            SETB     RS0                  ;选工作寄存器 1 区
            LCALL    DIRBIT               ;调用显示 1 位子程序
            MOV      C, F0                ;恢复 P2.0
            MOV      P2.0, C
            POP      DPL                  ;恢复其他现场
            POP      DPH
            POP      ACC
            POP      PSW
            RETI
DIRBIT      SETB     P2.0                 ;IO/$\overline{M}$=1
            MOV      R0, DIRBFP           ;显示缓冲器地址→R0
            MOV      R1, #1               ;8155 A 口地址→R1
            MOV      A, R0                ;计算 DIRBFP 的地址和地址
                                          ; DIRBUF 偏移量
            CLR      C
```

```
            SUBB    A, #DIRBUF
            MOV     DPTR, #BITTAB          ;扫描模式字表首地址→DPTR
            MOVC    A, @A+DPTR             ;查表取扫描模式字→PA 口
            MOVX    @R1, A
            INC     R1                     ;R1 指向 PB 口
            MOV     A, @R0                 ;取显示数据转为段数据→PB 口
            MOV     DPTR, #DSEG
            MOVC    A, @A+DPTR
            MOVX    @R1, A
            MOV     A, DIRBFP              ;修改指针 DIRBFP
            INC     DIRBFP
            CJNE    A, #DIRBUF+5, DIRBIT_1
DIRBIT_1:   JC      DIRBIT_R
            MOV     DIRBFP, #DIRBUF
DIRBIT_R:   RET
BITTAB:     DB      1, 2, 4, 8, 10H, 20H
DSEG:       DB      3FH…                   ;同例 5.6 中 DSEG 表
```

5.4.3　8155 的应用——键盘接口和编程

例 4.15 节(四)中介绍了键盘接口、工作原理和行翻转法读闭合键键号的程序设计方法,在例 4.14 中说明了用 T2 中断定时读键盘的程序。作为 8155 的一种应用,我们进一步介绍 4×8 键盘和 8155 的接口技术,以及用逐行扫描法识别闭合键的方法。

一、4×8 键盘和 8155 的接口方法

图 5-21 为 4×8 键盘、6 位显示器和 8155 的一种接口方法,图中 8155 和 89C52 的连接以及对 8155 的初始化程序和例 5.4 相同。8155 RAM 地址为 0～0FFH,I/O 寄存器地址为 100H～105H。8155 的 PA 口作为键盘的扫描输出口,控制键盘列线 Y0～Y7 的电平,同时又是显示器扫描口,PB 口作为显示器的段数据输出口,PC 口为键盘行线 X0～X3 输入口。其显示程序和例 5.6、例 5.7 相同。

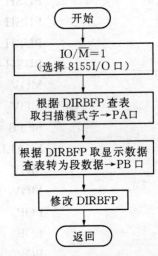

图 5-20　显示 1 位子程序框图

二、逐行扫描法键输入程序设计方法

键盘输入程序的功能有以下 4 个方面:

(1) 判别键盘上有无键闭合:其方法为扫描口 PA0～PA7 输出全"0",读 PC 口的状态,若 PC0～PC3 为全"1"(键盘上行线全为高电平),则键盘上没有闭合键;若 PC0～PC3 不为全"1",则有键处于闭合状态。

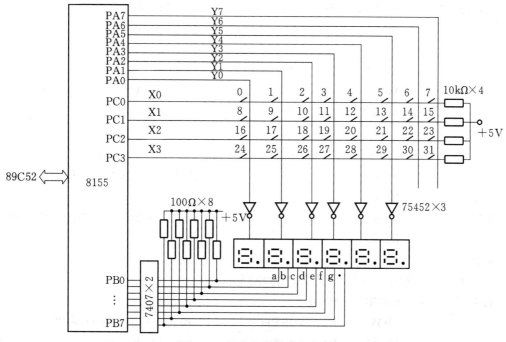

图 5-21 键盘显示器接口电路

(2) 去除键的机械抖动:其方法为判别到键盘上有键闭合后,延迟一段时间再判别键盘的状态,若仍有键闭合,则认为键盘上有一个键处于稳定的闭合期;否则,认为是键的抖动。

(3) 判别闭合键的键号:方法为对键盘的列线进行扫描,扫描口 PA0～PA7 依次输出:

PA7	PA6	PA5	PA4	PA3	PA2	PA1	PA0
1	1	1	1	1	1	1	0
1	1	1	1	1	1	0	1
1	1	1	1	1	0	1	1
⋮							
0	1	1	1	1	1	1	1

相应地顺次读出 PC 口的状态,若 PC0～PC3 为全"1",则列线输出为"0"的这一列上没有键闭合;否则,这一列上有键闭合。闭合键的键号等于为低电平的列号加上为低电平的行的首键号。例如:PA 口的输出为 11111101 时,读出 PC0～PC3 为 1101,则 1 行 1 列相交的键处于闭合状态,第一行的首键号为 8,列号为 1,闭合键的键号为:

$$N = 行首键号 + 列号 = 8 + 1 = 9$$

(4) 使 CPU 对键的一次闭合仅作一次处理:采用的方法为等待闭合键释放以后再判别新的键输入。

例 5.8 逐行扫描法键输入程序

● 键盘状态判别子程序。

KEYSTAT:	SETB	P2.0	;IO/$\overline{M}$=1
	MOV	R1,#1	;0→PA 口
	CLR	A	
	MOVX	@R1,A	
	MOV	R1,#3	;PC 口→A
	MOVX	A,@R1	
	ANL	A,#0FH	
	CJNE	A,#0FH,KEYS_Y	
	SETB	C	;PC0~3 为全"1",无闭合键,1→CY
	RET		
KEYS_Y:	CLR	C	;PC0~3 非全"1",有闭合键 0→CY
	RET		

● 读闭合键键号子程序。

逐行扫描法识别闭合键的子程序框图如图 5-22 所示。

KEYI:	SETB	P2.0	;IO/$\overline{M}$=1
	MOV	R2,#0FEH	;模式字初值 0FEH→R2
	MOV	R4,#0	;0→列号寄存器
KEYI_0:	MOV	R1,#1	;模式字→PA 口
	MOV	A,R2	
	MOVX	@R1,A	
	MOV	R1,#3	;读 PC 口→A
	MOVX	A,@R1	
	JB	ACC.0,KEYI_1	
	MOV	A,#0	;0 行首键号→A
	SJMP	KEYI_P	
KEYI_1:	JB	ACC.1,KEYI_2	
	MOV	A,#8	;1 行首键号→A
	SJMP	KEYI_P	
KEYI_2:	JB	ACC.2,KEYI_3	
	MOV	A,#10H	;2 行首键号→A
	SJMP	KEYI_P	
KEYI_3:	JB	ACC.3,KEYI_NEXT	
	MOV	A,#18H	;3 行首键号→A
KEYI_P:	ADD	A,R4	;行首键号加列号得键号→A
	CLR	C	
	RET		
KEYI_NEXT:	CJNE	R4,#7,KEYI_GOON	
	SETB	C	;键盘上无闭合键,1→CY

第 5 章 单片机接口技术

```
                RET
KEYI_GOON: INC    R4                      ;列号加 1
           MOV    A, R2
           RL     A
           MOV    R2, A
           SJMP   KEYI_0
```

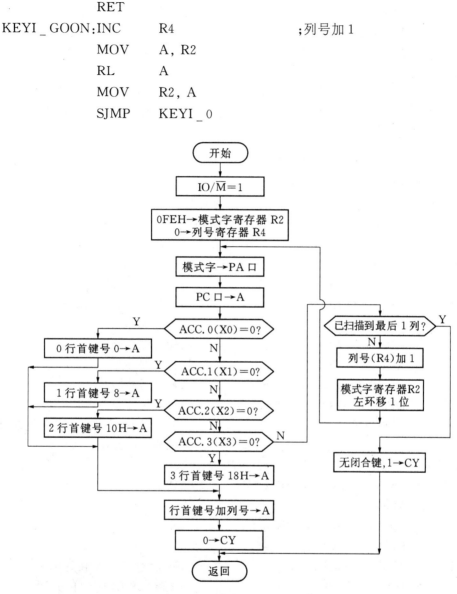

图 5-22 逐行扫描法键号识别子程序框图

- 程控扫描键盘的程序设计。

程控扫描就是在需要读键输入数据时扫描键盘,得到输入数据。下面为从键盘上取得一个数的子程序,程序中采用延时方法去除键抖动,标志 KIN 用于判别闭合键是否已释放,初态为 0。

```
GETC:   LCALL   KEYSTAT             ;判键状态
        JNC     GETC0
        CLR     KIN                 ;无闭合键 0→KIN
        SJMP    GETC
GETC0:  JB      KIN, GETC           ;上次闭合键未释放转 GETC
```

	LCALL	DEL10	;延时 10ms 去抖动
	LCALL	KEYSTAT	
	JC	GETC	;若为抖动转 GETC
	LCALL	KEYI	;判别键号
	JC	GETC	;未扫描到闭合键转 GETC
	SETB	KIN	;置闭合键标志 KIN,(A)为键号
	RET		

*三、定时扫描显示器和键盘的程序设计

程控扫描键盘采用循环等待键输入的方法得到一个数据,CPU 效率低下,并且 CPU 在忙于处理其他事务时,键输入数据得不到及时处理而丢失。

例 5.9 用 T0 中断定时扫描显示器和键盘的程序。

采用 4.14 和例 5.7 的方法,使 T0 产生 1ms 定时中断,显示器 1ms 扫描 1 位,键盘 10ms 读 1 次,并在系统中设置下列标志和工作单元:

	FLAG	EQU	20H	;定义键输入标志单元
	KD	BIT	0	;延时去除键抖动标志
	KIN	BIT	1	;键输入标志
	KP	BIT	2	;输入键已处理标志
	KBUF	EQU	37H	;键号缓冲器
	DIRBUF	EQU	31H	;显示缓冲器
	DIRBFP	EQU	30H	;显示缓冲器指针
	TF0CNT	EQU	38H	;TF0 中断计数器,用于控制 10ms 扫描一次键盘

● 主程序。

MAIN:	MOV	SP, #0FEH	;栈指针初始化
	MOV	FLAG, #0	
	MOV	R0, #DIRBUF	
	CLR	A	
MLP0:	MOV	@R0, A	;显示缓冲器初始化为 0,1,2,3,4,5
	INC	R0	;实际应用中为采样的参数
	INC	A	
	CJNE	R0, #DIRBUF+6, MLP0	
	MOV	TH0, #0FCH	;T0 初始化为方式 1, 1ms 定时
	MOV	TL0, #018H	
	MOV	TMOD, #1	
	MOV	DIRBFP, #DIRBUF	
	MOV	TF0CNT, #0	;若初值改为 10,T0 中断程序如何修改?
	LCALL	INI8155	;调用例 5.4 的 8155 初始化子程序
	SETB	TR0	
	SETB	ET0	

	SETB	EA	;其他初始化
	⋮		
LOOP:			;日常事务处理
	⋮		
MLP1:	MOV	A, FLAG	
	ANL	A, #6	
	CJNE	A, #2, MLP2	
	SETB	KP	;调用键处理程序(对键盘输入的数
	LCALL	PKBUF	据命令处理子程序,此子程序略)
MLP2:			;其他事务处理
	⋮		
	LJMP	LOOP	

- T0 中断服务程序。

T0 中断服务程序框图如图 5-23 所示。下面为 T0 中断程序

PTF0:	MOV	TH0, #0FCH
	MOV	TL0, #18H
	PUSH	PSW
	PUSH	ACC
	PUSH	DPH
	PUSH	DPL
	MOV	C, P2.0
	MOV	F0, C
	SETB	RS0
	INC	TF0CNT
	MOV	A, TF0CNT
	CJNE	A, #10, PTF0_3
	MOV	TF0CNT, #0
	LCALL	KEYSTAT
	JC	PTF0_2
	JB	KD, DTF0_1
	SETB	KD
	SJMP	PTF0_3
PTF0_1:	JB	KIN, PTF0_3
	LCALL	KEYI
	JC	PTF0_2

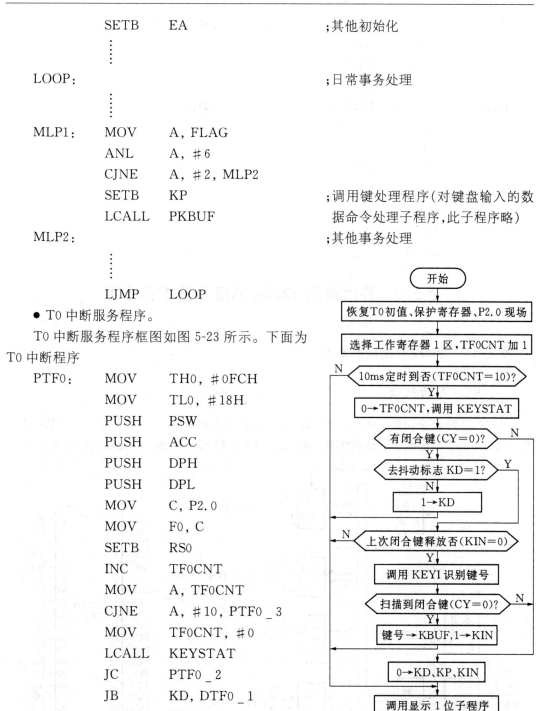

图 5-23 T0 中断服务程序

```
            MOV     KBUF, A         ;键号→KBUF
            SETB    KIN
            SJMP    PTF0_3
PTF0_2      MOV     FLAG, #0
PTF0_3:     LCALL   DIRBIT          ;调用显示1位子程序
            MOV     C, F0
            MOV     P2.0, C
            POP     DPL
            POP     DPH
            POP     ACC
            POP     PSW
            RETI
```

§5.5 并行接口 8255A 的接口技术和应用

5.5.1 8255A 的接口和编程

一、8255A 的结构

8255A 是 Intel 公司的一种通用的可编程的并行接口电路,它具有 3 个 8 位并行口 PA、PB、PC。8255A 的引脚图和逻辑结构框图见图 5-24。CPU 对 8255 的端口寻址和操作见表 5-5。

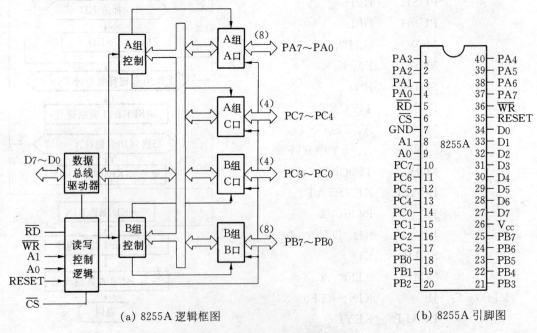

(a) 8255A 逻辑框图   (b) 8255A 引脚图

图 5-24 8255A 逻辑框图和引脚图

第 5 章 单片机接口技术

表 5-5 8255A 的端口寻址和操作

$\overline{CS}$	$\overline{RD}$	$\overline{WR}$	A1	A0	操　　作
0	1	0	0	0	D0～D7→PA 口
0	1	0	0	1	D0～D7→PB 口
0	1	0	1	0	D0～D7→PC 口
0	1	0	1	1	D0～D7→控制口
0	0	1	0	0	PA 口→D0～D7
0	0	1	0	1	PB 口→D0～D7
0	0	1	1	0	PC 口→D0～D7
1	×	×	×	×	D0～D7 呈高阻
0	1	1	×	×	D0～D7 呈高阻
0	0	0	×	×	非法操作

8255A 的引脚功能如下：
- $\overline{CS}$：　　　　选片信号输入线,低电平有效；
- RESET：　　复位信号输入线,高电平有效。复位后,PA、PB、PC 均为输入方式；
- D0～D7：　　双向三态数据总线；
- PA、PB、PC：3 个 8 位 I/O 口；
- $\overline{RD}$：　　　　读选通信号输入线,低电平有效；
- $\overline{WR}$：　　　　写选通信号输入线,低电平有效；
- A1、A0：　　端口地址输入线,用于选择内部端口寄存器；
- V_{CC}：　　　　电源+5V；
- GND：　　　线路地。

二、8255A 的操作方式

8255A 有 3 种操作方式,分别为:方式 0、方式 1、方式 2。

1. 方式 0(基本 I/O 方式)

8255A 的 PA、PB、PC4～PC7、PC0～PC3 可分别被定义为方式 0 输入或方式 0 输出。方式 0 输出具有锁存功能,输入没有锁存。

方式 0 适用于无条件传输数据的设备,如读一组开关状态、控制一组指示灯,不需要应答信号,CPU 可以随时读出开关状态,由 CPU 控制把一组数据送指示灯显示。

图 5-25 是 8255A 方式 0 的输入/输出时序波形图。

2. 方式 1(应答 I/O 方式)

PA 口、PB 口定义为方式 1 时,工作于应答方式的输入输出(也称选通方式)。PC 口的某些位为应答(选通)信号线,其余的线作 I/O 线。

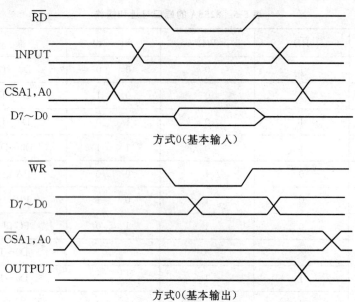

图 5-25　8255A 方式 0 输入/输出时序波形

方式 1 输入和时序

若 PA 口、PB 口定义为方式 1 输入,则 8255A 的逻辑结构如图 5-26 所示,相应的状态控制信号的意义如下:

$\overline{STB}$:　　设备的选通信号输入线,低电平有效。$\overline{STB}$ 的下降沿将端口数据线上信息打入端口锁存器;

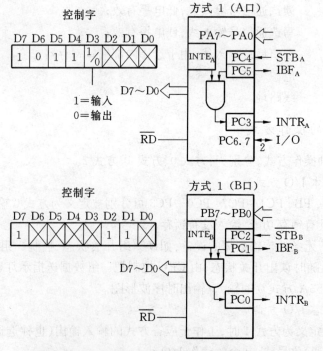

图 5-26　8255A 方式 1 输入逻辑组态

IBF： 端口锁存器满空标志输出线，IBF 和设备相连。IBF 为高电平表示设备已将数据打入端口锁存器，但 CPU 尚未读取。当 CPU 读取端口数据后，IBF 变成低电平，表示端口锁存器空；

INTE： 8255A 端口内部的中断允许触发器。只有当 INTE 为高电平时才允许端口中断请求。$INTE_A$，$INTE_B$ 分别由 PC 口的第四、第二位置位/复位控制（见后面 8255A 控制字）；

INTR： 中断请求信号线，高电平有效。

8255A 方式 1 的输入时序见图 5-27。

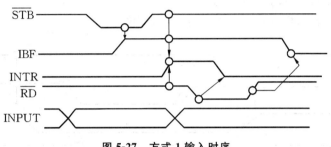

图 5-27　方式 1 输入时序

方式 1 输出和时序

PA 口、PB 口定义为方式 1 输出时的逻辑组态如图 5-28 所示。涉及的状态控制信号的意义如下：

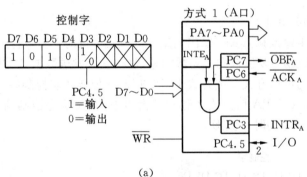

(a)

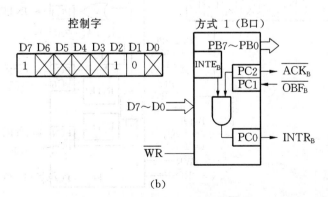

(b)

图 5-28　8255A 方式 1 输出逻辑组态

$\overline{OBF}$： 输出锁存器满空状态标志输出线。$\overline{OBF}$为低电平表示 CPU 已将数据写入端口，输出数据有效。设备从端口取走数据后发来的响应信号使$\overline{OBF}$升为高电平；

$\overline{ACK}$： 设备响应信号输入线。$\overline{ACK}$上出现设备送来的负脉冲，表示设备已取走了端口数据；

INTE： 端口内部的中断允许触发器。INTE 为高电平时才允许端口中断请求。$INTE_A$ 和 $INTE_B$ 分别由 PC 口第六位、第二位置位/复位控制；

INTR： 中断请求信号输出线，高电平有效。

8255A 方式 1 输出的时序波形见图 5-29。

方式 1 适用于打印机等具有握手信号的输入/输出设备。

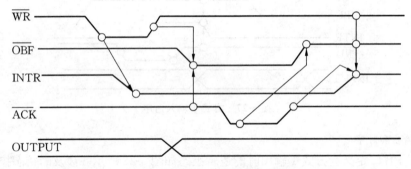

图 5-29 8255A 方式 1 输出时序

3. 方式 2（双向选通 I/O 方式）

方式 2 是方式 1 输入和方式 1 输出的结合。方式 2 仅对 PA 口有意义。

方式 2 使 PA 口成为 8 位双向三态数据总线口，既可发送数据又可接收数据。PA 口方式 2 工作时，PB 口仍可作方式 0 或方式 1，PC 口高 5 位作状态控制线。

图 5-30 是 8255A 的 PA 口方式 2 时的逻辑组态，有关状态控制信号的意义同方式 1。图 5-31 是 PA 口方式 2 的时序波形。

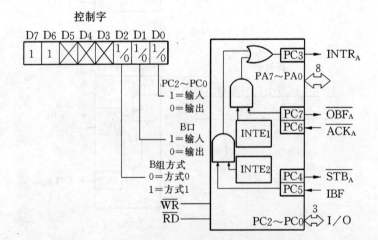

图 5-30 8255A PA 口方式 2 逻辑组态

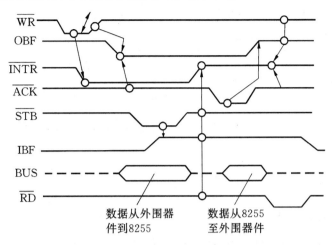

图 5-31　8255A PA 口方式 2 时序

三、8255A 的控制字

8255A 有两种控制字,即方式控制字和 PC 口位的置位/复位控制字。

1. 方式控制字

方式控制字控制 8255A 三个口的工作方式,其格式见图 5-32(a),方式控制字的特征是最高位为 1。

例如:若要使 8255A 的 PA 口为方式 0 输入、PB 口为方式 1 输出、PC4～PC7 为输出、PC0～PC3 为输入,则应将方式控制字 95H(即 10010101B)写入 8255A 控制口。

2. PC 口位置位/复位控制字

8255A PC 口的输出具有位(bit)操作功能,PC 口位置位/复位控制字是一种对 PC 口的位操作命令,直接把 PC 口的某位置成 1 或清"0"。图 5-32(b)是 PC 口位的置位/复位控制字格式,它的特征是最高位为 0。

例如:若要使 PC 口的第 3 位为 1,则应将控制字 07H(即 00000111B)写入 8255A 控制口。

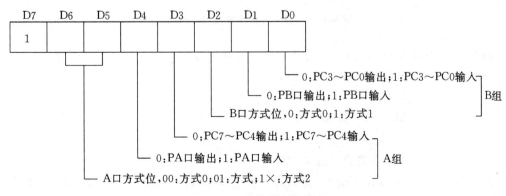

(a) 8255A 方式控制字格式

图 5-32

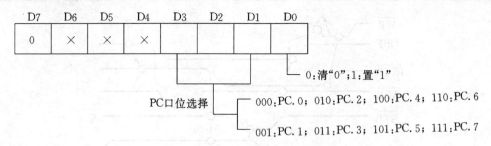

(b) PC口位置位/复位控制字格式

图 5-32 控制字格式

四、8255A 的接口技术和编程

51 系列应用系统多数是只扩展少量 I/O 口的紧凑系统,因此 P2 口可以作为 I/O 口连设备。P0 口作为总线口,此时 R0 或 R1 寻址外部 I/O 口,可寻址范围为 0～0FFH。

1. 8255A 方式 0 输入输出的接口和编程

图 5-33 为 8255A 方式 0 的一种接口方法,采用线选法,口地址为 7CH～7FH。

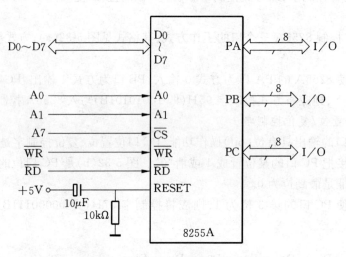

图 5-33 8255A 方式 0 输入/输出接口

例 5.10 8255A 的 PA、PC 为方式 0 输出、PB 为方式 0 输入,初始化程序如下:

```
INI82550:   MOV    R0,#7FH
            MOV    A,#82H
            MOVX   @R0,A
            RET
```

2. 8255A 方式 1 输入输出的接口和编程

图 5-34 为 8255A 方式 1 输入/输出的一种接口电路,采用选通方式时,8255A 的 PA、PB 中断请求信号高电平有效,因此反向后作为 89C52 的外部中断请求信号,外部中断可选电平或边沿触发方式。

第 5 章 单片机接口技术

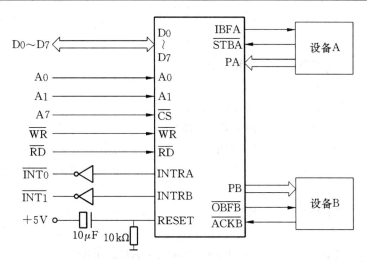

图 5-34 8255A 方式 1 输入/输出接口

例 5.11 若 PA 为方式 1 输入,PB 为方式 1 输出,允许 PA、PB 中断,则初始化程序如下:

```
INI82551:  MOV    R0,#7FH         ;方式控制字→8255
           MOV    A,#0B4H
           MOVX   @R0,A
           MOV    A,#9            ;1→INTEA(PC4)
           MOVX   @R0,A
           MOV    A,#5            ;1→INTEB(PC2)
           MOVX   @R0,A
           RET
```

*3. 中断方式数据传送

图 5-34 中设备 B 若为打印机,该打印机处理完一个字符时在 ACK 输出一个负脉冲给 8255A,则可以用中断方式输出打印数据。

例 5.12 中断方式数据输出程序。

打印的数据中,一类为存放于 ROM 中字符串常数(格式字符),另一类为 RAM 中数据。

- 符号定义和主程序

```
          COMD      EQU    ××        ;打印命令,由打印机类型确定
          PDATABUF  EQU    30H       ;打印的数据缓冲器
          POINTH    EQU    33H       ;打印数据指针
          POINTL    EQU    34H
          PTYPE     BIT    0         ;打印类型标志,1 为字符常数,0 为数据
          PEND      BIT    1         ;打印结束标志
          ⋮                          ;其他符号定义
MAIN:     MOV       SP,#0EFH
          LCALL     INI82551         ;调用例 5.11 中初始化程序
```

```
            MOV     R0, #7DH          ;命令→打印机,打印机处理完产生请求
            MOV     A, #COMD
            MOVX    @R0, A
            MOV     DPTR, #STRING_1
            MOV     POINTH, DPH
            MOV     POINTL, DPL
            SETB    PTYPE
            SETB    EX1               ;其他初始化和日常事务处理
            ⋮
            SETB    EA                ;开中
            ⋮
STRING_1: DB        "Welcome You", 0AH, 0DH, 0
```
● 输出一个字符子程序。
```
PSTRING:    MOV     DPH, POINTH       ;输出一个字符子程序
            MOV     DPL, POINTL
            CLR     A
            MOVC    A, @A+DPTR
            INC     DPTR
            JNZ     PSTR_1            ;判是否碰到结束标志"0"
PSTR_END    CLR     EX1               ;关中
            SETB    PEND              ;置位打印结束通知主程序
            SJMP    PSTR_R
PSTR_1:     MOV     R1, #7DH          ;输出打印字符
            MOVX    @R1, A
PSTR_R:     MOV     POINTH, DPH
            MOV     POINTL, DPL
            RET
```
● 外部中断1程序。
```
PINT1:      PUSH    ACC               ;保护现场
            PUSH    PSW
            PUSH    DPH
            PUSH    DPL
            SETB    RS0               ;选1区
            JNB     PTYPE, PINT1_2
            LCALL   PSTRING           ;打印字符串
            SJMP    PINT1_R
PINT1_2:    LCALL   PDATA             ;打印数据,子程序请读者设计
PINT1_R:    POP     DPL
```

```
        POP    DPH
        POP    PSW
        POP    ACC
        RETI
```

*5.5.2 8255A 的应用——液晶显示模块 LCM 的接口和编程

液晶显示器 LCD 具有功耗低等优点,应用很广。LCD 有笔画式和点阵式两类。单片机内的 LCD 驱动模块由于段有限,一般用于驱动笔画式 7 段 LCD,可显示数字或符号。市场上 LCM 模块是将 LCD 显示屏和驱动器组合在一起的产品。类型有图形点阵模块和含有字符发生器的字符模块。LCM 和单片机之间的接口有串行和并行两种方式,平行接口的 LCM 有的可以直接和 51 总线接口,有的需通过平行口和单片机接口。本节我们以 OCM12232 为例介绍 LCM 的一种接口技术。

一、OCM12232 结构

1. 结构和引脚功能

OCM12232 为 122×32 点阵式 LCM 模块,内部有主(master)和从(slave)两个驱动器,分别驱动左右 61×32 个点的显示,结构如图 5-35 所示,表 5-6 列出了引脚的排列和功能。

表 5-6 OCM12232 引脚排列及其功能

引脚号	引脚名	功　　能
1	V_{DD}	V_{DD} 为主电源:电压为 2.4V～6V 典型值为 5V,
2	GND	GND 为地
3	V_{LCD}	LCD 电源 $V_{DD}-V_{LCD}$ 为 3.5V～13.5V,一般 V_{LCD} 接地
4	RET	复位端:上升沿复位,复位后保持高电平
5	E1	Master 使能信号高电平有效
6	E2	Slave 使能信号高电平有效
7	R/W	读写选择信号,高为读低为写
8	A0	数据/控制选择线,高电平传送数据,低电平传送命令或状态
9～16	D0～D7	双向数据线
17	SLA	接背光电源
18	SLK	

2. RAM

模块中 RAM 的位和液晶屏上点相对应(见图 5-36),RAM 中位为 1 时相应点亮,为 0 时暗。

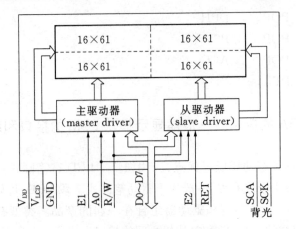

图 5-35 OCM12232 结构框图

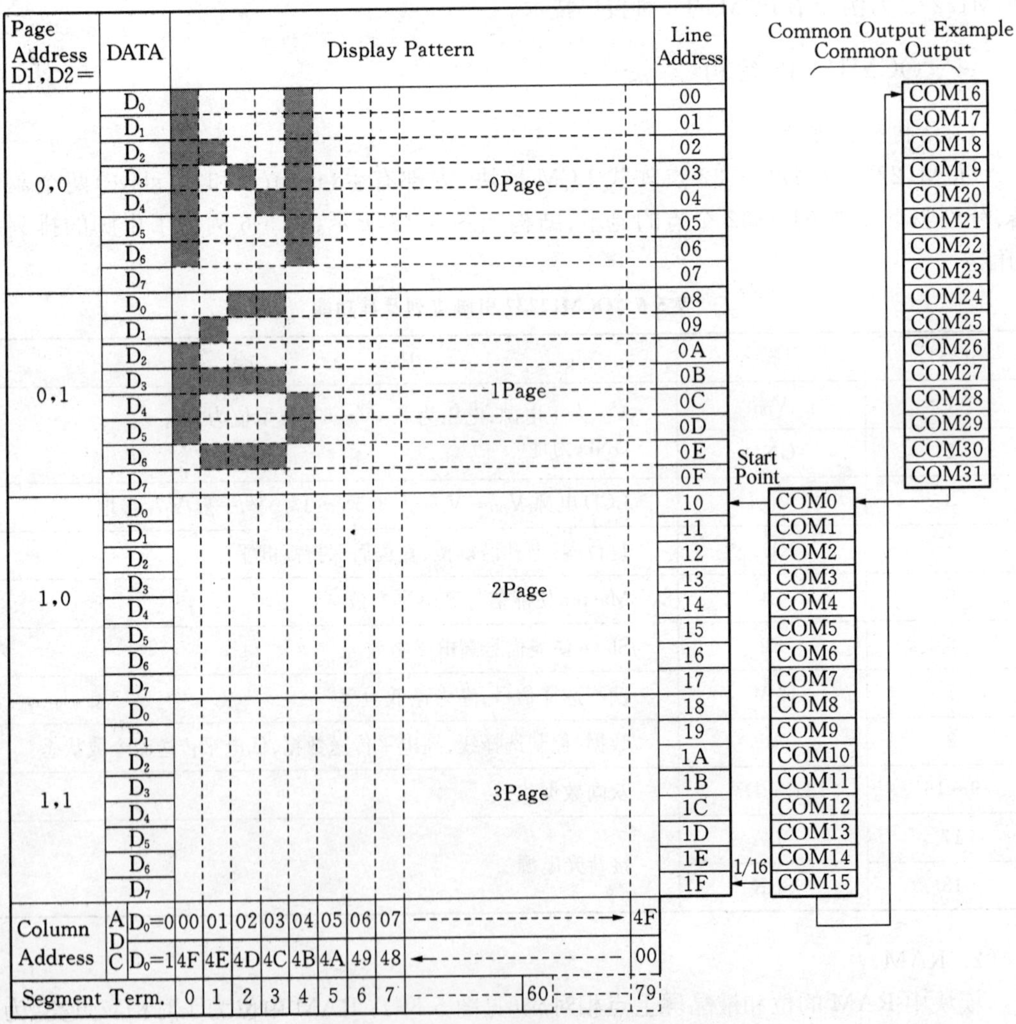

图 5-36 RAM 位和液晶上点的对应关系

3. 寄存器和控制命令

单片机通过控制命令对模块中寄存器操作来控制液晶的显示。下面简要介绍控制命令的格式和功能。

- 设置显示开/关命令。

D7	D6	D5	D4	D3	D2	D1	D0
1	0	1	0	1	1	1	ON/OFF

; D0 = 1 开显示，D0 = 0 关显示。

- 设置起始行命令。

D7	D6	D5	D4	D3	D2	D1	D0
1	1	0	A4	A3	A2	A1	A0

; 可设的起始行 A4~A0 = 0~31, 所设的
; 起始行显示在屏幕第 1 行。

- 设置页地址命令。

D7	D6	D5	D4	D3	D2	D1	D0
1	0	1	1	1	0	A1	A0

; 对 RAM 操作时首先要设页地址和列
; 地址可设的页地址 A1A0 = 0~3。

- 设置列地址命令。

D7	D6	D5	D4	D3	D2	D1	D0
0	A6	A5	A4	A3	A2	A1	A0

; 可设的列地址为 0~79

- 设置显示方向命令。

D7	D6	D5	D4	D3	D2	D1	D0
1	0	1	0	0	0	0	D

; D = 0 正向显示，D = 1 反向显示

- 开/关静态驱动模式命令。

D7	D6	D5	D4	D3	D2	D1	D0
1	0	1	0	0	1	0	ON/OFF

; D0 = 1 开静态驱动模式, D0 = 0 常态
; 即关静态。

- 选择占空比命令。

D7	D6	D5	D4	D3	D2	D1	D0
1	0	1	0	1	0	0	0/1

; D0 = 1 占空比为 1/32, D0 = 0 为 1/16。

- 设置读—修改—写模式命令。

D7	D6	D5	D4	D3	D2	D1	D0
1	1	1	0	0	0	0	0

; 执行该命令后，每次写数据后列地址自
; 动加 1，但读操作列地址不加 1。

- 关闭读—修改—写模式命令。

;执行该命令后,关闭读—修改—写模式,进入常态写或读数据后列地址自动加1。

D7	D6	D5	D4	D3	D2	D1	D0
1	1	1	0	1	1	1	0

● 复位命令。

D7	D6	D5	D4	D3	D2	D1	D0
1	1	1	0	0	0	1	0

;使模块初始化,使显示起始行为1,页
;为3。

● 设置安全模式。

关闭显示,设置开静态模式,即进入安全模式,以减小功耗,反之关静态开显示退出安全模式。

4. 读模块状态

当 A0 = 0 对模块读,便读出模块当前状态,状态字格式如下:

D7	D6	D5	D4	D3	D2	D1	D0
BUSY	ADC	ON/OFF	RESET	0	0	0	0

● BUSY = 1:内部正在执行操作忙,BUSY = 0 空闲。
● ADC:显示方向 0 正向,1 反向。
● ON/OFF:显示开关状态,1 开,0 关。
● RESET:1 处于复位状态,0 处于正常态。

5. 读写数据

当 A0 = 1 对模块读写是读写数据。

二、读写时序和接口方法

液晶模块的读写时序随型号而不同。图 5-37 是 OCM12232 的一种读写时序。由图可见,51 系列单片机须通过并行口和模块通信。图 5-38 给出了一种接口电路,其中 8255 和

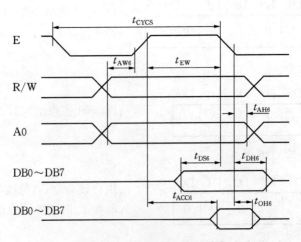

图 5-37　OCM12232 读写时序

89C52 的连接和例 5.10 相同，口地址为 7CH～7FH。PA 口作为数据口，PC4～PC7 作为控制信号线，利用 PC 口的置复位功能，模拟 OCM 的时序。

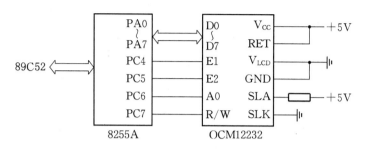

图 5-38 OCM12232 的一种接口电路

三、程序设计

对模块的操作程序有以下几类：●写控制命令●写数据●读状态●读数据。下面我们举例说明 OCM12232 的程序设计方法。

例 5.13 写命令中使用的子程序。

- PAOUT： MOV   R0, #7FH   ;置 PA 口为输出口的子程序
          MOV   A, #82H
          MOVX   @R0, A
          RET

- ARW_CL： MOV   R0, #7FH   ;清零 A0, R/W 子程序
          MOV   A, #0CH   ;00001100→控制口, 0→PC6(A0)
          MOVX   @R0, A
          MOV   A, #0EH   ;00001110→控制口 0→PC7(R/W)
          MOVX   @R0, A
          RET

- PULSE_E1： MOV   R0, #7FH   ;向 E1 输出一个正脉冲子程序
          MOV   A, #9   ;00001001→控制口, 1→PC4(E1)
          MOVX   @R0, A
          MOV   A, #8   ;00001000→控制口, 0→PC4(E1)
          MOVX   @R0, A
          RET

- PULSE_E2： MOV   R0, #7FH   ;向 E2 输出一个正脉冲子程序
          MOV   A, #0BH   ;00001011→控制口, 1→PC5(E2)
          MOVX   @R0, A
          MOV   A, #0AH   ;00001010→控制口, 0→PC5(E2)
          MOVX   @R0, A
          RET

- ARW_ST: MOV   R0, #7FH   ;置"1"A0、R/W 子程序
          MOV   A, #0DH   ;00001101→控制口 1→PC6(A0)
          MOVX @R0, A
          MOV   A, #0FH   ;00001111→控制口 1→PC7(R/W)
          MOVX @R0, A
          RET

- (R7)命令写入 Master 子程序
  WCMD_M: LCALL PAOUT   ;置 PA、PC 为方式 0 输出
          LCALL ARW_CL   ;清"0"A0、R/W
          MOV   R0, #7CH
          MOV   A, R7   ;命令字→PA 口
          MOVX @R0, A
          LCALL PULSE_E1   ;向 E1 发一个正脉冲
          LCALL ARW_ST   ;置"1"A0、R/W
          RET

- (R7)命令写入 Slave 子程序
  WCMD_S: LCALL PAOUT   ;置 PA、PC 为输出方式
          LCALL ARW_CL   ;清零 A0、R/W
          MOV   R0, #7CH   ;命令字→PA 口
          MOV   A, R7
          MOVX @R0, A
          LCALL PULSE_E2   ;向 E2 发一个正脉冲
          LCALL ARW_ST   ;置"1"A0、R/W

例 5.14 OCM12232 初始化程序。

INIOCM: MOV   R7, #0E2H   ;复位 Master 和 Slave
        LCALL WCMD_M
        LCALL WCMD_S
        MOV   R7, #0AEH   ;关显示器
        LCALL WCMD_M
        LCALL WCMD_S
        MOV   R7, #0A4H   ;关静态模式
        LCALL WCMD_M
        LCALL WCMD_S
        MOV   R7, #0C0H   ;设置显示起始行
        LCALL WCMD_M
        LCALL WCMD_S
        MOV   R7, #0A9H   ;设置占空比
        LCALL WCMD_M

第 5 章 单片机接口技术

```
            LCALL   WCMD_S
            MOV     R7,#0A0H        ;设置正向显示
            LCALL   WCMD_M
            LCALL   WCMD_S
            MOV     R7,#0EEH        ;关读—修改—写模式
            LCALL   WCMD_M
            LCALL   WCMD_S
            MOV     R7,#0           ;设列地址为 0
            LCALL   WCMD_M
            LCALL   WCMD_S
            MOV     R7,#0B8H        ;设页地址 0
            LCALL   WCMD_M
            LCALL   WCMD_S
            MOV     R7,#0AFH        ;开显示器
            LCALL   WCMD_M
            LCALL   WCMD_S
            RET
```

例 5.15 (R7)数据写入 OCM12232 子程序。

```
● ASTRWCL: MOV    R0,#7FH         ;1→A0,0→R/W 子程序
           MOV    A,#0DH
           MOVX   @R0,A
           MOV    A,#0EH
           MOVX   @R0,A
           RET
```

● 数据写入 Master 子程序

```
WDATA_M: LCALL  PAOUT           ;置 PA、PC 口为方式 0 输出
         LCALL  ASTRWCL         ;1→A0,0→R/W
         MOV    R0,#7CH         ;(R7)→PA 口
         MOV    A,R7
         MOVX   @R0,A
         LCALL  PULSE_E1        ;向 E1 发正脉冲
         LCALL  ARW_ST          ;1→A0,1→R/W
         RET
```

● 数据写入 Slave 子程序

```
WDATA_S: LCALL  PAOUT           ;置 PA、PC 口为输出方式
         LCALL  ASTRWCL         ;1→A0,0→R/W
         MOV    R0,#7CH         ;(R7)→PA 口
         MOV    A,R7
```

```
          MOVX      @R0, A
          LCALL     PULSE_E2;          向 E2 发正脉冲
          LCALL     ARW_ST             ;1→R/W
          RET
```

例 5.16 写字符数据子程序设计方法。

一个字符由 16×16 或 16×8 点阵组成,一个字符数据为 32 或 16 个字节,对应于模块中两个页。又由于 OCM 的主、从驱动器各控制 61 列的显示,因此一个字符的点阵显示位置有图 5-39 所示的 3 种情况,应分别处理。应用中需显示的所有图形点阵数据(字库)固化于 ROM 中,可以用 DPTR 查表取得某一字符的显示数据。写字符数据子程序的入口参数有位置参数页地址 i,列地址 j,字

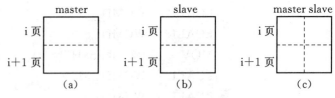

图 5-39 一个字符显示位置

符数据长度 n(n = 16 或 32),字符数据的 ROM 起始地址指针 DPTR。图 5-40 为写一个字符显示数据子程序流程图。

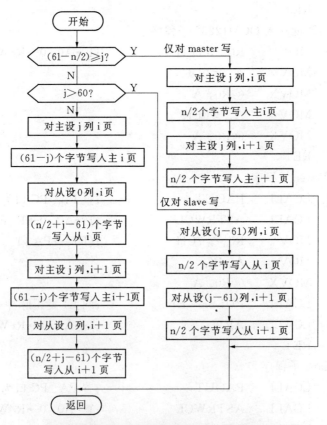

* 现成汉字库点阵数据由软件编辑为以列排列后使用

图 5-40 写一个字符显示数据程序框图

§5.6 74系列器件的接口技术和应用

74系列芯片也是51系列单片机应用中常用的扩展器件。这一节以典型的74HC245和74HC377为例介绍它们的接口技术。

5.6.1 用74HC245扩展并行输入口

74HC245是一种三态门电路,逻辑符号如图5-41(a)所示。DIR为数据传送方向选择端,DIR=1,A1～A8→B1→B8,DIR=0,B1～B8→A1～A8。$\overline{G}$为使能端,$\overline{G}=1$禁止传送,$\overline{G}=0$允许传送。图5-42是89C52紧凑系统中扩展一片74HC245的一种接口电路。采用线选法,口地址为7FH。对7FH读即读出输入设备(如开关)的数据:

```
R245:   MOV    R0,#7FH        ;输入设备数据→A
        MOVX   A,@R0
        RET
```

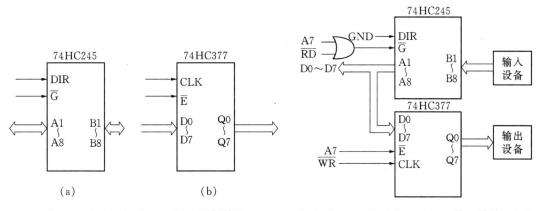

图 5-41　74HC245和74HC377逻辑符号　　图 5-42　74HC245和74HC377的一种接口电路

5.6.2 用74HC377扩展并行输出口

74HC377是一种8D锁存器,逻辑符号如图5-41(b)所示。$\overline{E}$为使能端,CLK为时钟端。当$\overline{E}$为低电平,CLK端上升沿将D0～D7上数据打入锁存器Q0～Q7。图5-42是89C52紧凑系统中扩展一片74HC377的一种接口电路。$\overline{E}$端接A7,CLK接$\overline{WR}$。口地址也是7FH,对7FH写即将数据输出到输出设备(如指示灯):

```
W377:   MOV    R0,#7FH              ;data→输出设备
        MOV    A,#data
        MOVX   @R0,A
        RET
```

*5.6.3　74HC377 的应用——点阵式发光显示屏的接口和编程

一、显示屏结构和接口方法

图 5-43 为 $8\times16\times16$ 点阵式发光显示屏的一种结构，用 16×16 个 74LS164 直接驱动高亮度发光管（图中用·表示）（接阳极），阴极接地。图 5-44 为显示屏的一种接口电路，377-2 输出 8 路脉冲，每一路接两行 164 的时钟端 $cki、i+1(i=0\sim14)$。377-1 和 377-0 输出点阵数据。

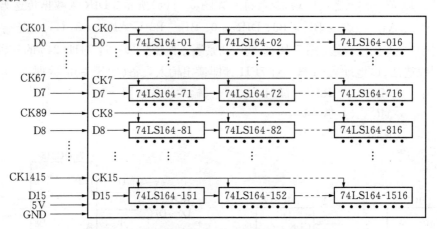

图 5-43　可显示一行 8 个中文字的显示屏结构

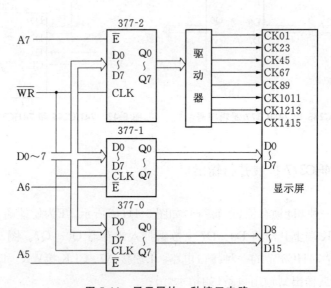

图 5-44　显示屏的一种接口电路

二、程序设计

例 5.17　对屏幕操作中用到的子程序。

●INI377_2：　　MOV　　R0,＃7FH　　　　　　;377-2 初态输出全"0"的子程序

	MOV	A, #0	
	MOVX	@R0, A	
	RET		
PULSE:	MOV	R0, #7FH	;377-2输出8路正脉冲的子程序
	MOV	A, #0FFH	
	MOVX	@R0, A	
	CLR	A	
	MOVX	@R0, A	
	RET		
CLR_D:	MOV	R7, #80H	;移位次数→R7,清显示屏子程序
	CLR	A	
	MOV	R0, #0BFH	;0→377-1
	MOVX	@R0, A	
	MOV	R0, #0DFH	;0→377-0
	MOVX	@R0, A	
CLR_DL:	LCALL	PULSE	
	DJNZ	R7, CLR_DL	
	RET		

例 5.18 输出一个字符子程序。

输出一个字符数据方法和显示屏安装方向有关,若正装右向显示,数据从高字节开始输出,若反装左向输出,数据从低字节开始输出。我们采用反装左向显示方式,入口时(R2)= n/2(n = 16 或 32),(DPTR)指向存放字符数据的 FLASH 起始地址,则前 n/2 个字节依次写入 377-1,后 n/2 个字节依次写入 377-0,程序如下(现成汉字库点阵数据编辑为以列组织后使用):

	MOV	A, R2	;移位次数→R7
	MOV	R7, A	
WCHA:			
WCHAL:	CLR	A	;查表取前 n/2 个字节数据→377-1
	MOVC	A, @A+DPTR	
	MOV	R0, #0BFH	
	MOVX	@R0, A	
	MOV	A, R2	;查表取后 n/2 个字节数据→377-0
	MOVC	A, @A+DPTR	
	MOV	R0, #0DFH	
	MOVX	@R0, A	
	LCALL	PULSE	;发正脉冲移位
	INC	DPTR	
	DJNZ	R7, WCHAL	
	RET		

§5.7 A/D 器件接口技术

5.7.1 8 路 8 位 A/D ADC0809 的接口和编程

一、ADC0809 结构

ADC0809(简称 0809)是 8 路 8 位逐次逼近式 A/D 转换器,适用于精度要求不高(分辨率 1/256)的多路 A/D 转换,具有三态数据总线,可以直接和 MCU 接口。0809 由 8 路模拟开关、通路地址锁存器、8 位 A/D 转换器和三态锁存器缓冲器等组成。图 5-45 为 0809 的结构框图和管脚图。

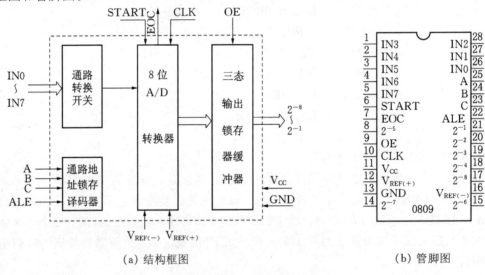

(a) 结构框图　　　　　　　　　　　　(b) 管脚图

图 5-45　ADC0809 结构和引脚

二、引脚功能

- IN0~IN7:8 路模拟信号输入端;
- A、B、C:通路地址输入线,CBA=0~7,分别选择 IN0~IN7 对应一路;
- ALE:通路地址锁存信号输入端,ALE 的上升沿锁存通路地址;
- START:启动信号输入线,START 上升沿清内部寄存器,下降沿启动 A/D;
- CLK:时钟输入线(10~1200kHz),典型值为 640kHz,500kHz 转换时间为 128μs;
- EOC:状态输出线,A/D 转换结束,EOC 上升为高电平;
- OE:数据允许输出线,高电平有效;
- 2^{-8}~2^{-1}:三态数据输出线,OE 为高电平时 A/D 结果输出到 2^{-8}~2^{-1},OE 为低电平时 2^{-8}~2^{-1} 呈高阻(浮空)。

三、0809 操作过程和接口方法

0809 完成一次 A/D 转换的操作过程如下:

第 5 章 单片机接口技术

IN0～7、ABC 输入稳定──→ALE 上升锁存通路地址──→START 上升清零内部寄存器──→START 下降启动 A/D──→EOC 下降──→A/D 结束 EOC 上升──→OE 上的正脉冲读 A/D 结果。

根据以上操作过程(时序)，图 5-46 给出了一种 89C52 紧凑系统中 0809 的一种接口电路。设 fosc = 6MHz，ALE 经 2 分频后约 500kHz，作为 0809 的时钟信号。通路地址分别为 78H ～ 7FH。EOC 的连接根据程序设计方法确定。

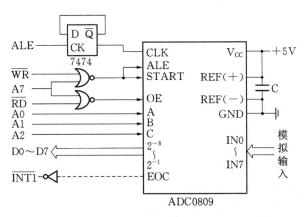

图 5-46 ADC0809 的一种接口电路

四、程序设计

例 5.19 ADC0809 操作子程序。

- STRT09： MOV   R0, #(78H + i)   ;启动 i 路 A/D 转换, i = 0 ～ 7
  　　　　 MOVX @R0, A   ;可以在 T0 中断中调用, 以定时启动 A/D
  　　　　 RET   ;也可以在主程序中调用, 由程序控制
- R-09：   MOV   R0, #7FH   ;读 A/D 结果→A
  　　　　 MOVX A, @R0   ;可以在启动 A/D 后延时一段时间调用
  　　　　 RET   ;也可以在外部中断中调用(INT1)

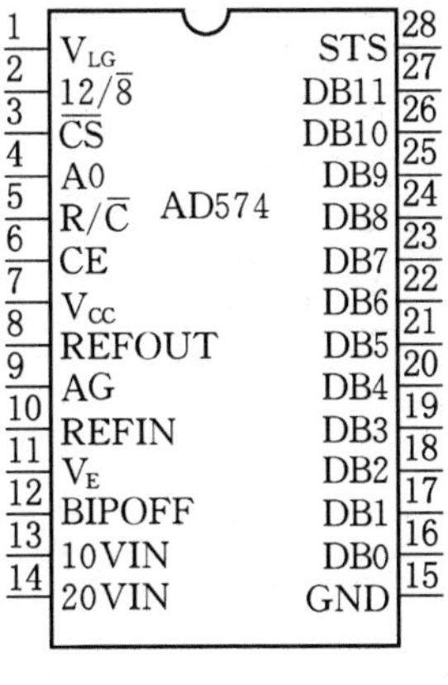

5.7.2 12 位 A/D AD574 的接口和编程

一、AD574 的结构特点

AD574 是具有三态输出总线的高速(10 ～ 35μs)高精度(0.05%)A/D 转换器，可以直接和 MCU 接口。AD574 内部含有 12 位逐次逼近式 A/D 转换器、时钟电路、基准电源电路、三态数据锁存器缓冲器等，外部几乎不需接什么就可以工作。AD574 可工作于单极性或双极性输入方式，12 位数字量结果可以一次并行输出，也可以分两个字节输出。图 5-47 给出了 AD574 的管脚图。

图 5-47 AD574 管脚图

二、引脚功能

- $\overline{\text{CS}}$:选片端;
- $\text{R}/\overline{\text{C}}$:读或启动转换的选择输入端;
- A0:字节选择输入端;
- $12/\overline{8}$:A/D 结果输出方式选择输入端;
- CE:启动 A/D 转换或启动读信号输入端;

以上控制信号的有效组合如表 5-7 所示。

- DB0~DB11:三态数字量输出线;
- STS:状态线,启动 A/D 后上升为高电平,转换结束后降为低电平;
- 10VIN:量程为 10V 的模拟量输入端,单极性 0~10V,双极性±5V;
- 20VIN:量程为 20V 的模拟量输入端,单极性 0~20V,双极性±10V;
- REFOUT:10V 基准电压输出端;
- REFIN:基准电压输入端;
- BIPOFF:双极性偏置及零点调整;

图 5-48 给出了这 3 个引脚的使用和输入极性选择方法。

- V_{LG}: 逻辑电路电源正端接+5V;● GND 逻辑地;
- V_{CC}: 模拟电路电源正端接+15V;● V_E 模拟电路负端接-15V;
- AG: 模拟电路地。

表 5-7 AD574 操作控制

CE	$\overline{\text{CS}}$	$\text{R}/\overline{\text{C}}$	$12/\overline{8}$	A0	功　能　说　明
1	0	0	×	0	启动结果为 12 位的 A/D 转换
1	0	0	×	1	启动结果为 8 位的 A/D 转换
1	0	1	V_{LG}	×	12 位数字量一次并行输出
1	0	1	GND	0	输出 DB11~DB4
1	0	1	GND	1	输出 DB3~DB0,低 4 位为 0

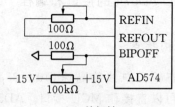

(a) 单极性　　　　　　　　　　　(b) 双极性

图 5-48 AD574 单极性和双极性方式连线图

三、AD574 的操作次序和接口方法

AD574 完成一次 A/D 转换的操作次序如下:

$\overline{CS}=0$、$R/\overline{C}=0$、$A0=0$ 或 1、$STS=0$ ⎯⎯→ CE 上升(↑)启动 A/D 转换⎯⎯→ STS 上升(↑)⎯⎯→A/D 转换结束 STS 下降(↓)⎯⎯→$\overline{CS}=0$、$R/\overline{C}=1$、$A0=0$ ⎯⎯→CE 上升(↑)读出 DB4~DB11 ⎯⎯→$\overline{CS}=0$、$R/\overline{C}=1$、$A0=1$ ⎯⎯→CE 上升(↑)读出 DB0~3。

根据这个操作次序,图 5-49 给出了在 89C52 紧凑系统中 AD574 的一种接口电路。图中采用双极性输入方式,若模拟信号变化在 ±5V 内接 V_{10VIN},V_{20VIN} 浮空,若超过 ±5V,接 V_{20VIN},V_{10VIN} 浮空。STS 浮空或接 $\overline{INT1}$,由程序设计的方法确定。

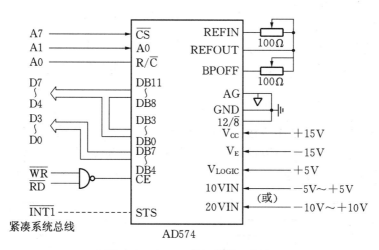

图 5-49　AD574 的一种接口电路

四、程序设计

例 5.20　AD574 的操作子程序。

- 启动结果为 12 位的 A/D 转换子程序。

```
MOV    R0,#7CH        ;A0=0, R/C=0, CS=0
MOVX   @R0,A          ;CE( ↑ )启动 A/D 转换
RET
```

- 读 DB4~DB11 子程序。

```
MOV    R0,#7DH        ;A0=0, R/C=1, CS=0
MOVX   A,@R0          ;CE( ↑ )读出 DB4~DB7→A
RET
```

- 读 DB0~DB3 子程序。

```
MOV    R0,#7FH        ;CS=0, R/C=1, A0=1
MOVX   A,@R0          ;CE( ↑ )读出 DB0~DB3→ACC.4~ACC.7
RET
```

由主程序或中断程序调用 5.20 中子程序,对 AD574 操作。

*§5.8 模拟串行扩展技术

I²CBUS 和 SPI 是最常见的串行扩展接口，对于无这种接口的 89C52 等单片机，可以用软件模拟串行通信时序，用于扩展 EEPROM、RAM、LCD 驱动器、A/D 等串行接口的外围器件，特别适用于 51 系列的最小系统。

5.8.1 I²C 时序模拟

I²CBUS 是多主机串行总线，时序较复杂。对于只用于扩展 I²C 外围器件的单主机系统，没有总线的竞争和同步，主机只对从器件读/写操作，则时序简单得多。

一、单主机 I²C 时序

由图 4-70(I²C 总线上数据传送过程)可见，传送中含有启始位、数据位、应答位和停止位。这些位的传送时序如图 5-50 所示。最大速率为 100kbit/s，时钟线 SCL 低电平时间大于 $4.7\mu s$，高电平时间大于 $4\mu s$。

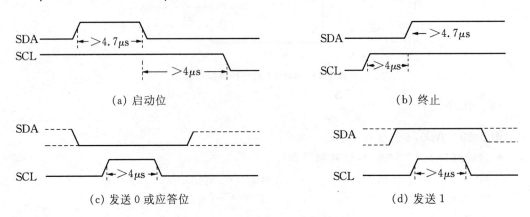

图 5-50 I²C 典型的位传送时序

二、程序设计

不采用并行扩展的 89C52 最小系统中，P0～P3 的口线可任选 2 位作为数据线 SDA、时钟线 SCL(P0 口应外接 10k 拉高电阻)。例如：

```
SDA     BIT     96H         ;P1.6 定义为数据线 SDA
SCL     BIT     97H         ;P1.7 定义为时钟线 SCL
```

例 5.21 启动位发送子程序。

当 SCL 为高电平时，SDA 出现下降，定义为开始信号，总线转为忙。

```
STRT:   SETB    SCL         ;1→SCL、SDA
        SETB    SDA
        LCALL   DEL5        ;延时 5μs
```

第 5 章 单片机接口技术

```
            CLR     SDA             ;SCL=1,SDA 下降,发起始位
            LCALL   DEL5
            CLR     SCL
            RET
```

例 5.22 停止位发送子程序。

当 SCL 为高电平时,SDA 上升,定义停止信号,总线转为空闲。

```
STOP:       CLR     SDA
            NOP
            SETB    SCL
            LCALL   DEL5
            SETB    SDA             ;SCL=1,SDA 上升,发停止位
            RET
```

例 5.23 发送一个字节子程序。

起始位发送后,SCL 为低,总线忙,在传送数据位和应答位时,SCL 为低电平时,SDA 才能变化。数据从高位开始发送,发送完接收应答位。

```
T_BYTE:     MOV     R7,#8           ;(A)中的数据串行发送子程序
T_BL:       RLC     A
            MOV     SDA,C
            NOP                     ;延时,根据器件说明调整
            SETB    SCL
            LCALL   DEL5
            CLR     SCL
            DJNZ    R7,T_BL
            SETB    SDA             ;置"1"SDA,准备接收应答位
            NOP                     ;延时,根据器件调整
            SETB    SCL
            LCALL   DEL5            ;延时,根据器件调整
            MOV     C,SDA           ;收到应答,CY=0
                                    ;未收到应答,1-CY 表示出错
            CLR SCL
            RET
```

例 5.24 接收一个字节子程序。

从高位开始接收,移入 A,收到 8 位后发送应答位"0"。

```
R_BYTE:     MOV     R7,#8
            SET     SDA             ;SDA 为输入方式,准备接收数据
R_BL:       SETB    SCL
            NOP                     ;延时,根据器件说明调整
            NOP
            MOV     C,SDA
```

```
RLC     A
NOP
CLR     SCL
NOP
DJNZ    R7, R-BL
CLR     SDA              ;发送应答位
NOP
SETB    SCL
LCALL   DEL5
CLR     SCL
SETB    SDA
RET
```

三、I²C 通信

图 5-51 为 89C52 和 I²C 外围器件的一种接口方法。I²C 器件虽都采用 I²C 标准时序，但器件功能、结构是不同的。用 I²C 时序模拟方法，实现 89C52 和从器件通信时，应根据器件说明，89C52 的时钟频率，修改例 5.21~5.24 中延时参数，按规定和硬件的设计，对从器件寻址、控制以及数据传送。若通信出错可以停止后再启动。

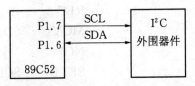

图 5-51 89C52 和 I²C 器件接口电路

5.8.2 SPI 时序模拟

一、SPI 时序

SPI 采用全双工三线同步传送方式，波特率可达 6MHz。数据线 MOSI、MISO 和时钟线 SCK 的时序有图 5-52 所示的 4 种，应用中根据 SPI 器件说明确定一种时序。

由图 5-52 可见，模拟 SPI 输出时序时，先将 MOSI 置为 1 或 0 以后，SCK 发一个正脉冲或负脉冲即可。SPI 输入时，参考 SPI 接口器件芯片手册，确定 SCK 脉冲极性，由移位相位确定采样时间。

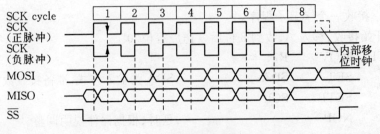

(a) 时钟后沿移位

图 5-52

第5章 单片机接口技术

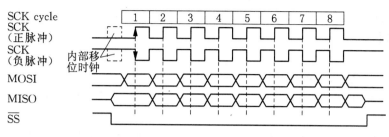

(b) 时钟前沿移位

图 5-52　SPI 数据传送时序

二、程序设计

我们以正脉冲上升沿移位方式说明 SPI 输出时序模拟方法。若 P1.5、P1.6、P1.7 分别定义为 SCK、MOSI、MISO：

```
SCK     BIT   95H        ;P1.5 定义为时钟线 SCK；
MOSI    BIT   96H        ;P1.6 定义为主发送线 MOSI；
MISO    BIT   97H        ;P1.7 定义为主接收线 MISO；
```

例 5.25　SPI 时序发送一字节子程序。

```
TS_BYTE:   CLR    SCK
           MOV    R7,#8
TS_BL:     RLC    A              ;从高位开始发送
           MOV    MOSI,C
           SETB   SCK
           NOP
           CLR    SCK
           DJNZ   R7,TS_BL
           RET
```

例 5.26　接收一个字节存于 A 子程序。

```
RS_BYTE:   CLR    SCK
           MOV    R7,#8
RS_BL:     SETB   SCK
           MOV    C,MISO         ;MISO→CY
RS_B0:     RLC    A              ;CY 移入 A
           CLR    SCK
           DJNZ   R7,RS_BL
           RET
```

三、SPI 通信

图 5-53 为 89C52 和 SPI 外围器件的一种接口电路，根据外围器件的功能对从器件单元的寻址、控制和数据传送。

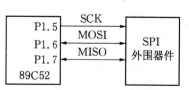

图 5-53　89C52 和 SPI 器件接口电路

习 题

1. 什么是大系统、紧凑系统和小系统？
2. 在一个紧凑系统中若需扩展5个I/O芯片，I/O芯片中最大的端口地址线为A0～A2，请画出这个系统的地址译码电路。
3. 在一个紧凑系统中若需扩展5个输出芯片、5个输入芯片，每个输入/输出芯片只有一个端口，请画出该系统地址译码电路，并指出它们的地址。
4. 在紧凑系统中，若用DPTR作地址指针访问外部I/O口，会产生什么影响？
5. 若在一个紧凑系统中扩展2片8155，试画出其接口电路，使其尽可能少占用P2口的口线，并指出其地址范围。
6. 在例5.6的动态显示器的扫描子程序中，CPU的大部时间花在什么地方？而例5.7的定时扫描显示器程序是如何提高CPU效率的？请画出例5.7的程序框图。
7. 根据图4-10，编写一个用逐行扫描方法读出闭合键键号的子程序。
*8. 例5.9中，定时扫描显示器和键盘的程序中，主程序和T0中断程序之间进行哪些信息交换？
9. 试比较8155和8255A的功能，指出各自的优点。
10. 8255A的方式0和方式1之间主要差别是什么？在实际应用中如何选择工作方式？
*11. 根据图5-40，编写出对OCM12232写一个字符点阵数据的子程序。
12. 试画出用2片74HC377实现的8位七段发光显示器动态显示的接口电路，并编写出显示1位的子程序。
13. 试画出用1片377和P1.6、P1.7的2×8键盘接口电路，并编写相应的键输入子程序。
*14. 请画出用1片8255A和图5-43点阵式发光显示屏的接口电路，并编写输出一个字符点阵数据的子程序。
15. 在一个89C52的紧凑系统中扩展6片74HC245和4片74HC377，请画出系统接口电路框图。
16. 在89C52的一个大系统中扩展1片27512、1片27256、6片74HC377。试画出该系统的总体结构框图。
*17. 若在一个系统中，需6位7段显示器，一个3×8键盘，16个指示灯，以及可位寻址的16路开关量输出。试画出该系统最佳的总体框图。

第6章 汇编语言常用程序设计

这一节我们讨论汇编语言常用程序的设计方法,使读者进一步掌握汇编语言的程序设计技术。除个别简单的例子外,我们都给出所采用的算法和程序框图。

§6.1 定点数运算程序

在1.2节中,我们已介绍了单片机中数的表示方法。定点数就是小数点固定的数,它包括整数、小数和混合小数等。另外整数可分为无符号数和带符号数,对于有符号数有原码、补码和反码等几种表示方法。

一、双字节数取补子程序

一个正数的补码与原码相同,不需转换。对于负数,求补码表示的负数的原码或求原码表示的负数的补码,都可以采用求它的补码的方法。对于二进制数,求补可以采用先按位取反,然后把结果加1(数值部分)。

例6.1 将(R4R5)中的双字节数取补结果送R4R5。

```
CMPT:   MOV     A, R5
        CPL     A
        ADD     A, #1
        MOV     R5, A
        MOV     A, R4
        CPL     A
        ADDC    A, #0
        MOV     R4, A
        RET
```

二、双字节无符号数加减程序

补码表示的数可以直接相加,所以双字节无符号数加减程序也适用于补码的加减法。利用51系列的加法和减法指令,可以直接写出加减法的程序。

例6.2 将(R2R3)和(R6R7)两个双字节无符号数相加,结果送R4R5。

```
NADD:   MOV     A, R3
        ADD     A, R7
        MOV     R5, A
        MOV     A, R2
        ADDC    A, R6
```

```
        MOV     R4, A
        RET
```

例 6.3 将(R2R3)和(R6R7)两个双字节数相减,结果送 R4R5。

```
NSUB1:  MOV     A, R3
        CLR     C
        SUBB    A, R7
        MOV     R5, A
        MOV     A, R2
        SUBB    A, R6
        MOV     R4, A
        RET
```

三、原码加减运算程序

对于原码表示的数,不能直接执行加减运算,必须先按操作数的符号决定运算方法,然后再对数值部分执行操作。对加法运算,首先应判断两个数的符号位是否相同,若相同,则执行加法(注意:这时运算只对数值部分进行,不包括符号位),加法结果有溢出,则最终结果溢出;无溢出时,结果的符号位与被加数相同。如果两个数的符号位不相同,则执行减法。够减时,则结果符号位等于被加数的符号位;如果不够减,则应对差取补,而结果的符号位等于加数的符号位。对于减法运算,只需先把减数的符号位取反,然后执行加法运算。设被加数(或被减数)为 A,它的符号位为 A_0,数值为 A^*,加数(或减数)为 B,它的符号位为 B_0,数值为 B^*。A、B 均为原码表示的数,则按上述的算法可得出图 6-1 的原码加减运算框图。

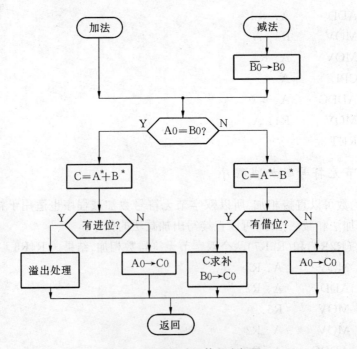

图 6-1 原码加减运算程序框图

例 6.4 (R2R3)和(R6R7)为两个原码表示的数,最高位为符号位,求(R2R3)±(R6R7)结果送 R4R5,按图 6-1 的程序框图,我们可以编写出下面的程序,其中 DADD 为原码加法子程序入口,DSUB 为原码减法子程序入口。出口时 CY＝1 发生溢出,CY＝0 为正常。

```
DSUB:   MOV     A, R6
        CPL     ACC.7           ;取反减数符号位
        MOV     R6, A
DADD:   MOV     A, R2
        MOV     C, ACC.7
        MOV     F0, C           ;保存被加数符号位至 F0
        XRL     A, R6
        MOV     C, ACC.7        ;C=1,两数异号
        MOV     A, R2           ;C=0,两数同号
        CLR     ACC.7           ;清"0"被加数符号
        MOV     R2, A
        MOV     A, R6
        CLR     ACC.7           ;清"0"加数符号
        MOV     R6, A
        JC      DAB2            ;CY=1,相减转 DAB2
        ACALL   NADD            ;同号,调用加法子程序执行加法
        MOV     A, R4           ;(R4)·7=1 溢出转 BABE
        JB      ACC.7, DABE
DAB1:   MOV     C, F0           ;被加符符号位写入结果符号位
        MOV     ACC.7, C
        MOV     R4, A
        CLR     C
        RET
DABE:   SETB    C               ;溢出
        RET
DAB2:   ACALL   NSUB1           ;异号,调用减法子程序执行减法
        MOV     A, R4
        JNB     ACC.7, DAB1     ;无借位,被加数符号位作为结果符号
        ACALL   CMPT            ;不够减,取补
        CPL     F0              ;符号位取反
        SJMP    DAB1
```

四、无符号二进制数乘法程序

模拟手算乘法的方法,可以用重复的加法来实现乘法。当被乘数和乘数有相同的字长

时，它们的积为双字长。乘法的运算过程如下：

(1) 清"0"部分积；

(2) 从最低位开始检查各个乘数位；

(3) 如乘数位为1，加被乘数至部分积，否则不加；

(4) 左移1位被乘数；

(5) 步骤(2)～(4)重复n次(n为字长)。

实际用程序实现这一算法时，把结果单元与乘数联合组成一个双倍位字，左移被乘数改用右移结果与乘数，这样一方面可以简化加法；另一方面可用右移来完成乘数最低位的检查，得到的乘积为双倍位字。这样修改后便得到如图6-2所示的程序框图。

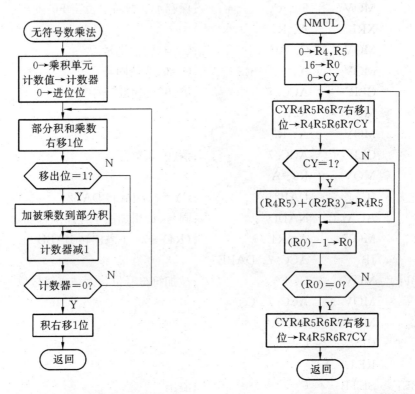

图6-2　无符号二进制数乘法算法框图　　图6-3　无符号双字节乘法程序框图

例6.5　将(R2R3)和(R6R7)两个双字节无符号数相乘，结果送R4R5R6R7。根据图6-2的算法，可以得到如图6-3所示的双字节乘法程序框图。

```
NMUL:   MOV     R4, #0
        MOV     R5, #0
        MOV     R0, #16         ;16位二进制数
        CLR     C
NMLP:   MOV     A, R4           ;CR4R5R6R7 右移1位
        RRC     A
        MOV     R4, A
```

```
            MOV    A, R5
            RRC    A
            MOV    R5, A
            MOV    A, R6
            RRC    A
            MOV    R6, A
            MOV    A, R7
            RRC    A
            MOV    R7, A
            JNC    NMLN            ;CY 为移出的乘数最低位
            MOV    A, R5            ;CY＝1 执行加法(R4R5)＋(R2R3)→R4R5
            ADD    A, R3
            MOV    R5, A
            MOV    A, R4
            ADDC   A, R2
            MOV    R4, A
NMLN：       DJNZ   R0, NMLP        ;循环 16 次
            MOV    A, R4            ;最后 CR4R5R6R7 再右移 1 位
            RRC    A
            MOV    R4, A
            MOV    A, R5
            RRC    A
            MOV    R5, A
            MOV    A, R6
            RRC    A
            MOV    R6, A
            MOV    A, R7
            RRC    A
            MOV    R7, A
            RET
```

使用重复加法的乘法速度比较慢，上面的程序平均执行时间约为 $320\mu s$(fosc ＝ 12MHz)。我们可以利用 51 系列的单字节乘法指令来实现多字节的乘法。

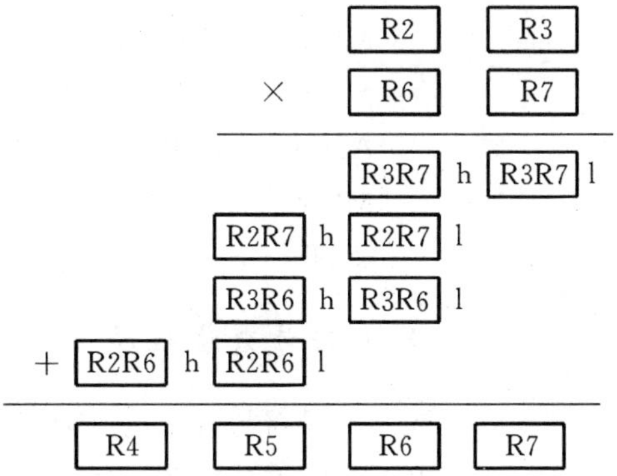

***例 6.6** 无符号双字节快速乘法：

(R2R3) * (R6R7)→R4R5R6R7

因为(R2R3)*(R6R7)＝[(R2)*(R6)]*2^{16}＋[(R2)*(R7)＋(R3)*(R6)]*2^{8}＋(R3)*(R7),故可以得到如图 6-4 所示的算法示意图。

图 6-4　用单字节乘法指令实现双字节乘的算法示意图

```
QMUL:  MOV   A, R3
       MOV   B, R7
       MUL   AB              ;R3 * R7
       XCH   A, R7           ;(R7)=(R3 * R7) L
       MOV   R5, B           ;(R5)=(R3 * R7) H
       MOV   B, R2
       MUL   AB              ;(R2) * (R7)
       ADD   A, R5           ;加(R3 * R7)H
       MOV   R4, A           ;(R4)=(R2) * (R7)L+(R3 * R7)H
       CLR   A
       ADDC  A, B
       MOV   R5, A           ;(R5)=(R2) * (R7) H+进位
       MOV   A, R6
       MOV   B, R3
       MUL   AB              ;(R3) * (R6)
       ADD   A, R4
       XCH   A, R6
       XCH   A, B
       ADDC  A, R5
       MOV   R5, A
       MOV   F0, C           ;暂存CY
       MOV   A, R2
       MUL   AB              ;(R2) * (R6)
       ADD   A, R5
       MOV   R5, A
       CLR   A
       MOV   ACC.0, C
       MOV   C, F0           ;加以前加法的进位
       ADDC  A, B
       MOV   R4, A
       RET
```

五、原码有符号乘法程序

对原码表示的带符号的二进制数乘法,只需要在乘法之前,先按同号为正、异号得负的原则,得出积的符号,然后清"0"符号位;执行无符号乘法,最后送积的符号。设被乘数 A 的符号位为 A_0,数值为 A^*,乘数 B 的符号位为 B_0,数值为 B^*,积 C 的符号位为 C_0,则原码有符号数 A * B 的算法如图 6-5 所示。

例 6.7 将(R2R3)和(R6R7)中两个原码有符号数相乘,结果送 R4R5R6R7,操作数的

符号位在最高位。根据图 6-5 所示的计算方法，可直接编写出程序。

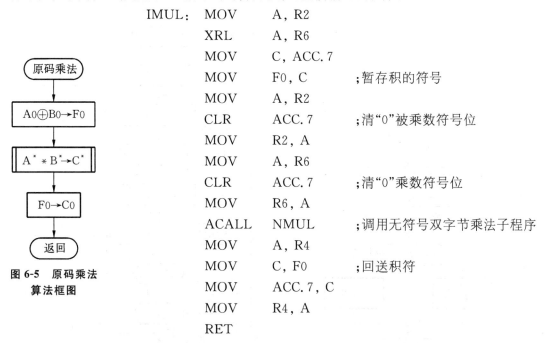

图 6-5　原码乘法算法框图

```
IMUL:   MOV     A, R2
        XRL     A, R6
        MOV     C, ACC.7
        MOV     F0, C           ;暂存积的符号
        MOV     A, R2
        CLR     ACC.7           ;清"0"被乘数符号位
        MOV     R2, A
        MOV     A, R6
        CLR     ACC.7           ;清"0"乘数符号位
        MOV     R6, A
        ACALL   NMUL            ;调用无符号双字节乘法子程序
        MOV     A, R4
        MOV     C, F0           ;回送积符
        MOV     ACC.7, C
        MOV     R4, A
        RET
```

六、无符号二进制数除法程序

除法也可以采用类似于人工手算除法的方法。首先对被除数高位和除数进行比较，如果被除数高位大于除数，则该位商为 1，并从被除数减去除数，形成一个部分余数；如果被除数高位小于除数，商位为 0 不执行减法。接着把部分余数左移 1 位，并与除数再次进行比较。如此循环直至被除数的所有位都处理完为止。一般商如果为 n 位，则需循环 n 次。这种除法先比较被除数和除数的大小，根据比较结果确定上商 1 或 0，并且上商 1 时才执行减法，我们称之为比较除法。比较除法的算法框图如图 6-6 所示。

一般情况下，如果除数和商均为双字节，则被除数为 4 个字节，如果被除数的高两个字节大于或等于除数，则发生溢出，商不能用双字节表示。所以，在除法之前先检验是否会发生溢出，如果溢出则置溢出标志不执行除法。

例 6.8　将（R2R3R4R5）和（R6R7）中两个无符号数相除，结果商送 R4R5，余数送 R2R3。

根据图 6-6 的比较除法算法框图，我们可以得到图 6-7 所示的无符号双字节除法程序框图。图中（R2R3R4R5）为被除数，R4R5 又存放商，F0 作为溢出标志位，上商 1 采用 R5 加 1 的方法，上商 0 则不操作，这是因为此时 R5 的最低位为 0。

```
NDIV1:  MOV     A, R3           ;先比较是否发生溢出
        CLR     C
        SUBB    A, R7
        MOV     A, R2
        SUBB    A, R6
```

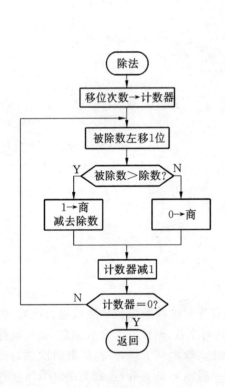

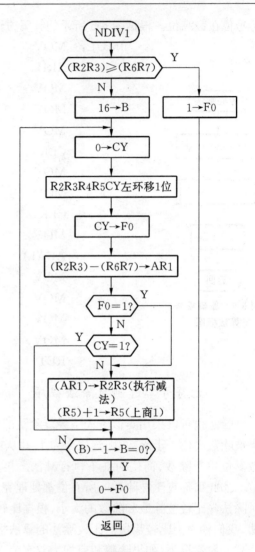

图 6-6　比较除法算法框图　　　　图 6-7　无符号双字节除法程序框图

```
         JNC    NDVE1
         MOV    B,#16       ;无溢出,进行除法
NDVL1:   CLR    C           ;执行左移1位,移入为0
         MOV    A,R5
         RLC    A
         MOV    R5,A
         MOV    A,R4
         RLC    A
         MOV    R4,A
         MOV    A,R3
         RLC    A
```

	MOV	R3, A	
	XCH	A, R2	;用交换指令可以节约一条指令
	RLC	A	
	XCH	A, R2	;(A)=R3 的内容
	MOV	F0, C	;保存移出的最高位
	CLR	C	
	SUBB	A, R7	;比较部分余数与除数
	MOV	R1, A	
	MOV	A, R2	
	SUBB	A, R6	
	JB	F0, NDVM1	
	JC	NDVD1	
NDVM1:	MOV	R2, A,	;执行减法(回送减法结果)
	MOV	A, R1	
	MOV	R3, A	
	INC	R5	;上商 1
NDVD1:	DJNZ	B, NDVL1	;循环 16 次
	CLR	F0	;正常出口
	RET		
NDVE1:	SETB	F0	;溢出
	RET		

七、原码表示的有符号双字节除法程序

原码除法与原码乘法一样,只要在除法之前,先计算商的符号(同号为正,异号为负),然后清"0"符号位,执行不带符号的除法,最后送商的符号。

例 6.9 将(R2R3R4R5)和(R6R7)两个原码表示的有符号数相除,结果送 R4R5,符号位在操作数的最高位。

IDIV:	MOV	A, R2	
	XRL	A, R6	
	MOV	C, ACC.7	
	MOV	0, C	;商的符号位保存到位单元 0
	MOV	A, R2	
	CLR	ACC.7	;清"0"被除数符号位
	MOV	R2, A	
	MOV	A, R6	
	CLR	ACC.7	;清"0"除数符号位
	MOV	R6, A	
	ACALL	NDIV1	;调用无符号双字节除法子程序

```
            JB      F0, IDIVR
            MOV     A, R4
            MOV     C, 0              ;回送商的符号
            MOV     ACC.7,C
            MOV     R4, A
    IDIVR:  RET
```

§6.2 查 表 程 序

查表是一种常用的非数值运算,使用查表方法可以完成数据补偿、计算、转换等各种功能,具有程序简单、执行速度快等优点。

在单片机的应用系统中,一般常用的表为线性表,这种表内的 n 个数据元素 a_1, a_2, …, a_n 具有线性(一维)的位置关系,即在表中 a_1 是第一个数据,a_2 第二个数据,……,a_n 是最后一个数据。在单片机中,常用一组连续的存贮单元依次存贮线性表的各个元素,这种方法称为线性表的顺序分配。若每个元素占 L 个存贮单元,则第 i 个元素的存贮地址为:

$$addr(a_i) = addr(a_1) + (i-1) * L$$

式中 $addr(a_1)$ 称为表首地址。

查表就是根据变量 x,在表格中寻找 y,使 y = f(x),下面介绍几种常用的查表程序。

一、根据序号 i 值查找 a_i

这时 x 为 i,y 为 a_i。查表时,根据数据元素的序号,取出对应的数据元素。先根据表首地址和 i 值计算出 a_i 的存贮地址,然后按地址取出 a_i 即可。

例 6.10 设有一个巡回检测报警装置,需对 16 路输入进行测量控制,每路有一个最大允许值,它为双字节数。控制时根据测量的路数,找出该路的最大允许值,判断输入值是否大于最大允许值,如大于则报警。

我们取路数为 x($0 \leqslant x \leqslant 15$),y 为最大允许值放在程序存贮器的常数表中。在查表之前路数 x 存放于 R2,查表的结果 y 存放于 R3R4 中,则查表程序如下:

```
    LTB1:   MOV     A, R2
            ADD     A, R2             ;R2 * 2→A
            MOV     R3, A             ;保存指针
            ADD     A, #(TAB1-LTB2)   ;加偏移量
            MOVC    A, @A+PC          ;查第一字节
    LTB2:   XCH     A, R3             ;单字节指令
            ADD     A, #(TAB1-LTB3)   ;双字节指令
            MOVC    A, @A+PC          ;查第二字节,单字节指令
    LTB3:   MOV     R4, A             ;单字节指令
            RET                       ;单字节指令
```

TAB1:	DW	1520, 3721, 42645, 7850	;最大值表
	DW	3483, 32657, 883, 9943	
	DW	10000, 40511, 6758, 8931	
	DW	4468, 5871, 13284, 27808	

例 6.11 在一个温度控制器中，测出的 A/D 结果与温度为非线性关系，需将 A/D 结果转换为温度。如 A/D 结果为 10 位二进制数，我们可采用如下方法来实现：

测出不同温度下的 A/D 结果，然后用各 A/D 结果对应的温度值构成一个表，表中放温度值即 y。x 为现场采样的电压值，放于 R2R3 中，我们可用下面的程序把它转换成对应温度值，仍放于 R2R3 中。

```
LTB2:   MOV     DPTR, #TAB2
        MOV     A, R3                   ;(R2R3)*2+DPTR → DPTR
        CLR     C
        RLC     A
        MOV     R3, A
        XCH     A, R2
        RLC     A
        XCH     R2, A
        ADD     A, DPL
        MOV     DPL, A
        MOV     A, DPH
        ADDC    A, R2
        MOV     DPH, A
        CLR     A
        MOVC    A, @A+DPTR              ;查第一字节
        MOV     R2, A
        CLR     A
        INC     DPTR
        MOVC    A, @A+DPTR              ;查第二字节
        MOV     R3, A
        RET
TAB2:   DW…                             ;温度值表
```

*二、根据 a_i 值找出序号 i

这种查表要求与前面正好相反，这里 x 为 a_i，y 为 i，查表运算为 $i = f(a_i)$，$1 \leqslant i \leqslant n$。查表时，它按输入的 x 值，从表中进行查找，逐个看表中的数据元素是否等于输入值 x，如相等，则该数据元素的序号即为查得的 y 值。如果表中没有一个数据元素等于 x，则找不到。由此可见，在这种情况下，必须有表格结束标志或表中元素数值 n，在查找时，遇到结束标志或数据元素序号大于表中元素个数 n 时，即为找不到。

对于这种要求的表格，它的每一个 a_i 可为定长，也可为不定长，不定长时每个 a_i 的最后

一个单元应有特定的数据元素结束标志。如果采用表格结束标志,其表格结构如下:

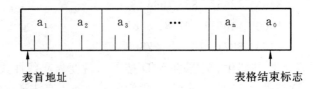

例 6.12 命令序号查找程序。

功能:设有一个 51 系列的控制系统,需按照主机输入的命令执行不同的操作。输入命令为 ASCII 字符串形式,放在由(R0)指示的内部 RAM 中。若合法命令共有 RESET、BEGIN、STOP、SEND、CHANNEL、CHANGE 等 6 种,分别称为 0、1、2、3、4、5 号命令,以表格形式存放于程序存贮器中。每个命令字符串为一个 a_i,它的最后一个字符的 ASCII 码的最高位为 1,表示该命令字符串 a_i 的结束。表格结束标志 a_0 为 0。现在要求按(R0)指出的 RAM 中的输入字符串,找出对应的命令号,放到 R2 中。

根据问题要求和表的结构,我们可以画出其程序框图(见图 6-8)。

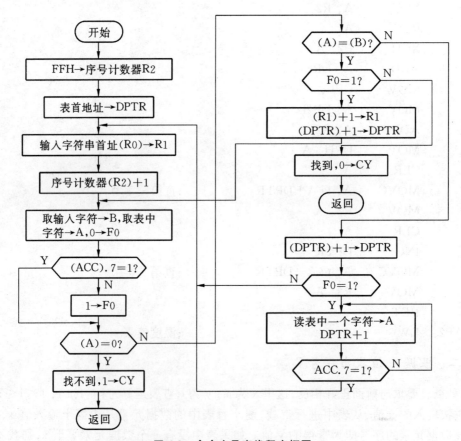

图 6-8 命令序号查找程序框图

```
LTB4:   MOV    R2,#0FFH        ;命令号计数初值
        MOV    DPTR,#TAB4      ;表首地址
```

```
LT4A:   MOV     A, R0
        MOV     R1, A
        INC     R2
LT4B:   MOV     A, @R1              ;取出一个输入字符
        MOV     B, A
        CLR     A
        MOVC    A, @A+DPTR
        CLR     F0
        JBC     ACC.7, LT4C
        SETB    F0                  ;未遇到字符串末
LT4C:   JZ      LT4N
        CJNE    A, B, LT4D
        JNB     F0, LT4Y
        INC     R1                  ;查下一个字符
        INC     DPTR
        SJMP    LT4B
LT4D:   INC     DPTR                ;不相符
        JNB     F0, LT4A
LT4E:   CLR     A
        MOVC    A, @A+DPTR
        INC     DPTR
        JB      ACC.7, LT4A         ;查下一个命令字符串
        SJMP    LT4E
LT4Y:   ……                          ;查到处理
        …                           ;这时 R2 内容为命令号
LT4N:   ……                          ;查不到处理
        …
TAB4:   DB      'RESE', 0D4H        ;RESET
        DB      'BEGI', 0CEH        ;BEGIN
        DB      'STO', 0D0H         ;STOP
        DB      'SEN', 0C4H         ;SEND
        DB      'CHANNE', 0CCH      ;CHANNEL
        DB      'CHANG', 0C5H       ;CHANGE
        DB      0                   ;表结束标志
```

*三、数据元素由几个数据项组成的查表程序

以上两种表格中,每个数据元素只有一个数据项 a_i。有时,一个数据元素可由几个数据项组成,例如每个数据元素有两个数据项,可表示为 a_i 和 b_i。对于这种表格,一般的查表运

算为求 $b_i = f(a_i)$，即 x 为 a_i，y 为 b_i。查表时，按输入的 x 值，从表中进行查找，看哪一个数据元素的 a_i 数据项等于 x，如相等，则对应于 a_i 的数据项 b_i 即为查到的 y 值。如果没有一个数据元素的 a_i 数据项等于 x，则说明找不到。该表格与前面的表格一样，也必须有表格结束标志或表中元素个数值 n。一般情况采用存放 n 值时，n 应放于表格的第一字节，以便于首先取出 n 值。而采用表格结束标志时，应放于表格的最后。

对于这种类型的表格，一般 a_i 均取为相同长度，b_i 也为相同长度。a_i 叫做关键字(key)。存放 a_i 时，可按 a_i 的值的大小顺序存放，也可以任意存放，前者为有序表，后者为无序表。对于无序表，只能用顺序查找方法。对有序表，可采用顺序查表法，也可采用二分查表法。

采用存放表格结束标志的表格结构如下：

表首地址→		
	a_1	b_1
	a_2	b_2
	…	…
	a_n	b_n
	a_0	

例 6.13 单字符命令转移程序。

设有一个单片机的应用系统，输入一个 ASCII 字符的命令，要按输入的命令字符，转向相应的处理程序。设合法的命令字符为'A'、'D'、'E'、'L'、'M'、'X'、'Z'七种，对应的命令处理程序入口地址标号分别为 XA、XD、XE、XL、XM、XX、XZ。这里命令字符为 a_i（关键字），处理程序入口为 b_i，依次存放于表 TAB5 中。设在查表之前，输入的命令字符在 A 中，若查到则按输入命令转向对应处理程序入口，查不到则作非法命令处理。按上面的算法我们可以画出它的程序框图(见图 6-9)。

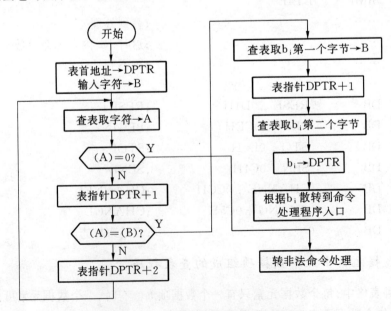

图 6-9 单字符命令转移程序框图

```
LTB5:   MOV    DPTR, #TAB5        ;表首地址
        MOV    B, A               ;A 为输入字符
LT5A:   CLR    A
        MOVC   A, @A+DPTR         ;查表
        JZ     LT5N
        INC    DPTR
        CJNE   A, B, LT5B
        CLR    A                  ;符合,查到
        MOVC   A, @A+DPTR         ;查 b_i 的第一字节
        MOV    B, A
        INC    DPTR
        CLR    A
        MOVC   A, @A+DPTR         ;查 b_i 的第二字节
        MOV    DPL, A             ;b_i 送 DPTR
        MOV    DPH, B
        CLR    A
        JMP    @A+DPTR            ;按(DPTR)转移
LT5B:   INC    DPTR               ;准备查下一个命令
        INC    DPTR
        SJMP   LT5A
LT5N:   ……                        ;查不到处理程序
        …
TAB5:   DB     'A'                ;ASCII A
        DW     XA                 ;XA 为'A'命令的处理程序入口
        DB     'D'                ;ASCII D
        DW     XD                 ;XD 为'D'命令的处理程序入口
        DB     'E'                ;ASCII E
        DW     XE                 ;XE 为'E'命令的处理程序入口
        DB     'L'                ;ASCII L
        DW     XL                 ;XL 为'L'命令的处理程序入口
        DB     'M'                ;ASCII M
        DW     XM                 ;XM 为'M'命令的处理程序入口
        DB     'X'                ;ASCII X
        DW     XX                 ;XX 为'X'命令的处理程序入口
        DB     'Z'                ;ASCII Z
        DW     XZ                 ;XZ 为'Z'命令的处理程序入口
        DB     0                  ;END
```

§6.3 数制转换程序

计算机中常用的数制一般为二进制和十进制,本节介绍这两种数制的转换方法。

一、十进制整数转换为二进制数

一个整数的十进制表示式为:

$$A = a_n * 10^n + \cdots + a_1 * 10 + a_0$$

对于 4 位十进制数,$n = 3$,

$$A = a_3 * 10^3 + a_2 * 10^2 + a_1 * 10 + a_0$$

例如:$5731 = 5 * 10^3 + 7 * 10^2 + 3 * 10 + 1$

对于 BCD 码,每个 a_i 均为 8421 码,对 $a_n \sim a_0$ 以二进制数运算法则,按上述公式进行运算,就可得出 A 的二进制码。

以上形式的计算公式为多项式,它的标准形式为:

$$Y = a_n x^n + \cdots + a_1 x + a_0$$

知道了 x、a_i 和 n,要求 Y,按这个公式计算,一般需 n 次加法,$n + (n-1) + \cdots + 1 = \frac{n(n+1)}{2}$ 次乘法。

如果我们对计算公式进行适当的改进,写成:

$$Y = (\cdots(a_n * x + a_{n-1}) * x + \cdots + a_1) * x + a_0$$

则只需 n 次加法、n 次乘法,可大大加快计算速度。以上公式可写成易于编写程序的形式:

初值:$Y_n = a_n$, $i = n - 1$

$$\begin{cases} Y_i = Y_{i+1} * x + a_i \\ i = i - 1 \end{cases}$$

结束条件:$i < 0$。由于实际使用时,Y_i 均采用一个变量,故上述公式还可改写为:

初值:$Y = a_n$, $i = n - 1$

$$\begin{cases} Y = Y * x + a_i \\ i = i - 1 \end{cases}$$

结束条件:$i < 0$。

例 6.14 4 位十进制数转换为二进制整数程序。

设单字节 BCD 码 a_3、a_2、a_1、a_0 依次存放于内部 RAM 中的 50H~53H 单元,转换成的二进制整数存放于 R3R4,则按上述计算方法,就可以画出如图 6-10 所示的程序框图。

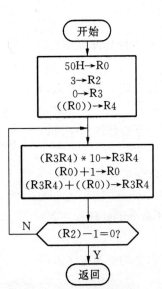

图 6-10 十进制整数转换为二进制数程序框图

```
IDTB:   MOV     R0, #50H
        MOV     R2, #3
        MOV     R3, #0           ;a₃→R₃、R₄
        MOV     A, @R0
        MOV     R4, A
LOOP:   MOV     A, R4            ;(R3R4)*10→R3R4
        MOV     B, #10
        MUL     AB
        MOV     R4, A            ;R4*10 低 8 位→R4,高 8 位→R3
        MOV     A, B
        XCH     A, R3            ;R4*10 高 8 位交换到 R3
        MOV     B, #10
        MUL     AB               ;R3*10 为 1 字节
        ADD     A, R3            ;R3*10+R4*10 的高 8 位
        MOV     R3, A
        INC     R0
        MOV     A, R4
        ADD     A, @R0
        MOV     R4, A
        MOV     A, R3
        ADDC    A, #0
        MOV     R3, A
        DJNZ    R2, LOOP
        RET
```

二、二进制整数转换为十进制数

一个整数的二进制表达式为：$B = b_m * 2^m + b_{m-1} * 2^{m-1} + \cdots + b_1 * 2 + b_0$
根据多项式计算方法可改写为：

初值：$B = 0; i = m - 1$

$$\begin{cases} B = B * 2 + b_i \\ i = i - 1 \end{cases}$$

结束条件：$i < 0$。

由这个公式可见,我们只要分别对部分和按十进制数运算方法进行乘 2(用加法)和加 b_i 的运算,就可得到十进制的转换结果。如果十进制运算采用压缩 BCD 码,则结果为压缩 BCD 码。

例 6.15 将(R2R3)中 16 位二进制整数转换为压缩 BCD 码十进制整数送 R4、R5、R6。

按照上面的公式和计算方法,我们可以画出程序框图(图 6-11)。

```
IBTD2:  CLR   A
        MOV   R4, A
        MOV   R5, A
        MOV   R6, A
        MOV   R7, #16
LOOP:   CLR   C
        MOV   A, R3
        RLC   A
        MOV   R3, A
        MOV   A, R2
        RLC   A           ;(C)为 $b_i$
        MOV   R2, A       ;(R4R5R6)+(R4R5R6)+C=(R4R5R6)*2+C
                          ;(十进制加)
        MOV   A, R6
        ADDC  A, R6
        DA    A
        MOV   R6, A
        MOV   A, R5
        ADDC  A, R5
        DA    A
        MOV   R5, A
        MOV   A, R4
        ADDC  A, R4
        DA    A
        MOV   R4, A
        DJNZ  R7, LOOP
        RET
```

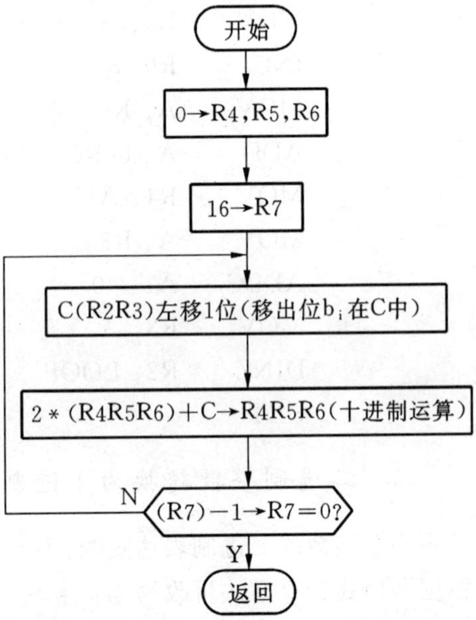

整数二翻十也可以采用连续除以十的方法得到 a_0, a_1, a_2, …, 或者用连续减 10 的幂次的方法, 读者可以自行编制出这些程序。

图 6-11 双字节整数二翻十程序框图

§6.4 输入/输出处理程序

一、并行口操作程序

51 系列单片机有 4 个并行口, CPU 对它们可以执行字节操作(即同时对 8 位口进行读/写), 也可以执行位操作, 输入/输出处理十分方便。

例 6.16 步进电机驱动子程序。

如图 6-12 所示，P1.0～P1.2 通过驱动电路控制步进电机 A、B、C 三相的通电，从而控制步进电机的转动。设输出线(P1.0～P1.2)为高电平时，相应的一相通电，如果步进电机按三相六拍方式正转，即

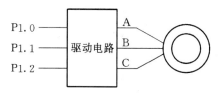

图 6-12 步进电机接口示意图

现在要求设计一个子程序，其功能是使步进电机正转一步，主程序每隔一定时间调用该子程序时，电机即以一定的速率转动。根据问题的要求，步进电机有如下所示 6 个状态：

状态	C	B	A	状态转换操作
0	0	0	1	状态 5 转 0：0→C
1	0	1	1	状态 0 转 1：1→B
2	0	1	0	状态 1 转 2：0→A
3	1	1	0	状态 2 转 3：1→C
4	1	0	0	状态 3 转 4：0→B
5	1	0	1	状态 4 转 5：1→A

由此可见，步进电机转动一步时，只有一相的通电状态发生变化，我们用一个工作单元记录步进电机的当前状态(初值为 0)，每次执行子程序时，计算下一个的状态，并根据该状态执行相应的操作，使电机正转一步。我们可以直接编写出相应的主程序和驱动子程序。

主程序：

```
MAIN:   MOV     SP, #60H            ;初始化
        MOV     30H, #0
        SETB    P1.0
        CLR     P1.1
        CLR     P1.2
MLOP:   ACALL   DL20                ;fosc = 12MHz
        ACALL   QM36                ;每 20ms 正转一步
        SJMP    MLOP
DL20:   MOV     R7, #40
DL1:    MOV     R6, #250
DL0:    DJNZ    R6, DL0
        DJNZ    R7, DL1
        RET
```

驱动子程序：

```
QM36:   MOV     A, 30H              ;A→AB→B→BC→C→CA→A
        CJNE    A, #5, QML1
        MOV     A, #0
```

```
QML0:   MOV     30H, A
        MOV     B, #3
        MUL     AB
        MOV     DPTR, #QMTB
        JMP     @A+DPTR
QML1:   INC     A
        SJMP    QML0
QMTB:   CLR     P1.2            ;5 转 0
        RET
        SETB    P1.1            ;0 转 1
        RET
        CLR     P1.0            ;1 转 2
        RET
        SETB    P1.2            ;2 转 3
        RET
        CLR     P1.1            ;3 转 4
        RET
        SETB    P1.0            ;4 转 5
        RET
```

例 6.17 报警子程序。

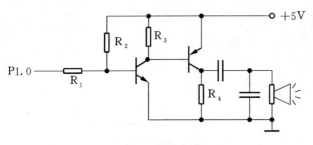

图 6-13 报警电路

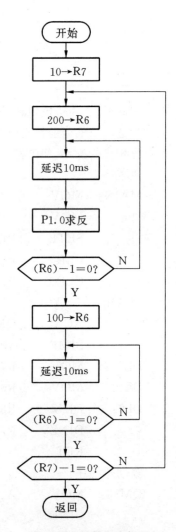

图 6-14 报警程序框图

如图 6-13 所示，在 P1.0 上接一个扬声器报警电路。现在要求设计一个报警子程序，其功能为使扬声器响 10 次，每次持续时间为 2s，间隔时间为 1s，声音频率为 50Hz。

根据问题的要求，我们设立两个计数器，计数器 R7 控制扬声器响的次数，计数器 R6 控制响停时间。如果以发声时所需 P1.0 跳变周期作为时间单位(50Hz 时为 10ms)，则可以画出图 6-14 所示的程序框图。

```
WARM:   MOV     R7, #10
WAR2:   MOV     R6, #200
```

```
WAR0:   ACALL   DL10
        CPL     P1.0
        DJNZ    R6,WAR0
        MOV     R6,#100
WAR1:   ACALL   DL10
        DJNZ    R6,WAR1
        DJNZ    R7,WAR2
        RET
```

晶振频率为 12MHz 时的 10ms 延迟子程序：

```
DL10:   MOV     R5,#20
DL12:   MOV     R4,#250
DL11:   DJNZ    R4,DL11
        DJNZ    R5,DL12
        RET
```

例 6.18 顺序脉冲输出程序。

设计一个顺序脉冲输出程序，其功能为使 P1 口输出如图 6-15 所示的波形，即 P1.0～P1.7 依次循环输出宽度为 20ms 的正脉冲，各路之间脉冲间隔为 20ms。

根据图 6-15，我们把 P1 口分为 16 个状态，其中 8 个状态有 1 位口线输出高电平，其余口线为低电平，另外的 8 个状态，P1 口输出全为低电平。我们把 P1 口的 16 个状态以表格形式存放于程序存贮器中，并用一个工作单元记录 P1 口当前的状态数（初值为 0）。每隔 20ms 对 P1 口执行一次输出操作，操作时先计算 P1 口的状态数，然后查表求出对应的输出数据写入到 P1 口，根据这样的设计思想，可以直接编写出程序。

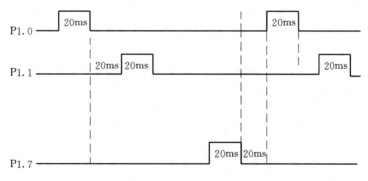

图 6-15　顺序脉冲波形

```
MAIN:   MOV     SP,#0EFH
        MOV     30H,#0          ;0→状态数单元 30H
        MOV     P1,#0
MLP0:   ACALL   DL20
        MOV     A,30H           ;求下一个状态数
        CJNE    A,#15,MLP1
```

	MOV	A, #0	
MLP2:	MOV	30H, A	;根据状态数查表取状态送 P1 口
	ADD	A, #7	;加偏移量
	MOVC	A, @A+PC	
	MOV	P1, A	;双字节指令
	SJMP	MLP0	;双字节指令
MLP1:	INC	A	;单字节指令
	SJMP	MLP2	;双字节指令
ITAB:	DB	0, 1, 0, 2, 0, 4, 0	
	DB	8, 0, 10H, 0, 20H	
	DB	0, 40H, 0, 80H	
DL20:	MOV	R7, #40	
DL1:	MOV	R6, #250	
DL0:	DJNZ	R6, DL0	
	DJNZ	R7, DL1	
	RET		

例 6.19 软件串行口接收发送子程序。

我们可以用 P3.2、P1.1 构成一个软件控制的串行输入/输出口。以 P3.2 作为串行数据输入线,P1.1 作为串行数据输出线。设通信的格式为 1 位起始位,8 位数据位(先低位后高位),1 位停止位,波特率为 1200,如果晶振频率选用 11.0592MHz,则发送接收的持续时间为 768 个机器周期。

接收子程序的功能是接收 P3.2 上串行输入的一个数据字节送累加器 A。该子程序循环采样输入到 P3.2 上的电平,当采样到 P3.2 的负跳变后,延迟半位时间后,若 P3.2 仍为低电平,则起始位有效;否则无效。起始位有效后,每隔一位时间采样 P3.2 上的输入数据位,经 8 次采样后便接收到一个完整的数据字节。

发送子程序的功能是将 A 中的 1 字节数据串行输出到 P1.1,先输出 1 位起始位 0,然后每隔一位时间输出 1 位数据位(先低位后高位),最后输出停止位 1。

TDL1:	MOV	R6, #08H	;延迟 1 位子程序
TDL10:	MOV	R7, #30H	
TDL11:	DJNZ	R7, TDL11	
	DJNZ	R6, TDL10	
	RET		
TDL2:	MOV	R6, #04H	;延迟半位子程序
	SJMP	TDL10	
RRXD:	MOV	R4, #08H	;串行接收 1 字节子程序
RWAIT:	JB	P3.2, RWAIT	;判起始位
	ACALL	TDL2	
	JB	P3.2, RWAIT	

RRXDL:	ACALL	TDL1	;接收 8 位数据
	MOV	C, P3.2	
	RRC	A	
	DJNZ	R4, RRXDL	
	RET		
TTXD:	MOV	R4, #09H	
	SETB	C	;停止位 1→C
	CLR	P1.1	;发送起始位
TTXDL:	ACALL	TDL1	;发送 8 位数据位
	RRC	A	
	MOV	P1.1, C	
	DJNZ	R4, TTXDL	
	ACALL	TDL1	;发送 1 位停止位
	RET		

二、定时器应用程序

上面例题 16～19 都采用调用延迟子程序的方法来进行操作定时的,在执行这些程序时,CPU 不能处理其他的事情,也不能响应中断;否则,定时就不正确,从而达不到规定的功能。

应用定时器 T0、T1、T2 来进行定时,利用 51 系列的中断功能,就能使 CPU 并行地执行多种操作,提高 CPU 的工作效率。

例 6.20 低频信号发生器驱动程序。

设计一个控制程序,使 P1 口输出 8 路低频方波脉冲,频率分别为 100、50、25、20、10、5、2、1Hz。

我们使用定时器 T0 产生 5ms 的定时,若晶振选 11.0592MHz,则 5ms 相当于 4608 个机器周期,T0 应工作于方式 1,初值 $x = 65536 - 4608 = 60928$。用十六进制数表示,则 $x = 0EE00H$。对应于 P1.1～P1.7,设立 7 个计数器,初值分别为 2、4、5、10、20、50、100,由 T0 的溢出中断服务程序对它们减"1"计数,当减为零时恢复初值,并使相应的口线改变状态,这样就使 P1 口输出所要求的方波。下面分别是有关的部分主程序和 T0 中断处理程序。

	ORG	0	
STRT:	AJMP	MAIN	
	ORG	0BH	
PTF0:	MOV	TH0, #0EEH	;T0 中断服务程序
	CPL	P1.0	;P1.0 每次中断求反,输出脉冲周期为 10ms

	DJNZ	31H, PF01	;对各路时间计数器进行计数
	MOV	31H, #2	;计数器减为0,恢复计数初值
	CPL	P1.1	;输出取反
PF01:	DJNZ	32H, PF02	
	MOV	32H, #4	
	CPL	P1.2	
PF02:	DJNZ	33H, PF03	
	MOV	33H, #5	
	CPL	P1.3	
PF03:	DJNZ	34H, PF04	
	MOV	34H, #10	
	CPL	P1.4	
PF04:	DJNZ	35H, PF05	
	MOV	35H, #20	
	CPL	P1.5	
PF05:	DJNZ	36H, PF06	
	MOV	36H, #50	
	CPL	P1.6	
PF06:	DJNZ	37H, PF07	
	MOV	37H, #100	
	CPL	P1.7	
PF07:	RETI		
MAIN:	MOV	SP, #70H	;主程序栈指针初始化
	MOV	31H, #2	;各路计数器置初值
	MOV	32H, #4	
	MOV	33H, #5	
	MOV	34H, #10	
	MOV	35H, #20	
	MOV	36H, #50	
	MOV	37H, #100	
	MOV	TMOD, #1	;T0方式1定时
	MOV	TL0, #0	;初值→T0,请考虑该指令可省略否?
	MOV	TH0, #0EEH	
	MOV	IE, #82H	;允许T0中断
	SETB	TR0	;允许T0计数
HERE:	SJMP	HERE	;以踏步表示CPU可以处理其他工作

***例6.21** 简易顺序控制器控制程序。

在一个简易顺序控制器中,用P1口上的8个继电器来控制一个机械装置的8个机械动作,要求 P1 口输出如图 6-16 所示的波形,现在为这个控制器配一个控制程序。

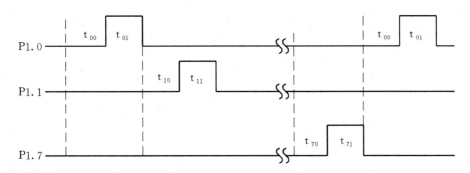

图 6-16　简易顺序控制器输出波形

我们采用和例 6.18 中相似的方法。根据 P1 口的输出波形,可划分为 16 个状态,用一个工作单元记录 P1 口当前的状态数(初值为 0)。把 16 个状态的输出数据和持续时间以表格形式存放于程序存贮器中。利用定时器 T0 产生 10ms 的定时,在 T0 的中断服务程序中对当前状态的时间计数器进行计数。当计数器减 1 到 0 时,计算下一个状态,查表取出持续时间常数装入当前时间计数器,取出数据输出到 P1 口。这样便使 P1 口输出规定的波形,实现对机械装置的操作控制。下面分别为主程序和 T0 中断服务程序。主程序中,我们用"踏步"代替 CPU 的其他操作,在实际应用中 CPU 可处理日常事务(如人工干预、机械装置异常状态输入处理等)。

```
            ORG     0
STRT:       SJMP    MAIN            ;转主程序
            ORG     0BH
            LJMP    PTF0            ;转 T0 中断服务程序
            ORG     40H
MAIN:       MOV     P1,#0           ;主程序,P1 口和堆栈指针初始化
            MOV     SP,#0EFH
            MOV     20H,#0;         ;状态数初始化
            ACALL   GNI             ;取时间常数 t00
            MOV     TMOD,#1         ;定时器 T0 和中断初始化
            MOV     TH0,#0DCH
            MOV     TL0,#0
            MOV     IE,#82H
            SETB    TR0
HERE:       SJMP    HERE            ;以"踏步"表示 CPU 可以处理其他工作
PTF0:       MOV     TH0,#0DCH       ;中断服务程序
            PUSH    ACC
            PUSH    PSW
            MOV     A,31H
```

```
              JZ      PT0A
              DEC     31H                 ;计数器低位减1
PT0R:         POP     PSW
              POP     ACC
              RETI
PT0A:         MOV     A, 30H
              JZ      PT0B                ;计数器减为0转PT0B
              DEC     30H                 ;计数器高位减1
              DEC     31H
              SJMP    PT0R
PT0B:         MOV     A, 20H              ;计算下一个状态数
              INC     A
              ANL     A, #0FH
              MOV     20H, A
              ACALL   SRPI                ;调用对P1口操作子程序
              ACALL   GNI                 ;调用取时间常数子程序
              SJMP    PT0R
SPRI:         MOV     A, 20H              ;P1口操作子程序
              ADD     A, #(PTAB-SPR0)     ;根据状态数取数据→P1口
              MOVC    A, @A+PC
SPR0:         MOV     P1, A
              RET
PTAB:         DB      0, 1, 0, 2, 0, 4, 0, 8, 0   ;输出状态字节可根据需要调整
              DB      10H, 0, 20H, 0, 40H, 0, 80H
GNI:          MOV     A, 20H              ;取时间常数子程序
              ANL     A, #0FH
              RL      A
              MOV     31H, A
              ADD     A, #(GNTB-GNI0)
              MOVC    A, @A+PC
GNI0:         MOV     30H, A              ;查表得高位→30H
              MOV     A, 31H
              INC     A
              ADD     A, #(GNTB-GNI1)
              MOVC    A, @A+PC            ;查表得低位→31H
GNI1:         MOV     31H, A
              RET
GNTB:         DW      2000, 2200, 2400, 2600   ;状态维持时间根据需要调整
              DW      2800, 3000, 3200, 3400
```

```
            DW         3600, 3800, 4000, 4200
            DW         4400, 4600, 4800, 5000
```

三、串行口应用程序

例 6.22 串行口方式 2 发送程序。

串行口工作于方式 2 时,一帧信息为 11 位,其中数据位为 8,附加的第 9 位数据可以作奇偶校验位。下面为方式 2 的发送子程序,其功能为将 50H～5FH 的内容从串行口上发送出去。程序框图如图 6-17 所示(LOOP 前程序一般在主程序)。

```
TRT:    MOV    SCON, #80H    ;方式 2 编程
        MOV    PCON, #80H    ;取波特率为 fosc/32
        MOV    R0, #50H      ;地址 50H→R0
        MOV    R7, #10H      ;长度 10H→R7
LOOP:   MOV    A, @R0        ;取数据→A
        MOV    C, P          ;P→TB8
        MOV    TB8, C
        MOV    SBUF, A       ;数据→SBUF,启动发送
WAIT:   JBC    TI, CONT      ;判发送中断标志
        SJMP   WAIT
CONT:   INC    R0
        DJNZ   R7, LOOP
        RET
```

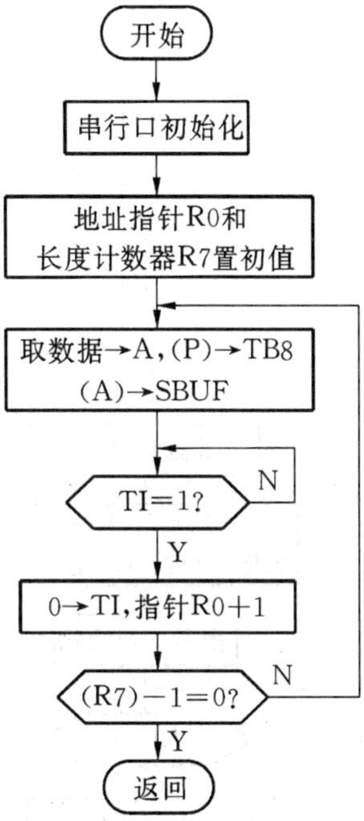

图 6-17 方式 2 发送程序框图

例 6.23 串行方式 3 接收程序。

串行口工作于方式 3 时和方式 2 一样,第 9 位数据可以作为奇偶校验位。

下面的方式 3 接收程序功能为:从串行口上输入 16 个字符写入内部 RAM 中 60H 开始的单元。设 fosc = 11.0592MHz,波特率为 2400,程序框图如图 6-18 所示。

```
RVE:    MOV    TMOD, #20H    ;T1 编程为方式 2 定时
        MOV    TH1, #0F4H    ;初值→T1
        MOV    TL1, #0F4H
        SETB   TR1
        MOV    R0, #60H      ;指针 R0 置初值
        MOV    R7, #10H      ;10H→长度计数器 R7
        MOV    SCON, #0D0H   ;串行口编程方式 3 接收
        MOV    PCON, #00H    ;以上初始化程序一般放在主程序
WAIT:   JBC    RI, PRI       ;等待接收到数据
        SJMP   WAIT
PRI:    MOV    A, SBUF       ;判 P = RB8?
        JNB    PSW.0, PNP
```

```
        JNB    RB8, PER
        SJMP   RIGHT
PNP:    JB     RB8, PER
RIGHT:  MOV    @R0, A         ;数据→缓冲器
        INC    R0
        DJNZ   R7, WAIT       ;判数据块接收完否？
        CLR    PSW.5          ;正确接收完16字节
        RET
PER:    SETB   PSW.5          ;奇校验出错
        RET
```

*例 6.24** 串行口中断服务程序。

51 系列的串行口常用于连 PC 机,一般采用方式 1 应答式通信,用中断方法控制数据的发送接收。在系统中设置 16 位指针 SPOINT,用于寻址 ROM 中常数表,也用 SPOINTL 寻址 RAM 缓冲器,SPOINTH 作长度计数器,设标志位 EST(允许发送)、ESI(允许接收)、SEND(结束标志)、FROM(区分发送 ROM 中字符串或 RAM 中数据)。

主程序对串行口等系统初始化后,处理日常事务。当需要通信时,作如下处理：

● 发送 ROM 中字符串(0 为结束标志)：表首地址→SPOINT, 1→FROM, 1→EST, 0→SEND,查表取第一个字符→SBUF,启动发送；

● 发送 RAM 中数据：缓冲器地址→SPOINTL,长度→SPOINTH, 0→FROM、1→EST、0→SEND,取第一个数据→SBUF,启动发送；

● 接收：缓冲器地址→SPOINTL, 1→ESI, 0→SEND。

主程序处理完以后,当串口发送或接收

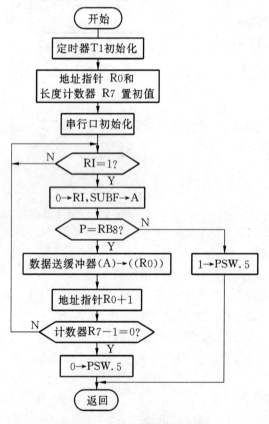

图 6-18 方式 3 接收程序框图

一个字符后产生中断,由串口中断程序继续发送或接收。当发送结束或接收到一条完整信息(0DH)后,1→SEND, 0→ESI 或 EST,通知主程序作处理。图 6-19 为串口中断程序框图,下面为相应中断程序。

```
PSIO:   PUSH   PSW            ;现场保护
        PUSH   ACC
        MOV    A, R0
```

	PUSH	ACC	
	PUSH	DPH	
	PUSH	DPL	
	JBC	RI, PSIO_RI	;RI=1, 0→RI 转 PSIO_RI
PSIO_1:	JBC	TI, PSIO_TI	;TI=1, 0→TI 转 PSIO_TI
	SIMP	PSIO_R	;转返回
PSIO_RI:	JNB	ESI, PSIO_1	;禁止接收转判 TI
	MOV	A, SBUF	;数据→缓冲器
	MOV	R0, SPOINTL	
	MOV	@R0, A	
	INC	SPOINTL	
	CJNE	A, #0DH, PSIO_1	;判是否收到一条完整信息
	CLR	ESI	;禁止进一步接收
	SETB	SEND	;1→SEND 通知主程序处理
	SJMP	PSIO_1	
PSIO_TI:	JNB	EST, PSIO_R	;EST=0 转中断结束处理
	JB	FROM, PSIO_TI1	;FROM=1,转发 ROM 字符处理
	MOV	R0, SPOINTL	;取缓冲器数据→SBUF
	MOV	A, @R0	
	MOV	SBUF, A	
	INC	SPOINTL	;地址加 1
	DJNZ	SPOINTH, PSIO_R	;判长度减 1 为 0?
PSIO_TI0:	SETB	SEND	;1→SEND 通知主程序
	CLR	EST	;禁止进一步发送
	SJMP	PSIO_R	
PSIO_TI1:	MOV	DPH, SPOINTH	;查表取字符→A
	MOV	DPL, SPOINTL	
	CLR	A	
	MOVC	A, @A+DPTR	
	INC	DPTR	;地址加 1
	MOV	SPOINTH, DPH	
	MOV	SPOINTL, DPL	
	JZ	PSIO_TI0	;碰到结束标志 0 转发送结束处理
	MOV	SBUF, A	
PSIO_R	POP	DPL	;恢复现场
	POP	DPH	
	POP	ACC	
	MOV	R0, A	

POP   ACC
POP   PSW
RETI

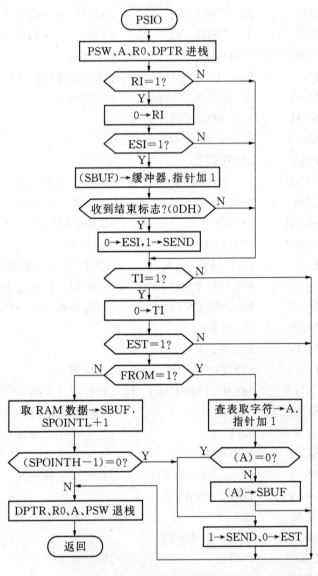

图 6-19　串口中断程序框图

习　题

1. 若 fosc = 12MHz，试编写一个循环程序，用延时的方法，使 P3.4 输出一个周期约 20ms 的方波。
2. 试编写一个子程序，其功能为将内部 RAM 30H～32H 中内容右移 4 位，即：

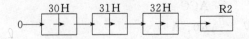

* **3.** 已知七段显示器 0～9 的字型数据为：
   3FH、06H、6BH、4FH、66H
   6DH、7DH、07H、7FH、6FH
   试用堆栈传送参数的方法,设计一个子程序,将 1 位 BCD 码转换为七段显示器的字型数据。

* **4.** 试用程序段传送参数的方法,设计一个程序,将字符串'AT89C52 Controller'存入外部 RAM 80H 开始的区域。

   5. 试编写一个子程序,其功能为将(30H 31H)取补。

* **6.** 试编写一个子程序,其功能为(R2R3)*(R4R5),结果存入 30H(高位)～33H(低)。

   7. 在某个系统中,有 6 个单字符合法命令(A～F),这些命令的入口地址分别为 PGMA、PGMB、PGMC、PGMD、PGME、PGMF,若输入的 ASCII 字符存放于 A,试设计一个子程序,功能为:如果(A)为 A～F 之间合法命令字符,则转换为命令处理的入口地址存入 DPTR,若(A)为非法字符则将出错处理入口地址 CDER 送 DPTR。

   8. 试编写一个子程序,用查表方法,将 A 中的数转换为两个 ASCII 字符存入 A 和 B。

   9. (1) 试编写一个子程序,将(30H,31H)中 2 字节压缩 BCD 码转换为二进制数存放于 R2R3 中;
   (2) 试设计一个子程序,将 R2R3 中的双字节二进制数转换为压缩 BCD 码存放于 30H ～34H 单元中。

   10. 试设计一个用延时方法实现的报警子程序,其功能为使 P3.4 上接的蜂鸣器响 10 次,每次响的持续时间为 0.5 秒,间隔为 1 秒(P3.4 输出 0,蜂鸣器响), fosc = 12MHz。

* **11.** 请分别画出例 6.6、6.11、6.18、6.20、6.21 中程序的框图。

   12. 用串口中断控制发送的方法实现例 6.22、6.23 的程序功能,分别编写出相应的主程序和中断程序。

* **13.** 试编写一个子程序,其功能为将(R0)指出的内部 RAM 中 6 位单字节 BCD 码转换为二进制数存放于 R3R4R5 之中。

* **14.** 若用 T2 产生 20ms 定时,在 T2 中断程序中驱动步进马达旋转,实现和例 6.16 相同的功能,试分别编写出相应的主程序和中断服务程序。

* **15.** 若用 T0 产生 10ms 定时,由主程序申请报警,由 T0 中断程序控制报警,实现例 6.17 相同的报警功能,试分别编写出相应的主程序种 T0 中断服务程序。

* **16.** 参考例 6.19,设 $\overline{INT0}$ 采用负跳变触发方式,用 T2 产生定时中断(半位时间和 1 位时间),用 $\overline{INT0}$ 中断程序启动 T2 产生半位的定时中断,由 T2 中断程序判断起始位的有效性,若起始位有效,使 T2 产生 1 位定时,接收 1 帧信息,若无效则禁止接收,启动 $\overline{INT0}$ 搜索新的负跳变。T2 有效地接收到 1 个字符后,数据写入 RBUF,置位标志通知主程序处理,并启动 $\overline{INT0}$ 搜索下个字符的启始位。

* **17.** 利用双字节表(每个元素包括关键字和键号)查表的方法,修改例 4.10 中行翻转法判键子程序 KEYN。

* **18.** 将例 6.19 中的 RRXD 改写为 $\overline{INT0}$ 的中断服务程序。

第 7 章　C51 程序设计

C 语言是一种常用的高级语言之一,C 语言简洁、紧凑、使用方便灵活。用 C 语言编程容易实现程序的模块化和结构化,程序容易阅读、修改和移植。

Keil C51(由美国 Keil Software 公司推出)是目前最流行的 51 系列单片机 C 语言软件开发平台,具有程序的编辑、编译、连接、目标文件格式转换、调试和模拟仿真等功能。C51 是其中的一个编译器,它具有 ANSIC 标准 C 所有的功能,并针对 51 系列单片机的硬件特点作了扩展。本章对标准 C 的基本语法作概括性的介绍(复习),重点阐述 C51 的扩展功能,使具有 C 语言基础的读者很快掌握 C51 程序的编写方法。

§7.1　C51 程序的结构和特点

7.1.1　C51 程序的结构

C51 程序在结构上具有如下特点:
(1) C51 源程序可以由一个或多个源文件组成,其扩展名为".c";
(2) C51 源文件中含有若干个函数,函数相当于汇编语言程序中的子程序,它完成一个特定的功能,函数的一般形式为:
类型说明　　函数名(形参)　　{
　　说明
　　语句
　　}
在整个程序中只有一个而且必须有一个 Viod main(Void)的函数,称为主函数,程序从 main(　　)开始执行,并由它调用其他函数,由各种函数(包括中断函数)实现整个程序的功能,因此 C 语言被称为函数式语言;
(3) 在源程序中含有预处理命令(如常用的文件包含命令♯include reg51·h)、语句、说明等,说明和语句以分号(;)结尾,预处理命令后一般不加分号。
(4) 程序中可以/＊…注释…＊/或//…注释…的形式加以注释,用于说明程序段的功能。

综上所述,C51 源程序一般具有如下的结构:
♯include 〈reg51·h〉　　　　　　/＊预处理命令＊/
　　⋮
int　func-1(形参);　　　　　　/＊函数类型声明＊/

```
    char    func-2(形参);
            ⋮
unsigned char KEY-BUF;              /*全局变量声明*/
void   main(void){                  /*主函数      */
    说明;
    语句;
    }
int func-1(形参){                   /*函数定义    */
    说明;
    语句;
    }
        ⋮
```

7.1.2 C51的字符集、标识符与关键字

C51和任何高级语言一样,有规定的符号、词汇和语法规则。

一、字符集和词汇

C51的字符有数字0～9,大小写的英文字母A～Z和a～z,下划线、运算符等。由这些符号组成词汇,基本的词汇有标识符、关键字、运算符、常量等。

二、标识符

标识符用于标识源程序中某一个对象的名称,对象可以是函数、变量、常量、数据类型、存贮方式、语句等。标识符由字母或下划线开头,后跟字母或数字的符号组成,标识符的命名应简洁、含义清晰、便于阅读理解。C51程序中大小写字母的标识符是指不同的对象。通常将全局变量、特殊功能寄存器名、常数符号用大写表示,一般的语句、函数用小写。

三、关键字

关键字是C51已定义的具有固定名称和特定含义的特殊标识符,又称保留字,源程序中用户自己命名的标识符不能和关键字相同。下面是标准C规定的关键字:

auto break case char const continue default do double else enum extern float for goto if int long register return short signed static struct switch typedef union unsigned void volatile while

下面是C51扩展的关键字:

_at_ alien bdata bit code compact data idata interrupt large pdata _priority_ reentrant sbit sfr sfr16 small _task_ using xdata

下面几个虽不属于关键字,但用户不要在程序中随便使用:define undef include ifdef　ifndef　endif　line　elif

§7.2　C51 数据类型

7.2.1　C51 数据类型

C 语言引入数据类型的概念来描述计算机的操作对象——数据。数据类型的描述包括数据的表示形式、数据长度、数值范围、构造特点等。程序运行中,其值不变的数据对象称为常量、其值可以改变的数据对象称为变量。程序中使用的各种变量必须先加以类型说明,然后才能使用。

C51 常用的基本数据类型有无符号字符型、有符号字符型、无符号整型、有符号整型、无符号长整型、有符号长整型、浮点型、指针,这些类型和标准 C 相同。C51 扩展的数据类型有 bit、sbit、sfr、sfr16。表 7-1 为 C51 支持的基本数据类型。表中方括号部分可以省略。

表 7-1　C51 的数据类型

数据类型	长度	值域	注释
unsigned char	单字节	0~255	无符号字符型
[signed] char	单字节	−128~+127	有符号字符型
unsigned int	双字节	0~65535	无符号整型
[signed] int	双字节	−32768~+32767	有符号整型
unsigned long	四字节	0~4294967295	无符号长整型
[signed] long	四字节	−2147483648~+2147483647	有符号长整型
float	四字节	±1.175494E−38~±3.402823E+38	浮点型
*	1~3 字节	对象的地址	指针型
bit	位	0 或 1	位型
sfr	单字节	0~255	特殊功能寄存器
sfr16	双字节	0~65535	特殊功能寄存器
sbit	位	0 或 1	可位寻址的位

C51 还支持由基本数据类型组成的数组、结构、联合、枚举等构造类型数据。

7.2.2　常量

一、整型常量

整型常量即整常数又称为标量,有 3 种表示形式:

(1) 八进制整数:八进制整数必须以 O 开头后跟数字序列,数字的取值为 0~7,例如 O123,其值等于十进制整数 83。

(2) 十六进制整数:十六进制整数必须以 0X 或 0x 开头,后跟数字序列,数字的取值为 0~9,a~f,例如 0x af。

(3) 十进制整数:十进制整数没有前缀,是数字 0~9 的数字序列,例如 125,354 等。

在整常数的数字后面加 L 就表示长整常数。

二、字符型常量

(1) 普通字符:普通字符常量是用单引号括起来的字符,其值为 ASCII 编码,例如:'A'、'B'都是合法的字符常量,其值分别为 41H、42H。

(2) 转义字符:转义字符是控制字符,用'\字符或字符序列'标记,表 7-2 为常用的转义字符。

表 7-2 常用转义字符及其含义

字符形式	含 义	ASCⅡ码
\0	空字符(NULL)	0
\n	换行,将当前位置移到下一行开头	10
\b	退格,将当前位置移到前一列	8
\t	水平制表,跳到下一个 tab 位置	9
\r	回车,将当前位置移到本行开头	13
\f	换页,将当前位置移至下一页开头	12
\\	反斜杠字符\	92
\'	单撇号字符	39
\"	双撇号字符	34
\ddd	1~3 位 8 进制数所代表的字符	
\xhh	1~2 位 16 进制数所代表的字符	

三、字符串常量

字符串常量用双引号括起来的字符序列表示,例如:"CHINA"、"8051"都是合法的字符串常量,字符串常量所占的字节数为字符数加 1(在字符串的尾数加一个结束符 NULL)。

四、实型常量

实型数据用于表示实数,实型常量的一般格式为:

[±]整数部分·小数部分 指数部分

±号可有可无,无±号的即为正实数,整数部分和小数部分都是十进制数字序列,指数部分是 e(或 E)接上正负号和十进制数字序列。另外规定:

- 整数和小数部分可任选,但不可以都没有;
- 小数点和指数部分不可以都没有。

例如：.123，123e10、.06 都是合法的实型常量，而 123、E16 都是非法的。

7.2.3 变量

一、变量定义格式

51 系列单片机有内部 RAM、SFR、外部 RAM/IO、程序存贮器等存贮区域,为了能访问不同存贮区域的变量,C51 对变量的定义增加了存贮器类型说明。变量定义的一般格式为：

[存贮种类]数据类型[存贮器类型]变量名(或变量名表);

定义格式中的方括号部分[ ]是选项,可有可无。

存贮种类有:动态(auto)、外部(extern)、静态(static)和寄存器(register)。若函数或复合语句中的局部变量定义中缺少存贮种类说明,则默认为 auto 变量。

在表 7-1 中已列出了 C51 所支持的基本数据类型,前几种和标准 C 相同,这里作简单说明。

二、整型变量：整型变量的类型符为 int,有以下 4 种：

(1) 有符号基本整型：　　[signed]int　　　　　　;方括号部分可省略
(2) 无符号基本整型　　　unsigned int
(3) 有符号长整型　　　　long [int]　　　　　　　;方括号部分可省略
(4) 无符号长整型　　　　unsigned long [int]　　　;方括号部分可省略

例如:int a; unsigned int b; long x; unsigned long y;则分别定义 a、b、x、y 为整型、无符号整型、长整型、无符号长整型变量。

三、字符型变量

(1) 有符号字符型：　　　[signed] char　　　　　　;方括号部分可省略
(2) 无符号字符型：　　　unsigned char

例如:char a; unsigned char b;则分别定义 a、b 为有符号和无符号字符变量。

四、实型变量

C51 支持单精度实型变量,长度为 4 字节,类型符为关键字 float,又称为浮点型。例如 float x;则定义 x 为浮点型变量。

7.2.4 存贮器类型和存贮模式

一、存贮器类型

C51 变量定义中的存贮器类型部分指定了该变量的存贮区域,存贮器类型可以由关键字直接声明指定,表 7-3 列出了存贮器类型和相应的关键字。

表 7-3 C51 存贮器类型

关键字	存贮器类型	说　　明
data	内部 RAM 的 0~7FH 区域	直接寻址的内部 RAM 区,速度最快
bdata	内部 RAM 的 20H~2FH 区域	允许字节、位的直接访问
idata	内部 RAM 的 0~0FFH 区域	用@R0、@R1 间接访问
pdata	外部 RAM 某一页 0~0FFH 区域	用 MOVX @R0、@R1 间接访问
xdata	外部 64K RAM 0~0FFFFH 区域	用 MOVX @DPTR 间接访问
code	64K 程序存贮器区域	用 MOVC 指令访问

● 访问 data 区中的变量速度最快,但 data 区空间有限(0~7FH 中扣除工作寄存器区和位寻址区),应把使用频率最高的变量定义在 data 区;

● bdata 区主要存放位变量,也可以存放字符变量和基本整型变量。但不允许在 bdata 区域中定义长整型和浮点型变量;

● idata 区是内部 RAM 中扣除了工作寄存器区、位变量区、堆栈区的剩余区域,该区域是否满足应用需求来确定是否扩展外部 RAM,当应用系统的硬件扩展了外部 RAM 时,才可以将变量定义在 pdata 区域或 xdata 区域。在用 pdata 指定变量的存贮器类型时,应根据硬件地址适当修改 C51 编译器提供的启动配置文件 STARTUP・A51 中 PDATASTART 和 PDATALEN 的参数将 PPAGEENABLE 改为 1,指定 P2 值,将 STARTUP・A51 加到项目中,使用启动程序正确地对 P2 初始化,对 pdata 区初始化。

二、存贮模式

定义变量时,若缺省了存贮器类型说明,则按编译前选择的存贮器模式来确定变量的存贮器类型。可选的存贮模式有如下三种:

● SMALL(小模式):缺省存贮器类型说明的变量均存放在 idata 区域;
● COMPACT(紧凑模式):缺省存贮器类型说明的变量均存放在 pdata 区域;
● LARGE(大模式):缺省存贮器类型说明的变量均存放在 xdata 区域。

7.2.5 C51 扩展的数据类型

1. 普通位变量 bit

普通位变量只能存放在内部 RAM 中,一般用 bdata 指定存放于内部 RAM 的位可寻址区。定义格式为:

bit[存贮器类型]　变量名;
例如:bit　bdata　key_fg　　　　/*定义 key_fg 为 bdata 区位变量　*/
　　　bit　idata　dis_fg　　　　/*定义 dis_fg 为 idata 区位变量　*/

2. 特殊功能寄存器 sfr

8 位特殊功能寄存器变量用关键字 sfr 说明,定义格式为:

sfr　SFR 名=绝对地址;

SFR 名一般为所选型号的 51 系列单片机的特殊功能寄存器名(大写),绝对地址为该 SFR 的所在地址,地址范围为 80H～0FFH。

例如　sfr　SCON=0x98;

3. 可位寻址的特殊位变量 sbit

能位寻址的对象位于内部 RAM 的 20H～2FH 区域和 SFR 中地址能被 8 整除的特殊功能寄存器中,对它们的操作可以采取字节寻址,也可以位寻址。

特殊位变量的类型符为 sbit,有 3 种定义方法:

● 指定已定义的可位寻址的 SFR 或 bdata 区变量的某一位。

例如:① sfr　PSW=0xd0;　　　　　/*定义 PSW */
　　　 sbit F0=PSW^5;　　　　　　/*定义 F0 为 PSW.5　*/
　　　 sbit F1=PSW^1;　　　　　　/*定义 F1 为 PSW.1　*/
　　② unsigned　char bdata flag;　/*在 bdata 区定义无符号字符变量 flag */
　　　 sbit key_in=flag^0;　　　　/*定义键盘状态的 3 个位变量 */
　　　 sbit key_process=flag^1;
　　　 sbit key_delay=flag^2;

● 指定可以位寻址的地址单元的某一位。

例如:　sbit CY=0xd0^7;
　　　 sbit F0=0xd0^5;
　　　 sbit F1=0xd0^1;
　　　 sbit key_in=0x20^0;

● 指定可寻址的位地址(位地址必须大于 0x7F)。

例如:　sbit F0=0xd5;
　　　 sbit F1=0xd1;

4. 16 位特殊功能寄存器 sfr16

在新型 51 系列单片机中,两个 8 位特殊功能寄存器经常组合为 16 位寄存器使用,当 16 位寄存器高端地址直接位于低端地址之后,就可以定义为一个 16 位特殊功能寄存器变量,定义格式为:sfr16　SFR 名=sfr16 的低端地址;

例如:T2 计数器由 TL2、TH2 组成,TL2 地址为 0xcc,TH2 地址为 0xcd,则可以定义 16 位的特殊功能寄存器 T2CNT:　sfr16　T2CNT=0xcc;

C51 编译器提供多种型号 51 系列单片机特殊功能寄存器和可位寻址的 SFR 的位定义的头文件,如 reg51.h、reg52.h 等。也可以由用户对它们编辑、补充未定义的 sfr、sfr16、sbit 变量。

7.2.6 绝对地址访问

在单片机应用系统中,片内 sfr、I/O 口以及扩展的 I/O 口都位于某个存贮空间的特定地址,对这些对象的访问必须采用绝对地址访问形式。上小节中的 sfr、sfr16、sbit 变量就是指定绝对地址的变量,对这些变量的访问就是绝对地址访问。C51 程序对绝对地址单元的访问还可以使用宏定义实现：

用C51提供的宏定义文件absacc·h定义绝对地址变量,定义格式如下：
```
#include <absacc·h>          /*预处理命令,包含绝对宏定义文件absacc·h*/
#define   变量名  XBYTE[绝对地址]   /*在外部存贮区中定义绝对地址字节变量*/
#define   变量名  XWORD[绝对地址]   /*在外部存贮区中定义绝对地址字变量*/
#define   变量名  CBYTE[绝对地址]   /*在程序存贮器中定义绝对地址字节变量*/
#define   变量名  CWORD[绝对地址]   /*在程序存贮器中定义绝对地址字变量*/
#define   变量名  PBYTE[绝对地址]   /*在外部某一页中定义绝对地址字节变量*/
#define   变量名  PWORD[绝对地址]   /*在外部某一页中定义绝对地址字变量*/
#define   变量名  DBYTE[绝对地址]   /*在内部RAM中定义绝对地址字节变量*/
#define   变量名  DWORD[绝对地址]   /*在内部RAM中定义绝对地址字变量*/
```

例7.1
```
#include  <absacc·h>                 /*包含宏定义文件absacc·h*/
#define   PA8155  XBYTE[0xdff1]      /*定义8155A口绝对地址*/
#define   PB8155  XBYTE[0xdff2]      /*定义8155B口绝对地址*/
#define   PC8155  XBYTE[0xdff3]      /*定义8155C口绝对地址*/
#define   COM8155 XBYTE[0xdff0]      /*定义8155命令状态口*/
COM8155=3;                           /*命令字写入8155绝对地址*/
PA8155=0xF7;                         /*0xf7写入8155A口*/
PB8155=0xFF;                         /*0xff写入8155B口*/
unsigned char  a;                    /*定义无符号字符变量a*/
a=PC8155;                            /*读8155PC口写入变量a*/
```

§7.3 运算符和表达式

C语言的运算符有以下几类:算术运算符、逻辑运算符、位操作运算符、赋值运算符、条件运算符、逗号运算符、求字节数运算符和一些特殊运算符。用运算符和括号将运算对象(也称操作数)连接起来并符合C语法规则的式子称为表达式,C语言有算术表达式、赋值表达式、逗号表达式、关系表达式、逻辑表达式等。

C运算符的优先级有15级(见附录1),在表达式求值时,按运算的优先级由高至低的次序运算(如先乘除后加减),若在一个运算分量的两侧出现两个相同优先级的运算符时,则按运算符的结合性处理。有的运算符具有左结合性,按自左至右的次序计算,有的运算符具有右结合性,按自右至左的次序运算。例如:x－y+z,y两侧的－＋运算符具有相同优先级,都具有左结合性,因此先计算x－y,后计算＋z,相当于(x－y)+z。

7.3.1 算术运算符和算术表达式

一、算术运算符

(1) ＋(加)、－(减)、*(乘)、/(除)都是双目运算符,即有两个量参与运算,都具有左结

合性,两个整数相除结果为整数;

(2) %(求余数运算符,也称模运算)为双目运算符,参与运算的两个量都必须是整型数,结果为两数相除以后的余数;

(3) +(取正)、-(取负)都是单目运算符,具有右结合性,取正的含义是取运算分量的值,取负的含义是取运算分量符号相反的值;

(4) ++(自增1)、--(自减1)运算符。自增1和自减1运算符都是单目运算符,都具有右结合性,它们只能用于变量的加1或减1,++、--运算符可放在变量之前或变量之后,其含义有细微的差别:

- ++变量;--变量;   /*先使变量加1或减1,后使用变量*/
- 变量++;变量--;   /*先使用变量,后使变量加1或减1*/

例如:unsigned char j=0,i=3;   /*定义无符号字符变量;初值j为0,i为3*/
变量i、j定义以后若执行:j=++i;/*先使i加1,后将i赋给j,结果:i=4,j=4*/
变量i、j定义以后若执行:j=i++;/*先将i赋给j,后i加1 结果:i=4,j=3*/

二、算术表达式

由算术运算符、括号将运算对象连接起来的式子称为算术表达式。例如:a、b、x、y都是整型变量则:

a+b、a*2/x、(x+y)*8 都是算术表达式

7.3.2 位运算符和位运算

位运算符的功能是对数据进行按位运算,使之能对单片机的硬件直接进行操作,位运算符只能用于字符型和整型数据,不能用于浮点数。C51共有以下6种位运算符。

一、按位与运算符 &

参与运算的两个数据按位进行与运算,仅当两个数据的对应位都为1时,结果的相应位才为1,否则为0。其功能相当于51系列的ANL指令。

利用按位与操作可以使变量的某些位清零。例如:
P1=P1 & 0xfe;   /* 清零 P1.0 */

二、或运算符 |

参与运算的两个数据按位或运算,只要两个数据的对应位中有一个为1,结果的相应位为1,仅当对应位都为0时,结果才为0。功能相当于51系列的ORL指令。

利用按位或操作,可以使变量的某些位置1,例如:
P1=P1|0x1;   /*置"1"P1.0 */

三、按位异或 ∧

参与运算的两个数据对应位相同时,结果的相应位为0,不同时为1,功能相当于51指

令 XOR。利用按位异或可以使变量的某些位求反。例如：
P1=P1∧1;　　　　　　　/* 使 P1.0 求反 */

四、按位取反运算符～

按位取反运算符～是单目运算符，其功能是使一个数据的各位求反。例如：无符号整型变量 a=0x7ff0,则：
b=～a;　　　　　　　　/* 使 b 的值为 ox800f */

五、左移运算符<<

其功能为将一个数的各位左移若干位,高位溢出舍去,低位补充 0。例如：一个无符号整型变量 a 乘于 2^n(n<16),可用左移 n 位实现：
b=a<<4;　　　　　　　/* 其功能是使 b 等于 a*16 */

六、右移运算符>>

用来将一个数据的各位右移若干位,对于无符号整数高端移入 0,低端移出舍去。如果是有符号整数,高端移入原来数据的符号位,其右端移出位被舍去。对于无符号整型变量除以 2^n(n<16)可用右移 n 位实现。例如：
b=a>>4;　　　　　　　/* 其功能是使 b 等于 a÷16 */

7.3.3 赋值运算符和赋值表达式

一、赋值运算符和赋值表达式

赋值运算符的符号为"=",由赋值运算符将一个变量和一个表达式连起来称为赋值表达式,其一般形式为：
变量=表达式;
其功能是将表达式的值赋给变量,例如：
unsigned int a, b, x, y;　　　/* 定义变量 a、b、x、y */
x=a+b;　　　　　　　　　　/* a+b 的值赋给 x */
y=a & b;　　　　　　　　　/* 将 a 和 b 按位与结果赋给 y */
赋值运算符具有右结合性,因此 a=b=c=5;等价于 a=(b=(c=5));
如果赋值运算符两边的数据类型不相同,编译器自动将右边表达式的值转换为和左边变量相同的类型。

二、复合赋值运算符及表达式

在赋值运算符"="的前面加上其他双目运算符,就构成复合赋值运算符。c 的复合赋值运算符有如下十种：
+=、-=、*=、/=、%=、<<=、>>=、&=、∧=、|=。

由复合运算符将一个变量和表达式连起来也构成赋值表达式。一般形式为：
变量　　双目运算符＝　　表达式；
其功能等价于：
变量＝变量　双目运算符　表达式；　　例如：
a＋＝3；　　　等价于　　　　　　a＝a＋3；
x＊＝y＋8；　　等价于　　　　　　x＝x＊(y＋8)；
x％＝3；　　　等价于　　　　　　x＝x％3；

7.3.4　逗号运算符和逗号表达式

,(逗号)是 C 的一种特殊运算符,其功能是把几个表达式连接起来,组成(逗)号表达式,一般形式为：
表达式1,表达式2,……,表达式 n；
逗号表达式的功能是依次计算表达式1, 2, …, n 的值,整个逗号表达式的值为表达式 n 的值。例如：
i＝0, j＝3；
依次将0赋值给 i, 3赋值给 j,整个表达式值为3。
逗号表达式在 for 循环控制语句中用于对循环变量的初始化。
其他类型的运算符和表达式将在以下章节中介绍。

§7.4　C51 语句和结构化程序设计

7.4.1　C51 语句和程序结构

C51 语句是计算机执行的操作命令,一条语句以分号结尾(注意程序中的变量、函数声明部分不称为语句,但也以分号结尾)。从程序流程分析,程序有顺序结构、选择结构和循环结构,C 语句有表达式语句、复合语句、控制语句、空语句和函数调用语句等。

7.4.2　表达式语句、复合语句和顺序结构程序

表达式语句的一般形式为:表达式；
例如：　x＝y＋z；　　／＊赋值语句＊／
　　　　i＋＋；　　　／＊自增1语句＊／
顺序结构程序由按顺序执行的多个语句组成,在 C 语言中,常常将按顺序执行的语句用花括号{}括起来构成复合语句,复合语句中每个语句以分号结尾,花括号后不加分号。只有分号,不执行任意操作的语句称为空语句。如赋值语句那种不包含其他语句的语句,称为简单语句。通常用复合语句描述顺序结构程序。例如交换两个变量值的复合

语句为:
```
{  int x, y, temp;        /*变量定义,不是语句*/
   temp=x;                /*3个顺序执行的赋值语句*/
   x=y;
   y=temp;
}
```

7.4.3 选择语句和选择结构程序

一、关系运算符和关系表达式

比较两个量的大小关系的运算符称为关系运算符,关系运算符有以下 6 种:
<(小于)、<=(小于等于)、>(大于)、>=(大于等于)、==(等于)、
!=(不等于)。

关系运算符都是双目运算符,都具有左结合性。

关系表达式的一般形式为: 表达式 1   关系运算符   表达式 2

例如:a>b, (a+b)<(c-d)等都是关系表达式。

关系表达式的取值为 1(真)或 0(假)。

二、逻辑运算符和逻辑表达式

逻辑运算符有 &&(逻辑与)、||(逻辑或)、!(逻辑非)3 种。

1. 逻辑与表达式: 表达式 1   &&   表达式 2
   当表达式 1 和表达式 2 的值都是非零时,表达式的值为 1,否则为 0。
2. 逻辑或表达式: 表达式 1 || 表达式 2
   当表达式 1 和表达式 2 的值中,只要有一个为非零,则表达式的值为 1,否则为 0。
3. 逻辑非表达式: ! 表达式
   当表达式值为 0 时,逻辑非表达式为 1,表达式值为 1 时,逻辑非表达式值为 0。

三、if 语句

if 语句用来判定所给的条件是否满足来决定执行的两种操作之一。if 语句有 3 种形式。

1. if(表达式)语句;

表达式一般为关系表达式或逻辑表达式。当表达式的值为非零时执行语句,否则不执行语句。语句可以是简单语句或复合语句。

例 7.2   if (RI==1){
          RI=0;   /*若 RI=1 则清零 RI,读接收缓冲器*/
          SIO_IN=SBUF;   /*SIO_IN 为已定义的字符型全局变量 */
        }

2. if(表达式)语句 1;else 语句 2;

当表达式的值为非零时执行语句 1,否则执行语句 2。其中的语句 1 和语句 2 可以是简单语句或复合语句。

例 7.3　if (RI==1){
　　　　　RI=0;　　　　　　　/* RI=1,清零 RI,读 SBUF */
　　　　　SIO_IN=SBUF;
　　　　}
　　　　else{
　　　　　TI=0;　　　　　　　/* 清零 TI,对 SBUF 写 */
　　　　　SBUF=SIO_OUT; /* 用在串行中断中,不是 RI 中断,即为 TI 中断 */
　　　　}　　　　　　　　　　/* 所以不判 TI 状态 */

3. if(表达式 1)语句 1;
　　else if(表达式 2)语句 2;
　　　else if(表达式 3)语句 3;
　　　　　　　⋮
　　　　　else if(表达式 n)语句 n;
　　　　　　else 语句 n+1;

这种形式的 if 语句可以实现多种条件的选择。

在第 2 和第 3 种 if 语句中,应注意 if 和 else 的配对,else 总是和最近的 if 配对,在 if 语句中可以再包含 if 语句,构成 if 语句的嵌套。

四、条件表达式

在 if(表达式)语句 1;else 语句 2;这种形式中,若语句 1、语句 2 都是给同一个变量赋值,则可以用条件表达式来实现。条件表达式的一般形式为:

表达式 1　? 表达式 2　: 表达式 3

条件表达式求解时,先求表达式 1 的值,若非零求解表达式 2 的值,并作为条件表达式的值,如果表达式 1 的值为零,则求解表达式 3 的值,并作为条件表达式的值。例如:

例 7.4　if (a>b)max=a;　　　　　　　/* 取 a、b 中大的值赋给 max */
　　　　else max=b;
可以改写为:max=(a>b)? a : b;　　　　　/* 其中(a>b)? a : b 是一个条件表达式,
　　　　　　　　　　　　　　　　　　　　a>b 成立 max=a,否则 max=b */

五、switch 语句

switch 语句是直接处理多分支的选择语句,其功能类似于 51 的散转指令 JMP@A+DPTR。一般形式为:

switch(表达式){
　　case　常量表达式 1:语句 1;
　　case　常量表达式 2:语句 2;

```
    ⋮
case  常量表达式 n:语句 n;
default:语句 n+1;
}
```

switch 语句中的表达式一般为整型或字符型表达式,当表达式的值和某一个 case 后的常量表达式 i 相同时,就执行语句 i,语句 i+1,…,语句 n+1,要使各种情况互相排斥,只执行语句 i,应在每个语句后加上退出循环的语句 break;若表达式和所有的常量表达式不匹配,则执行语句 n+1。同时要求在 switch 语句中所有的常量表达式必须不同。

例 7.5 若在一个应用系统中设置 5 个单字符命令:A、F、G、W、Z。变量 SIO_IN 为串行口输入的字符。要求设计一个程序,若 SIO_IN 为合法的命令字符求出其命令号(0~4),非法字符置为 OFFH。设 SIO_IN、CMD_N 为已定义的无符号字符型变量,则程序如下:

```
{switch (SIO_IN)           /* SIO_IN 为输入字符变量 */
  case 'A':  CMD_N=0;  break;    /* CMD_N 为命令号 */
  case 'F':  CMD_N=1;  break;
  case 'G':  CMD_N=2;  break;
  case 'W':  CMD_N=3;  break;
  case 'Z':  CMD_N=4;  break;
  default:   CMD_N=0xff;
}
```

7.4.4 循环语句和循环结构程序

一、while 语句

while 语句的一般形式为: while(表达式)语句;

其中表达式为循环条件,一般为关系表达式或逻辑表达式,语句为循环体,可以是简单语句、复合语句或空语句。while 语句执行过程如图 7-1(a)所示。

例 7.6 下面是求 S=1+2+3+…+100 值的程序:

```
{  unsigned int s=0;              /* 定义变量并初始化 */
   unsigned char i=1;
   while (i<=100){
       s+=i;                      /* 循环体为复合语句 */
       i++;                       /* 修改循环变量 */
   }
}
```

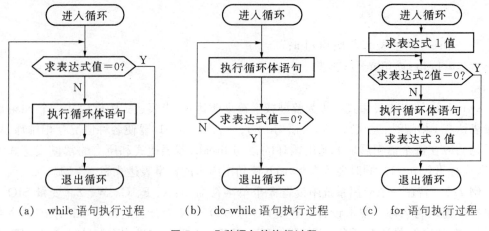

(a) while 语句执行过程　　(b) do-while 语句执行过程　　(c) for 语句执行过程

图 7-1　几种语句的执行过程

二、do-while 语句

do-while 语句的一般形式为：

  do

   语句；　　　　　　　　　　　/* 循环体，可以是简单语句或复合语句 */

  while(表达式)；　　　　　　　　　/* 其后分号不可少，表达式为关系表达式 */

  　　　　　　　　　　　　　　　　/* 或逻辑表达式 */

do-while 语句先执行循环体语句，再求解表达式值，判断是否退出循环。执行过程如图 7-1(b)所示。

例 7.7　P1.1 输出 16 次跳变，产生 8 个脉冲，P1.1 初态为 0，则程序如下：

```
{
    unsigned char i=0;        /* 定义循环控制变量 i;并初始化为 0 */
    do {
        P1=P1∧2;              /* P1.1 求反,P1 口其他位不变 */
        i++;                  /* 修改循环控制变量 */
    }
    while (i<16);             /* ;号不可省 */
}
```

三、for 语句

for 语句的一般形式为：

for(表达式 1;表达式 2;表达式 3)语句；

for 语句的执行过程如图 7-1(c)所示。循环程序由循环变量初始化、循环体、修改循环变量、判断循环终止条件等部分组成，上面的 while、do-while 语句循环变量初始化放在语句的前面(见例 7.7、例 7.6)，而循环变量的修改放在循环体中。而 for 语句具有循环程序所有部分，可以理解为：

for(循环变量赋初值;循环条件;循环控制变量修改)
｛语句｝   /* 循环体,可以是简单语句、复合语句或空语句 */

for 语句中的表达式 1 可以有几个表达式,表达式之间用逗号分开(,号表达式)。表达式 1 也可以省略,但分号(;)不可省略。如果表达式 2 省略(;号不可以省)则不判断条件,无限循环,表达式 3 也可省略,此时应在循环体中增加修改循环控制变量的语句。

例 7.8 用 for 语句实现 $S=1+2+3+\cdots+100$ 的程序。

- ｛ unsigned int s;   /* 标准形式 */
    unsigned char i;
    for (i=1, s=0; i<=100; i++) s+=i;
  ｝

- ｛ unsigned int s=0;
    unsigned char i=1;
    for (; i<=100; i++) s+=i;   /* 省表达式 1 */
  ｝

- ｛ unsigned int s;
    unsigned char i;
    for (i=1, s=0; i<=100;) ｛   /* 缺省表达式 3 */
       s+=i;
       i++;   /* 循环体中修改变量 i */
    ｝
  ｝

- for (; P1_1!=1;);   /* 功能相当于 JNB P1.1$ */
- for (;;);   /* 功能相当于 SJMP $ */

四、goto 语句、break 语句和 continue 语句

(1) goto 语句为无条件跳转语句,一般形式为:
goto 语句标号;   /* goto 语句尽量少用 */
(2) break 语句用来从循环体中跳出循环体,终止整个循环。一般形式为:
break;
(3) continue 语句用于循环体中,其功能为跳过本次循环中尚未执行的语句,继续下一次循环,而不终止整个循环,一般形式为:
continue;

§7.5 C51 的数组、结构、联合

7.5.1 数组

数组是相关的同类对象的集合,是一种构造类型的变量。数组中各元素的数据类型必

须相同,元素的个数必须固定,数组中的元素按顺序存放,每个元素对应于一个序号(称下标),各元素按下标存取。数组元素下标的个数由数组的维数确定,一维数组有一个下标,二维数组有两个下标。这里只介绍常用的一维数组。

一、一维数组的定义

C51 数组定义中增加了存贮器类型选项,定义的格式如下:

数据类型　[存贮器类型]　数组名　[常量表达式];

数据类型指定数组中元素的类型,[存贮器类型]选项可指定存放数组的存贮器类型,数组名是一个标识符,其后的方括号是数组的标志,方括号内的常量表达式指定数组元素的个数。

例 7.8　●在外部 RAM 中定义一个存放 20 个学生成绩的数组:
unsigned char xdata student_score[20];
● 又如在程序存贮器中定义一个显示器的字型数据表数组:
unsigned char code SEG_TAB[　]={0x3f, 0x6, 0x5b, 0x4f, 0x66, 0x6d, 0x7d, 0x7, 0x7f, 0x6f};　　　/*0~9字形表,这里列出了所有数组元素值,常量表达式*/
　　　　　　　　　　　　　　/*省略,但数组标志[　]不可省。*/

二、一维数组的引用

数组必须先定义以后才能引用,只能逐个引用数组中的元素,不能一次引用整个数组。如上面例 7.8 中定义了学生成绩的数组 student_score, student_score[i]代表相应学号的学生成绩,可以分别存取。下面的程序是统计 80 分以上,60 分~80 分,60 分以下的人数。

例 7.9　{unsigned char i=0, score_A=0, score_B=0, scroe_F=0;
　　　　　for (; i<20; i++){
　　　　　　　if(student_score[i]>80) score_A++;　　　/*80分以上*/
　　　　　　　else if(student_score[i]>=60) score_B++;　/*60~80分*/
　　　　　　　else　score_F++;　　　　　　　　　　　　/*60分以下*/
　　　　　　　}
　　　　　}

三、一维数组的初始化

(1) 在定义数组时如果给所有的元素赋值,可以不指定数组元素的个数,如例 7.8 中的 SEG_TAB[　];数组标志括号不可省。

(2) 在定义数组时只给部分元素赋值,例如:
unsigned char a[5]={1, 2, 3};　　/*a[0]=1, a[1]=2, a[2]=3, a[3]=a[4]=0*/

(3) 定义数组时使全部元素初值为 0,例如:
char b[5]={0, 0, 0, 0, 0};或 char b[5]={0};

7.5.2 结构

结构是另一种构造类型数据。通过使用结构可以把一些数据类型可能不同的相关变量结合在一起,给它们一个共同的名称,以方便编程。

一、定义结构类型

定义结构类型的一般形式为:
```
struct 结构类型名{              /* struct 为结构类型关键字 */
    成员表列                   /* 对各个成员数据类型声明 */
    };                         /* 分号不能少 */
```
例如:定义包含年、月、日的结构类型:
```
struct date{
unsigned int year;             /* 3 个成员的数据类型声明 */
unsigned char month;
unsigned char day;
};                             /* ;号不可省 */
```

二、定义结构类型变量

● 定义结构类型以后,再定义这种结构类型的变量。一般形式为:

结构类型名[存贮器类型说明]结构变量名表;   如上表定义了 struct date 结构类型,接着可以再定义这种结构变量。例如:

struct date birth_day, works_day;

这样就定义了生日、工作日期两个结构变量,关键词 struct 不能少。

● 在定义结构类型时同时定义结构变量,一般形式为:
```
struct 结构类型名{
    成员表列
    }变量名表列;
```
例如:
```
struct date{                   /* 结构体类型声明 */
    unsigned int year;
    unsigned char month;
    unsigned char day;
    } birth_day, works_day;    /* 定义了这种结构类型的两个变量 */
```
● 直接定义结构类型变量

这种定义方法就是在上一种方法中省去了结构类型名。

三、结构变量的引用

对结构变量的成员只能一个一个引用。引用结构变量成员的方法有两种:

- 用结构变量名引用结构成员,其形式为:

结构变量名·成员名

例如:birth_day·year＝1960;
- 用指向结构的指针引用成员,其形式为:

指针变量名⟶成员名

7.5.3 联合

联合也称为共用体,联合中的成员是几种不同类型变量,它们共用一个存贮区域,任意瞬间只能存取其中的一个变量,即一个变量被修改了,其他变量原来的值也消失了。

一、定义联合类型和联合类型变量

联合类型和联合类型变量可以一起定义,也可以像结构那样先定义联合类型,再定义这种联合类型的变量。联合类型和变量一起定义的形式为:

union 联合类型名{

　　　成员表列

　}变量名表;

如果同一个数据要用不同的表达方式,可以定义为一个联合类型变量。例如:有一个双字节的系统状态字,有时按字节存取,有时按字存取,则可定义下述联合类型变量:

例 7.11　union stasus{　　　　　　　　　/*定义联合类型*/

　　　　　　unsigned char status[2];

　　　　　　unsigned int status_val;

　　　　　}io_status, sys_status;　　　　/*同时定义联合变量*/

二、联合类型变量成员引用

联合类型变量成员的引用方法类似于结构:变量名·成员名

例如:io_status·status_val=0;

　　　io_status·status[0]=ox80;

§7.6 指　针

在 C 语言中,把存放数据的地址称为指针,把存放数据地址的变量称为指针变量。一般的数据变量表示存贮单元内容,而指针变量表示存贮单元的地址。利用指针变量访问数据对象类似于用 DPTR 间接寻址一样地方便。

7.6.1 定义指针变量

指针变量也必须先定义后使用,C51 指针变量定义的一般形式为:

基类型[存贮器类型1]*[存贮器类型2]指针变量名表;

- 基类型说明了所定义的指针变量所能指向的数据对象类型(不能指向其他类型)。
- 使用[存贮器类型1]选项,称为存贮器类型指针,只能指向这种存贮器类型的变量,保存指针变量的长度为2字节或1字节。缺省[存贮器类型1]选项的指针变量称为普通指针变量,可以访问任何类型存贮器中的数据对象,保存普通指针变量需3字节。
- * 为定义指针变量的标志。
- 使用[存贮器类型2]选项指定保存指针变量本身的存贮器类型,缺省由编译前指定的存贮模式确定。
- 指针变量名也是一个标识符,如果定义多个指针变量,变量名之间用逗号分隔。

例 7.12　　int * ptr0　　　　　　/* ptr0 为普通指针,可指向任何存贮空间的整形变量 */
　　　　　　　char data * ptr1　　　/* ptr1 只能指向 data 区的字符变量 */
　　　　　　　int data * ptr2　　　　/* ptr2 只能指向 data 区的整型变量 */
　　　　　　　int xdata * data ptr3　/* ptr3 只能指向 xdata 区的整型变量,指针变量本身存于 data 区 */

7.6.2 指针变量的引用

一、取变量的地址赋给指针变量

C51 中的单目运算符 &,是取变量地址的运算符,用 & 可以将变量的地址赋给一个指针变量。

例 7.13　在例 7.12 中已定义了指针变量 ptr0、ptr1、ptr2、ptr3,我们再定义一些变量,将变量的地址赋给相应指针变量。

　　int xdata x;　　　　　　　　　/* x 为 xdata 区的整型变量 */
　　int data y;　　　　　　　　　 /* y 为 data 区的整型变量 */
　　char data a[5];　　　　　　　 /* a[5]为 data 区的字符型数组 */
　　ptr0=&x;　　　　　　　　　　 /* 将变量 x 或 y 的地址赋给 ptr0 */
或 ptr0=&y;
　　ptr2=&y;　　　　　　　　　　 /* 只能将 data 区整型变量地址赋给 ptr2 */
　　ptr3=&x;　　　　　　　　　　 /* 只能将 xdata 区整型变量地址赋给 ptr3 */
　　ptr1=&a[0];等价于 ptr1=a　　 /* 只能将 data 区字符变量地址赋给 ptr1 */

二、引用指针变量间接访问所指向的变量

C51 中指针运算符 * 为单目运算符,也称间接访问运算符,它可以用指针变量间接访问所指向的变量。

例 7.14　在例 7.13 中已给 ptr1、ptr2 赋值,于是可以有下面的间接访问:* ptr1 为数组 a 中的元素 a[0],* ptr2 即为 y。

三、指针变量的加减1

指针变量的加减1是使指针变量指向下一个或上一个变量,所以指针变量加减1是加减数据类型的长度。

例 7.15 对于例 7.12 中定义的指针变量存在下面的关系：
prt0++   /*整型变量占两个字节,实际加 2*/
ptr1++   /*字符变量占一个字节,实际加 1*/

§7.7 函数和中断函数

C 语言是函数式语言,C 源程序中有一个主函数 main( ),由主函数调用其他函数,程序的功能是由函数完成的。C51 提供丰富的库函数,只要在源文件开头包含相应的头文件,就可以调用库函数,也允许用户自己定义函数。

7.7.1 函数的定义

定义一个函数的一般形式如下：
[类型说明符]函数名(形参表列)
    {　声明部分
      语句
    }

一、类型说明符

类型说明符指定函数执行结果返回值的数据类型,若没有返回值可用 void 表示或缺省。

二、函数名

函数名为一个标识符,主函数用 main,其他函数按函数的功能取名,如 max、sum 等。

三、形参表列

函数名后括号内的形参表列相当于子程序的入口参数,是主调函数传送给被调函数的参数及类型,形参可以是整型、字符型或数组元素等变量,也可以是地址指针,形参可以有一个或几个(用,号分开),也可以没有,但函数名后的函数标志括号( )不可省略。

四、函数体

花括号内的声明部分和语句称为函数体,函数的功能是由函数体完成的,有返回值的函数必须有一个或几个 return 语句。花括号内的声明和语句也可以没有,此时称为空函数,什么也不执行。

例 7.16 求两个整型变量中的大数
```
int   max(intx, inty){
    int   z;                /*变量声明*/
    z=x>y? x：y;            /*语句*/
    return   z;
}
```

7.7.2 函数的调用

一、函数调用的一般形式

函数调用的一般形式为： 函数名(实参表列)。

实参的个数、顺序、数据类型必须和函数定义中的形参一一对应,参数之间用,号分开。若没有参数传递可省略,但函数标志括号不能省略。

二、函数调用方式

- 函数调用语句:这种方式适用于无参数传递的函数。
  例如:init_sys( );   /*调用无参数的初始化程序*/
- 函数表达式:例如: c = 2 * max(a, b);
- 函数参数:例如: m = max(a, max(b, c));

三、对被调用函数的声明

如果调用自定义函数,应该在主调函数的源文件开头对被调函数作声明(函数原型),使编译系统对调用函数的合法性进行检查,如果主调函数和被调函数不在同一个文件中,在声明中加 extern(表示调用外部函数)。函数声明的一般形式为:

[extern]类型说明符 函数名(形参表列);
例如:int max(intx, inty);   /*在同一文件中*/
      extern int max(intx, inty);   /*不在同一文件中*/

如被调函数位于调用函数之前,可以省去该函数声明。

7.7.3 C51 函数的参数传递

C51 支持用工作寄存器传递参数,最多可以传 3 个参数,也可以通过固定存贮区传递参数。表 7-4 和表 7-5 列出了参数传递中寄存器使用情况。

表 7-4　寄存器传递函数参数

参数序号	char	int	long 或 float	一般指针
1	R7	R6、R7	R4~R7	R1~R3
2	R5	R4、R5		
3	R3	R2、R3		

表 7-5　函数返回值

返回类型	寄存器	说　明
位　型	cy	
字符型或单字节指针	R7	

(续表)

返回类型	寄存器	说明
整型或双字节指针	R6、R7	R6(高)R7(低)
长整型或浮点型	R4～R7	R4(高)～R7(低)
普通指针	R1～R3	R3 存贮类型 R2(高)、R1 低

7.7.4 中断函数

C51 提供以调用中断函数的方法处理中断,编译器在中断入口产生中断向量,当中断发生时,跳转到中断函数,中断函数以 RETI 指令返回。

一、中断函数的定义

C51 用关键字 interrupt 和中断号定义中断函数,一般形式如下:
[void]中断函数名( )interrupt 中断号[using n]{
　　　　声明部分
　　　　语句
　　　　}

- 中断函数无返回值,数据类型以 void 表示,也可以缺省。
- 中断函数名为标识符,一般以中断名称表示,如 timer0。
- 圆括号为函数标志,interrupt 为中断函数的关键字。
- 中断号为该中断在 IE 寄存器的使能位位置,如外部中断 0 的中断号为 0,串行口的中断号为 4。应根据所选单片机的器件手册正确编写中断号。
- 选项[using n],指定中断函数使用的工作寄存器组号,n=0～3。如果使用[using n]选项,编译器不产生保护和恢复 R0～R7 的代码,执行速度会快一些。这时中断函数及其所调用的函数必须使用同一组工作寄存器,否则会破坏主程序的现场。如果不使用[using n]选项,中断函数和主程序使用同一组寄存器,在中断函数中编译器自动产生保护和恢复 R0～R7 现场,执行速度慢一些。一般情况下,主程序和低优先级中断使用同一组寄存器,而高优先中断可使用选项[using n]指定工作寄存器组。

二、中断函数举例

主程序和中断函数之间的信息交换一般通过全局变量(见后介绍)实现。例如定时器中断函数修改变量 Tick_count,主程序可查询 Tick_count 之值作相应的处理,如是否进行 A/D 采样,是否进行键盘或显示器的定时扫描。

例 7.17 T0 中断函数
```
#include <reg51·h>        /*源文件开头宏命令*/
#define RELOADH   0x3c    /*宏定义符号*/
```

```
#define RELOADL    0xbd
unsigned int Tick_count              /*定义全局变量*/
    ⋮
timer0( ) interrupt 1{
    TR0=0;                           /*关定时器 T0*/
    TH0=RELOADH;                     /*恢复 T0 初值*/
    TL0=RELOADL;
    TR0=1                            /*重新允许 T0 计数*/
    Tick_count++                     /*修改变量 tick_count*/
}
```

三、不用的中断的处理

为了提高系统的可靠性,对于不使用的中断,编写一个空的中断函数,使之能通过指令 RETI 返回主程序。例如外部中断 0 若不用,可以编写如下空中断函数。

extern0_ISR( ) interrupt 0{ }

7.7.5 局部变量和全局变量

一、局部变量

在一个函数(即使是主函数)内部定义的变量在本函数内有效,在函数外无效,在复合语句内定义的变量也只能在本复合语句内有效,复合语句外无效,这类变量称为局部变量。因此不同函数内使用的变量可以使用相同的名称。局部变量名是用小写字母表示的标识符。

二、全局变量

一个源文件包含若干个函数,在函数外部定义的变量可以为多个函数共用,有效范围从定义变量处到文件结束,一般在文件开头定义,使之对整个文件有效。这类变量称之为全局变量。全局变量名称一般以大写字母开头,如例 7.16 中 Tick_count,这样便一目了然。

设置全局变量增加了函数之间的联系渠道(特别适用于主程序和中断程序之间信息交换),不过使用太多,使函数的移植性差。

7.7.6 变量的存贮种类

变量定义中的存贮种类指出变量的存贮方式和作用域。

一、auto 动态变量

在函数或复合语句内部定义的变量,在定义中若缺省存贮种类则默认为动态变量,动态变量只在函数被调用时,系统才给动态变量分配存贮单元,函数执行结束时释放存贮空间。

动态变量只能在函数或复合语句的内部使用。

二、static 静态变量

在函数内或复合语句内的变量定义中，用 static 指定存贮种类，这种变量称为静态局部变量，静态局部变量在程序运行时始终存在（占用存贮单元），但只能在函数内部使用，其作用是本次调用函数时能使用上次调用后的变量值。例如中断函数中定义的一些特殊变量可以用静态变量。

全局变量也是静态变量，始终占有存贮单元，但可以为多个函数共用。

三、用 extern 声明外部变量

在函数外部定义的变量称为外部变量（即全局变量），如果在变量定义处之前使用该变量，必须用 extern 声明，从声明处开始可使用该变量，如果一个文件中使用另一个文件中的全局变量，在使用之前也应用 extern 声明。例如：

extern int a[   ];说明整型数组 a 是外部变量，变量声明不占存贮单元，数组长度可不必指出。

四、用 extern 声明外部函数

一个文件使用另一个文件中的函数，也用 extern 声明是外部函数，例如：extern int max (intx, inty);

§7.8　预处理命令、库函数

7.8.1　预处理命令

预处理命令是在编译前预先处理的命令，编译器不能直接对它们处理，是在编译前预先处理的命令。下面简单介绍常用的预处理命令。

一、宏定义 ♯define

1. 不带参数的宏定义

用指定的标识符来代表一个字符序列。一般定义形式为：

♯define　标识符　字符序列　　　　　　　／＊宏定义命令后不加分号＊／

- ♯define 为宏命令。
- 标识符为宏名，一般取含义清晰易记忆的名称。
- 字符序列为被代表的数字或字符序列。

例如:♯define　PI　3.1415926

宏定义后 PI 作为一个常量使用，预处理时又将程序中的 PI 换成 3.1415926。

2. 带参数的宏定义

预处理时不但进行字符替换,而且替换字符序列中的形参。一般定义形式如下:

＃define 标识符(形参) 字符序列   /*字符串中含有形参*/

例如:＃define s(a, b) a*b

宏定义后,程序中可以使用宏名,并将形参换成实参。如:

area＝S(3, 2);   /*表达式中使用带实参的宏名*/

预处理时换成 area＝3*2   /*a*b 换成 3*2*/

二、类型定义 typedef

使用基本类型定义或声明变量时,用数据类型关键字指明变量的数据类型,而用结构、联合等类型定义变量时,先定义结构、联合的类型,再用关键字、类型名定义变量。如果用 typedef 定义新的类型名后,只要用类型名就可定义新的变量。例如:

```
typedef   struct{
    int num;
    char * name;
    char sex;
    int arg;
    int score;
} STD_TYPE;        /*定义结构类型 STD_TYPE*/
```

接着便可以在程序中用 STD_TYPE,就可以定义这种类型的结构变量。例如:

STD_TYPE std1、std2;   /*定义 STD_TYPE 类型结构变量*/

三、文件包含 ＃include

文件包含命令是将另外的文件插入到本文件中,作为一个整体文件编译。C51 提供了丰富的库函数,并有相应的头文件,只有用＃include 命令包含了相应头文件,才可以调用库中函数。包含命令一般形式为:＃include"文件名"或＃include ＜文件名＞

例如:＃include "stdio·h"   /*包含标准 I/O 头文件 后面无;号*/

＃include "math·h"   /*包含数学计算函数库头文件*/

7.8.2　C51 的通用文件

在 C51/LIB 目录下有几个重要的源文件,对它们稍作修改就可以用在专用的系统中。

一、init_mem·C

功能是初始化动态内存区,指定动态内存区的大小。

二、INI·A51

功能是对 watchdog 操作。

三、C51 启动配置文件 STARTUP·A51

启动配置文件 STARTUP·A51 中包含了目标系统启动代码,可以在每个工程项目中加入这个文件,复位以后先执行该程序,然后转主函数 main( )。其功能包括:
- 定义内部和外部 RAM 的大小,可重入堆栈的位置;
- 初始化内部和外部 RAM 存贮器;
- 按存贮模式初始化重入堆栈和重入堆栈指针;
- 初始化硬件堆栈指针(sp);
- 转向 main( ),向 main 交权。

必须根据目标系 CPU 和扩展 RAM 的情况,编译前选用 SMALL 或 COMPACT 或 LARGE 模式,并修改 STARTUP·A51 中下述参数,将 STARTUP·A51 加入项目,一起编译,才能对目标系统正确地初始化。

常数名	含 义
IDATALEN	待清内部 RAM 长度:80H(8051)或 100H(8052)等。
XDATASTART	指定待清外部 RAM 起始地址,由硬件确定,缺省为 0;
XDATALEN	待清外部 RAM 长度,由硬件确定,原值为 0;
IBPSTACK	小模式重入堆栈需初始化标志,1 需初始化,0 不需,原值为 0;
IBPSTACKTOP	指定小模式重入栈顶部地址,缺省是 idata 的 0XFF。
XBPSTACK	大模式重入堆栈需初始化标志,1 要初始化,0 不要初始化;
XBPSTACKTOP	大模式重入堆栈顶部地址,缺省为 0XFFFF,由硬件定;
PBPSTACK	紧凑模式重入堆栈需初始化标志,1 要初始化,0 不要初始化;
PBPSTACKTOP	紧凑模式堆栈顶部地址,缺省是 pdata 的 0XFF。
PPAGEENABLE	要不要对 P2 口初始化。1 要初始化,0 不要初始化,由硬件确定。
PPAGE	指定 P2 值。

在紧凑模式中,P2 作为页(高端)地址,若指定某页为 BE00H~BEFFH,则 PPAGE= 0XBE,连接时 L51＜input modules＞PDATA(BE80H)。

7.8.3 C51 的库函数

一、本征函数文件

本征函数也称为内联函数,这种函数不采用调用形式,编译时直接将代码插入当前行。

1. 左环移本征函数

函数原型:
- unsigned char _rol_(unsigned char a, unsigned char n);
- unsigned int _irol_(unsigned int a, unsigned char n);
- unsigned long _lrol_(unsigned long a, unsigned char n);

功能：_crol_、_irol_、_lrol_分别将字符型变量a、整型变量a、长整型变量a循环左移n位。

例如：unsigned char a;
　　　unsigned int x;
　　　unsigned long y;
　　　a=0xa5;
　　　x=0xa5a5;
　　　y=0xa5a5a5a5;
　　　a=_crol_(a,3)　　　　　　/*结果为a=0x2d*/
　　　x=_irol_(x,3)　　　　　　/*结果为x=0x2d2d*/
　　　y=_lrol_(y,3)　　　　　　/*结果为y=0x2d2d2d2d*/

2. 右环移本征函数

函数原型：
- unsigned char _cror_(unsigned char a, unsigned char n);
- unsigned int _iror_(unsigned int a, unsigned char n);
- unsigned long _lror_(unsigned long a, unsigned char n);

功能：_cror_、_iror_、_lror_分别将字符型变量a、整型变量a、长整型变量a循环右移n位。

例如：unsigned char a;
　　　unsigned int b;
　　　unsigned long c;
　　　a=0xa5;
　　　b=0xa5a5;
　　　c=0xa5a5a5a5;
　　　a=_cror_(a,3);　　　　　　/*结果为a=0xb4*/
　　　b=_iror_(b,3);　　　　　　/*结果为b=0xb4b4*/
　　　c=_lror_(c,3);　　　　　　/*结果为c=0xb4b4b4b4*/

3. 其他本征函数

- _nop_;　　　　　　　　　　　/*空操作,产生一条NOP指令*/
- bit _testbit_(bit b);　　　　/*位测试,产生一条JBC指令*/

功能：测试的位为1时清零该位,并返回1,否则返回0。

例如：if _testbit_(RI)　a=SBUF;　　/*RI=1,清零RI,读SBUF*/

二、库函数

C51针对51单片机硬件特点设置了SMALL、COMPACT、LARGE的有和没有浮点运算的函数库。

- C51S·LIB　　　无浮点运算的小系统函数库
- C51FPS·LIB　　有浮点运算的小系统函数库

- C51C·LIB   无浮点运算的紧凑系统函数库
- C51FPC·LIB 有浮点运算的紧凑系统函数库
- C51L·LIB   无浮点运算的大系统函数库
- C51FPL·LIB 有浮点运算的大系统函数库

三、头文件

每个函数库都有相应头文件,用户如果需要用库函数,必须将用#include命令包含相应头文件。用户尽可能采用小系统无浮点运算的函数库,以减少代码的长度。下面列出相应头文件(位于Keil\C51\INC目录下):

ctype·h	字符函数
stdio·h	一般I/O函数
string·h	字符串函数
stdlib·h	标准函数
math·h	数学函数
absacc·h	绝对地址访问宏定义
intrins·h	本征函数
stdarg·h	变量参数表
setjmp·h	全程跳转
regxxx·h	SFR定义文件

§7.9　C51程序设计

7.9.1　注意事项

在C51程序设计时,应注意和所设计的硬件结构协调一致。
- 存贮种类和存贮模式的选择应和硬件存贮器物理地址范围对应,还应注意存贮器是否溢出。
- 外部I/O口绝对地址的定义和I/O口物理地址对应,还须考虑P2口是否作为地址总线口使用来选择XBYTE或PBYTE来定义,选用PBYTE时注意和P2口操作一致。
- 寄存器定义文件的选择和单片机型号一致。
- 动态参数选择应考虑时钟频率的因素。
- 算法选择应考虑硬件和C51的特点。
- 设法提高内部RAM使用效率(尽可能缩短变量字节数,如循环变量i一般用unsigned char,使用存贮器类型指针等)。

7.9.2 C51程序设计实例之一——定时扫描显示器、读键盘程序

一、硬件电路

图 7-2 为扩展 1 片 8155 外接键盘显示器的 89C52 系统，8155 RAM 地址为7E00H～7EFFH，I/O 口地址为 7F00H～7F05H。对 8155 的操作可以用 DPTR 寻址（P2 口作地址总线口时），也可以用 P2·R0 寻址（对 P2 口位操作，使 P2.1～P2.6 作为 I/O 线使用时），因此 I/O 口绝对地址可选用 XBYTE（用 DPTR 寻址）或 PBYTE（用 R0 寻址），下面的程序用 XBYTE 定义。

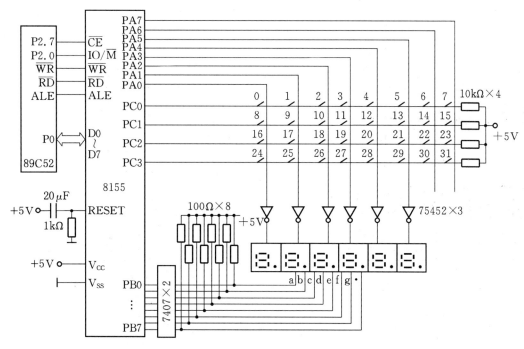

图 7-2 带有键盘显示器的 89C52 系统

二、功能

设计一个电子钟控制程序，具有下列功能：
- 从键盘上输入时钟初值；
- 实时显示时钟

三、程序结构和程序框图

为了使程序具有典型性和实用性，虽然 CPU 很空，我们还是选择定时读键盘和扫描显示器的方法，实验程序由主程序和 T2 中断程序组成。
- 主程序功能：系统初始化和显示缓冲器刷新。

● T2 中断程序:1ms 扫描 1 位显示器、10ms 读一次键盘、1 秒定时、时钟计数。

图 7-3 为程序框图。主程序包括,启动配置程序 START_UP.A51(系统提供略)、主函数、初始化函数 init_sys( )、时钟初始化函数 init_time、显示缓冲器刷新函数 dis_buf_flash( )。T2 中断程序包括 T2 中断函数及调用的键盘测试函数 test_key、读键号函数 read_key、显示 1 位函数 disply_one。为了说明局部变量、全局变量、外部变量、外部函数的使用方法,我们将源程序分为两个文件,即 main·C 和 key·C。下面为 C51 的源程序。

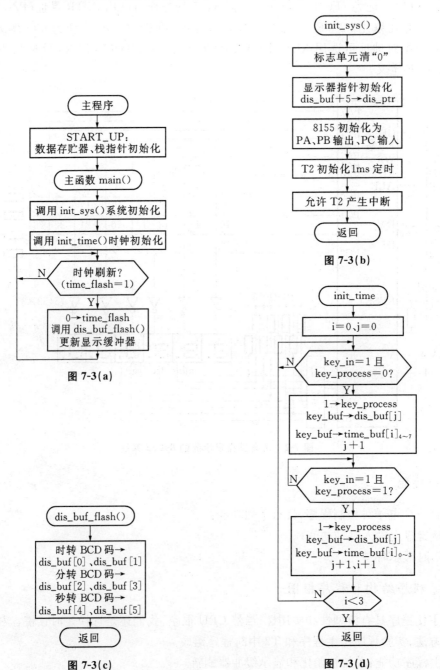

图 7-3(a)

图 7-3(b)

图 7-3(c)

图 7-3(d)

第 7 章　C51 程序设计

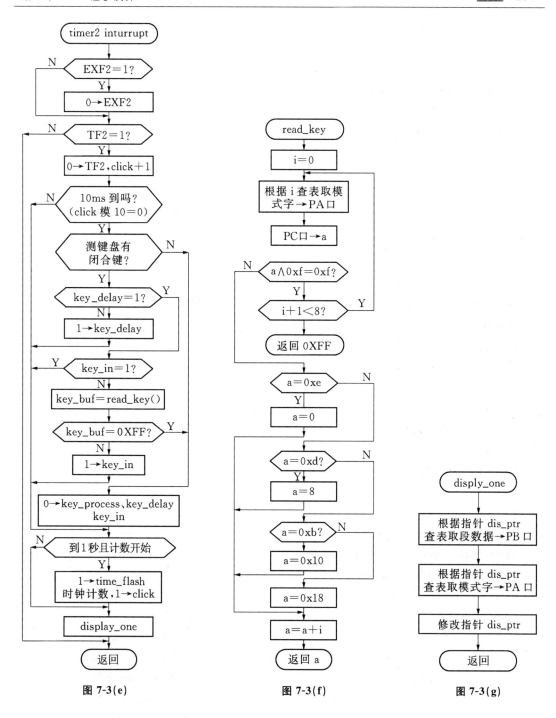

图 7-3(e)　　　　　　　图 7-3(f)　　　　　　　图 7-3(g)

四、源程序

1. keydirmain.c
#include "reg52.h"　　　　　　　　　　　　/*特殊功能寄存器头文件*/
#include "absacc.h"　　　　　　　　　　　　/*宏定义文件*/

```c
#define uchar unsigned char                        /*宏定义*/
#define uint unsigned int
#define COM8155 XBYTE[0x7f00]                      /*绝对地址变量宏定义*/
#define PA8155 XBYTE[0x7f01]
uchar data * dis_ptr;                              /*指针变量声明*/
uchar data key_buf;
uchar data dis_buf[6]={0x10, 0x11, 0x12,           /*显示数据数组,初始化便于调试*/
                      0x13, 0x14, 0x15};
uchar data time_buf[3]={0x22, 0x58, 0x55};         /*时钟数组,初始化便于调试*/
uint data click=0;                                 /*秒定时变量*/
uchar bdata flag;
sfr16 T2CNT=0xcc;                                  /*SFR 变量声明*/
sfr16 RCAP2=0xca;
sbit time_flash=flag^0;                            /*特殊位变量声明*/
sbit time_bgn=flag^1;
sbit key_in=flag^2;
sbit key_delay=flag^3;
sbit key_process=flag^4;
sbit key_rd=flag^5;
void init_sys();                                   /*函数原型声明*/
void m_loop(void);
void init_time(void);
void dis_buf_flash(void);
void m_loop();
extern uchar read_key();                           /*外部函数声明*/
extern uchar getc_key(void);
extern void disply_one(void);
extern bit test_key(void);
void main(){                                       /*主函数*/
    init_sys();                                    /*调用初始化函数*/
    init_time();                                   /*调用时钟初始化函数*/
    time_bgn=1;                                    /*允许时钟开始计数*/
    m_loop();                                      /*主循环函数*/
    for(;;);
}
void m_loop(){                                     /*主循环函数*/
    do{
        for(; time_flash==0;);                     /*判时钟需刷新否?*/
```

```c
            time_flash=0;
            dis_buf_flash();              /*调用显示数组刷新函数*/
        }
    while(1);
}

void init_time(void){                     /*时钟初始化函数*/
    uchar i, j;
    for(i=0, j=0; i<3; i++){
        for(; (flag&0x14)!=0x4;);         /*循环等待键输入*/
        key_process=1;
        dis_buf[j]=key_buf;               /*键输入送显示数组*/
        time_buf[i]=key_buf;              /*高位时间处理*/
        time_buf[i]*=16;
        j++;
        for(; (flag&0x14)!=0x4;);         /*循环等待键输入*/
        key_process=1;
        dis_buf[j]=key_buf;               /*键输入送显示数组*/
        time_buf[i]|=key_buf;             /*低位时间处理*/
        j++;
    }
}

void init_sys(void){                      /*初始化函数*/
    flag=0;                               /*标志变量清零*/
    dis_ptr=dis_buf+5;                    /*显示位指针初始化*/
    COM8155=3;                            /*8155初始化*/
    PA8155=0xff;
    T2CNT=64536;                          /*T2初始化*/
    RCAP2=64536;
    T2CON=0x4;
    ET2=1;                                /*中断初始化*/
    EA=1;
}
void dis_buf_flash(void){                 /*显示数组刷新函数*/
    dis_buf[0]=time_buf[0]/10;            /*时钟送显示数组*/
    dis_buf[1]=time_buf[0]%10;
    dis_buf[2]=time_buf[1]/10;
```

```c
        dis_buf[3]=time_buf[1]%10;
        dis_buf[4]=time_buf[2]/10;
        dis_buf[5]=time_buf[2]%10;
    }

    void timer2(viod) interrupt 5 using 2{          /*T2 中断函数*/
        if(EXF2==1) EXF2=0;                         /*若 EXF2=1 则清零*/
        if(TF2==1){
            TF2=0;                                  /*TF2=1 处理*/
            click++;
            if(click%10==0){                        /*判 10ms 定时到否？*/
                if(test_key()==1){                  /*扫描键盘处理*/
                    if(key_delay==0)
                        key_delay=1;                /*置去抖动标志*/
                    else if(key_in==0){
                        key_buf=read_key();         /*读输入键键号*/
                        if(key_buf!=0xff)
                            key_in=1;               /*置输入键有效标志*/
                    }
                }
                else{
                    key_process=0;                  /*未扫描到闭合键,清零标志*/
                    key_in=0;
                    key_delay=0;
                }
            }
            if((click>=1000)&&(time_bgn==1))        /*1秒是否到和是否开始计数*/
            {time_flash=1;                          /*置时钟刷新标志*/
            click=1;
            time_buf[2]+=1;                         /*时钟秒加1*/
            if(time_buf[2]>=60){
                time_buf[2]=0;
                time_buf[1]+=1;                     /*时钟分加1*/
                if (time_buf[1]>=60){
                    time_buf[1]=0;
                    time_buf[0]+=1;                 /*时钟时加1*/
                    if(time_buf[0]>=24)
                        time_buf[0]=0;
```

```c
                    }
                }
            }
        disply_one();                          /*每1ms扫描1位显示器*/
        }
    }
extern0 () interrupt 0{}                       /*未使用中断的空函数*/
timer0 () interrupt 1{}
extern1 () interrupt 2{}
timer1 () interrupt 3{}
uart () interrupt 4{}
```

2. keydir.c

```c
#include "reg52.h"                             /*SFR头文件*/
#include "absacc.h"
#define uchar unsigned char                    /*宏定义*/
#define uint unsigned int
#define COM8155 XBYTE[0x7f00]
#define PA8155 XBYTE[0x7f01]
#define PB8155 XBYTE[0x7f02]
#define PC8155 XBYTE[0x7f03]
extern uchar data * dis_ptr;                   /*外部变量声明*/
extern uchar data dis_buf[6];
extern uchar data key_buf;
extern uchar data time_buf[6];
extern uchar bdata flag;
extern time_init();                            /*外部函数声明*/
extern bit key_in;                             /*外部位变量声明*/
extern bit key_delay;
extern bit key_process;
uchar code seg_tab[]={0x3f, 0x06, 0x5b, 0x4f, 0x66,   /*0-4 段数据*/
                     0x6d, 0x7d, 0x07, 0x7f, 0x6f,   /*5-9 段数据*/
                     0x77, 0x7c, 0x39, 0x5e, 0x79,   /*A-E 段数据*/
                     0x71, 0x40, 0x0};               /*F, -, nub,段数据*/
uchar code digit_tab[]={0x01, 0x02, 0x04,            /*显示器扫描模式字*/
                       0x08, 0x10, 0x20,};
uchar code key_bit[]={0xfe, 0xfd, 0xfb, 0xf7,        /*键盘扫描模式字*/
                     0xef, 0xdf, 0xbf, 0x7f};
```

```c
void disply_one (void){                    /*显示1位函数*/
    uchar i;
    PB8155=seg_tab[*dis_ptr];              /*取段数据送PB口*/
    i=dis_ptr-dis_buf;
    PA8155=digit_tab[i];                   /*取扫描模式字送PA口*/
    if (dis_ptr>dis_buf)
        dis_ptr--;
    else dis_ptr=dis_buf+5;
}
bit test_key (void){                       /*测试键盘上是否有闭合键函数*/
    uchar i;
    PA8155=0;
    i=PC8155&0xf;
    if(i==0xf)
        return((bit)0);                    /*无闭合键返回0*/
    else return ((bit)1);                  /*有闭合键返回1*/
}
uchar read_key(){                          /*判键号函数*/
    uchar i, a;
    for(i=0; i<8; i++){                    /*循环判0~7列*/
        PA8155=key_bit[i];                 /*扫描模式送PA口*/
        a=PC8155&0xf;
        if(a!=0xf){                        /*判行为全"1"否？*/
            if(a==0xe)
                a=0;                       /*1行首键号为0*/
            else if(a==0xd)
                a=8;                       /*2行首键号为8*/
            else if(a==0xb)
                a=0x10;                    /*3行首键号为10H*/
            else a=0x18;                   /*4行首键号为10H*/
            a+=i;                          /*4行首键号为18H*/
            return a;                      /*返回值为键号*/
            break;
        }
    }
    a=0xff;                                /*行为全1*/
    return a;
}
```

```
        }
uchar getc_key(){                              /*读取键盘上输入函数,未用仅示例*/
        uchar a;
        for(;(key_in==0)||(key_process==1););     /*循环等待键输入*/
        key_process=1;
        a=key_buf;
        return a;
}
```

7.9.3 C51程序设计实例之二——EXR_B_A实验板综合控制程序

一、硬件线路

EXR_B_A硬件线路见图9-4。P3.5驱动电机,P3.3驱动蜂鸣器,按键KINT接 $\overline{INT0}$,外接0809地址为0B8FFH~0BFFFH,P1.4~P1.7接开关K0~K3, P1.0~P1.3接指示灯L0~L3。

二、程序功能

● P3.5输出软件控制的PWM信号脉冲驱动电机;● A/D控制PWM参数,使A/D结果越大,电机转速越高;● 指示灯L0~L3随K0~K3变化;● 每按一次KINT0,蜂鸣器响1秒。

三、程序结构和功能分配

整个程序由启动程序STAR T_UP.A51(略)、主函数、T0、T2和$\overline{INT0}$中断函数组成。它们的功能如下:

● 主函数:系统初始化、控制蜂鸣器发声、启动和读0809通道0,根据A/D结果修改PWM参数,根据K0~K3状态驱动指示灯L0~L3;

● $\overline{INT0}$中断函数:申请蜂鸣器发声;

● timer0中断函数:控制P3.5输出PWM信号、驱动电机;

● timer2中断函数:1秒定时。

四、全局变量和程序框图

定义下列全局变量,用于主函数和中断函数之间的信息交换:

● P3.3为驱动蜂鸣器的位变量BEEP;

● 请求蜂鸣器发声位变量FG_BEEP;

● P3.5为驱动电机的位变量QD;

● 电机状态位变量FG_LOW;

● PWM低电平参数字符变量L_BUF;

● PWM高电平参数字符变量H_BUF;

- QD 当前状态剩余时间字符变量 TEMP；
- 1 秒标志位变量 FG_SS；
- T2 溢出次数变量 T2OVCNT。

程序框图如图 7-4 所示。下面为 C51 源程序。

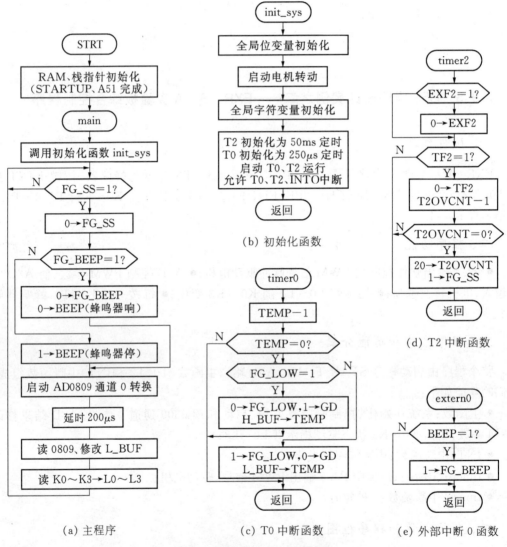

图 7-4　EXR_B_A 程序框图

五、源文件　EXR_EBA.C

```
#include "reg52.h"          /*预处理命令  包含 SFR 头文件*/
#include "absacc.h"         /*宏定义头文件*/
#include "intrins.h"        /*本征函数库头文件*/
#define uchar unsigned char /*宏定义*/
```

```c
#define uint unsigned int
#define AD0809 XBYTE[0xbfff]            /*绝对地址变量宏定义*/
#define AD0809_0 XBYTE[0xb8ff]
sfr16 T2CNT=0xcc;                       /*SFR文件中未定义的SFR定义*/
sfr16 RCAP2=0xca;
sbit BEEP=0xb3;                         /*特殊位变量定义*/
sbit QD=0xb5;
uchar data L_BUF;                       /*变量定义*/
uchar data H_BUF;
uchar data TEMP;
uchar data T2OVCNT;
uchar bdata FLAG;
sbit FG_SS=FLAG^0;                      /*特殊位变量定义*/
sbit FG_LOW=FLAG^1;
sbit FG_BEEP=FLAG^2;
void init_sys();                        /*函数原型声明*/

void main(){                            /*主函数*/
    init_sys();                         /*调用系统初始化函数*/
    do {
        uchar i;
        uchar a;
        for (;FG_SS==0;);               /*循环等待FG_SS=1*/
        FG_SS=0;
        if (FG_BEEP==1){                /*判蜂鸣器是否在发声*/
            BEEP=0;                     /*使蜂鸣器发声*/
            FG_BEEP=0;
            }
        else BEEP=1;                    /*使蜂鸣器停止发声*/
        AD0809_0=0;                     /*启动0809通道0 A/D转换*/
        for (i=0; i<255; i++);          /*延时*/
        a=AD0809;                       /*读0809*/
        L_BUF=a/10;                     /*修改PWM参数*/
        a=P1;                           /*读开关量*/
        a=_cror_(a, 4);                 /*插入本征函数右移4位*/
        P1=a|0xf0;                      /*开关状态送指示灯显示*/
        }
    while(1);
```

```
        }

            void init_sys(void){           /*系统初始化函数*/
                FLAG=0;                    /*标志变量初始化*/
                FG_LOW=1;
                QD=0;
                TEMP=24;                   /*工作缓冲器初始化*/
                L_BUF=24;
                H_BUF=4;
                T2OVCNT=20;                /*T2初始化*/
                T2CNT=15536;
                RCAP2=15536;
                T2CON=4;
                TMOD=2;                    /*T0初始化*/
                TH0=6;
                TL0=6;
                TR0=1;                     /*T0允许运行*/
                IT0=1;                     /*中断初始化*/
                ET0=1;
                PT0=1;
                EX0=1;
                ET2=1;
                EA=1;
            }

    extern0() interrupt 0{                 /*外部中断0函数*/
        if(BEEP==1)
            FG_BEEP=1;
}
timer0() interrupt 1{                      /*T0中断函数*/
    TEMP--;
    if(TEMP==0){                           /*判当状前状态时间计数器减为零否?*/
        if(FG_LOW==1){
            FG_LOW=0;                      /*原QD=0的处理*/
            QD=1;
            TEMP=H_BUF;
            }
        else{
```

```
                    FG_LOW=1;              /*原QD=1的处理*/
                    QD=0;
                    TEMP=L_BUF;
                    }
             }
   }
   void timer 2(void) interrupt 5   using 2{   /*T2中断函数*/
             if(EXF2==1) EXF2=0;
             if(TF2==1){
               TF2=0;
               T2OVCNT--;
               if(T2OVCNT==0){         /*判1秒定时到否?*/
                 T2OVCNT=20;           /*恢复1秒定时参数*/
                 FG_SS=1;              /*置1秒标志变量*/
                 }
               }
             }
   extern1 () interrupt 2{}                /*不用的中断处理*/
   uart () interrupt 4{}
   timer 1 () interrupt 3{}
```

习 题

1. 指出下列标识符的命名是否正确：
   using   p1.5   p1_5   8155_PA   PA_8255   8155
2. 指出下列各项是否为C51的常量？若是指出其类型。
   E-4   A423   .32E31   003   0.1
3. 请分别定义下述变量：
   - 内部RAM直接寻址区无符号字符变量a；
   - 内部RAM无符号字符变量key_buf；
   - RAM位寻址区无符号字符变量flag；
   - 将flay·0～2分别定义为K_IN、K_D、K_P；
   - 外部RAM的整型变量x。
4. 请将外部8255的PA、PB、PC、控制口分别定义为绝对地址7FFCH、7FFDH、7FFEH、7FFFH的绝对地址字节变量；
5. 设无符号字符变量key_buf为输入键键号(0～9、A～F)，请编写一个C51复合语句把它转为ASCII码。
6. 在定义 unsigned char a=5，b=4，c=8 以后,写出下述表达式的值：
   - (a+b>c)&&(b==c)

- (a||b)&&(b-4)
- (a>b)&&(c)

7. 请分别定义下列数组：
   - 外部 RAM 中 255 个元素的无符号字符数组 temp；
   - 内部 RAM 中 16 个元素的无符号字符数组 d_buf；
   - temp 初始化为 0,d_buf 初始化为 0；
   - 内部 RAM 中定义指针变量 ptr,初始值指向 temp[0]。
8. 编写一个函数,参数为指针,功能为将 d_buf 中 16 个数据写入指针指出的 temp 数组中。
9. 将例 4.7 中 BEEP 子程序改写为 C51 语言函数。
*10. 将例 4.10 中 KEYN 子程序改写为 C51 语言函数。
*11. 将例 4.12 中 T0 中断程序改写为中断函数。
*12. 将例 4.13 中的中断程序改写为中断函数。
*13. 将例 4.19 中串行口中断程序改写为中断函数。
*14. 将例 5.5 中的子程序 SDIR 改写为 C51 函数。
*15. 将例 5.6 中的子程序 DIR 改写为 C51 函数。
*16. 将例 5.26 中子程序 RS_Byte 改写为 C51 函数。
*17. 已知 t_1_buf、t_2_buf 分别为输入脉冲两次下跳变 T2 捕捉值的无符号整型变量,tf2 cnt 为二次下跳变之间 T2 溢出次数的无符号字符变量,fosc=12MHz。请编写一个计算脉冲频率的 C51 函数。

第8章　单片机应用系统研制

由于单片机应用系统的多样性和技术指标不同,研制的方法、步骤不完全一样。研制工作包括硬件和软件两个方面,硬件指单片机、外围器件、I/O设备组成的机器,软件是各种操作程序的总称。硬件和软件紧密配合、协调一致,才能组成一个高性能的应用系统。

单片机应用系统研制包括总体设计、硬件设计、软件设计、调试、产品化等阶段。图8-1描述了一般过程。

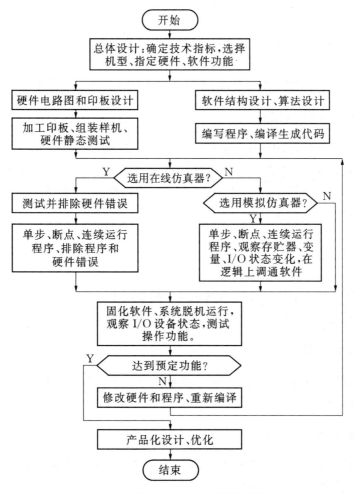

图8-1　单片机应用系统研制过程

§8.1 系统设计

8.1.1 总体设计

一、确定功能技术指标

单片机应用系统的研制是从确定功能技术指标开始的,它是系统设计的依据和出发点,也是决定产品前途的关键。必须根据系统应用场合、工作环境、用途,参考国内外同类产品资料,提出合理、详尽的功能技术指标。

二、机型和器件选择

选择单片机机型依据是市场货源、单片机性能、开发工具和熟悉程度。根据技术指标,选择容易研制、性能价格比高、有现成开发工具、比较熟悉的一种单片机。选择合适的传感器、执行机构和 I/O 设备,使它们在精度、速度和可靠性等方面符合要求。

三、硬件和软件功能划分

系统硬件的配置和软件的设计是紧密联系的,在某些场合,硬件和软件具有一定的互换性,有些功能可以由硬件实现也可以由软件实现,如系统日历时钟。对于生产批量大的产品,能由软件实现的功能尽量由软件完成,以利简化硬件结构,降低成本。总体设计时权衡利弊,仔细划分好软、硬件的功能。

8.1.2 硬件设计

硬件设计的任务是根据总体要求,在所选单片机基础上,具体确定系统中每一个元器件,设计出电路原理图,必要时做一些部件实验,验证电路正确性,进而设计加工印板,组装样机。

一、系统结构选择

根据系统对硬件的需求,确定是小系统、紧凑系统还是大系统。如果是紧凑系统或大系统,进一步选择地址译码方法。

二、可靠性设计

系统对可靠性的要求是由工作环境(湿度、温度、电磁干扰、供电条件等等)和用途确定的。可以采用下列措施,提高系统的可靠性。

1. 采用抗干扰措施

● 抑制电源噪声干扰:安装低通滤波器、减少印板上交流电引进线长度,电源的容量留有余地,完善滤波系统、逻辑电路和模拟电路的合理布局等。

- 抑制输入/输出通道的干扰:使用双绞线、光隔离等方法和外部设备传送信息。
- 抑制电磁场干扰:电磁屏蔽。

2. 提高元器件可靠性
- 选用质量好的元器件并进行严格老化、测试、筛选。
- 设计时技术参数留有一定余量。
- 提高印板和组装的工艺质量。
- FLASH 型单片机不宜在环境恶劣的系统中使用。最终产品应选 OTP 型。

3. 采用容错技术
- 信息冗余:通信中采用奇偶校验、累加和检验、循环码校验等措施,使系统具有检错和纠错能力。
- 使用系统正常工作监视器(watchdog):对于内部有 watchdog 的单片机,合理选择监视计数器的溢出周期,正确设计清监视计数器的程序。对于内部没有 watchdog 的单片机,可以外接如图 8-2 所示的监视电路,正确调节单稳时间。正常时 P1.2 定时输出脉冲使单稳不翻转,异常时使单稳翻转产生复位信号。图中的 R—S 触发器用于检测正常复位还是异常复位。

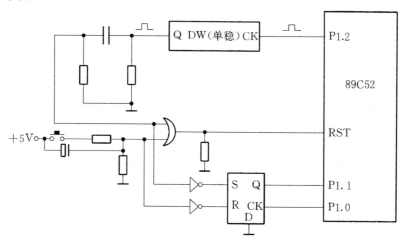

图 8-2 外接的系统监视器电路

三、电路图和印板设计

1. 电路框图设计

在完成总体、结构、可靠性设计基础上,基本确定所用元器件后,可用手工方法画出电路框图。图 8-3 给出了一种编程器框图的例子。框图应能看出所用器件以及相互间逻辑关系。

2. 电路原理图设计

在 PC 机上运行辅助电路设计软件 Protel,根据电路框图,进行电路原理图设计,由印板划分、电路复杂性,原理图可绘成一张或若干张。步骤如下:
- 启动原理图编辑器,创建设计文件(*.sch);
- 设置图纸参数(大小、方向);
- 装入电路图元件库,放置元件(指定序号、封装图),调整位置;

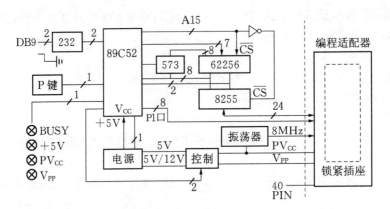

图 8-3 编程器框图

- 电路图布线；
- 调整、检查、修改；
- 生成网络表文件(*.NET)；
- 保存原理图文件、网络表文件，也可以打印原理图。

对于个别元件可能要启动原理图元件库编辑器制作自己的元件库和元件图，再装入原理图。

3．印刷电路板设计

印刷电路板(PCB)设计步骤如下：

- 启动 PCB 编辑器；
- 规划电路板(物理外形、尺寸、电气边界)；
- 装入 PCB 元件库，装入网络表文件和元件。对于未找到的元件有两种情况：原理图中未指定封装图或元件库中没有指定的封装图，对于后者应启动 PCB 元件库编辑器创建自己的元件库。
- 布局：一般采用自动布局、手工调整；
- 编辑元件标注，使之大小、方向一致；
- 设置布线参数：工作层面(单面、双面、多层)、线宽、特殊线宽、间距、过孔尺寸等；
- 自动或手工布线。

在元件布局时，逻辑关系紧密的元件尽量靠近，数字电路、模拟电路、弱电、强电应各自分块集中，滤波电容靠近 IC 器件；布线时电源线和地线尽可能宽(大于 40mil)，模拟地和数字地一点相连。对于熟手，人工布线可布出高质量印板，对于新手采用自动布线，然后对不合理处进行人工修改。

- 检查、修改。最后保存文件(*.PCB)，送加工厂加工印板，组装样机。

8.1.3 软件设计

一、软件结构设计

合理的软件结构是设计出一个性能优良的应用程序的基础。

对于大多数简单的单片机应用系统,通常采用顺序设计方法,这种系统软件由主程序和若干个中断服务程序所构成。根据系统各个操作的性质,指定哪些操作由中断服务程序完成、哪些操作由主程序完成,并指定各个中断的优先级。

中断服务程序对实时事件请求作必要的处理,使系统能实时地并行地完成各个操作。中断处理程序必须包括现场保护、中断服务、现场恢复、中断返回等4个部分。中断的发生是随机的,它可能在任意地方打断主程序的运行,无法预知这时主程序执行的状态。因此,在执行中断服务程序时,必须对原有程序状态进行保护。现场保护的内容应是中断服务程序所使用的有关资源(如 PSW、ACC、DPTR 等)。中断服务程序是中断处理程序的主体,它由中断所要完成的功能所确定,如输入或输出一个数据等。现场恢复与现场保护相对应,恢复被保护的有关寄存器状态,中断返回使 CPU 回到被该中断所打断的地方继续执行原来的程序。

主程序是一个顺序执行的无限循环的程序,不停地顺序查询各种软件标志,以完成对日常事务的处理。图 8-5 和图 8-4 分别给出了中断程序和主程序的结构。

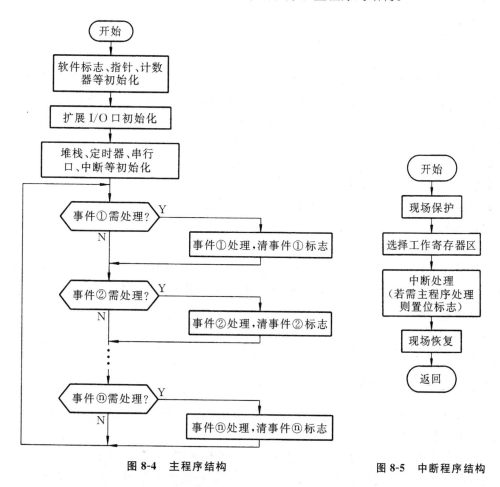

图 8-4　主程序结构　　　　　　　　图 8-5　中断程序结构

主程序和中断服务程序间的信息交换一般采用数据缓冲器和软件标志(置位或清"0"位寻址区的某一位)方法。例如:定时中断到1秒后置位标志 SS(设(20H).0),以通知主程序对日历时钟进行计数,主程序查询到 SS = 1 时,清"0"该标志并完成时钟计数。又如:A/D

中断服务程序在读到一个完整数据时将数据存入约定的缓冲器,并置位标志以通知主程序对此数据进行处理。再如:若要打印,主程序判断到打印机空时,将数据装配到打印缓冲器,启动打印机并允许打印中断。打印中断服务程序将一个个数据输出打印,打印完后关打印中断,并置位打印结束标志,以通知主程序打印机已空。

因为顺序程序设计方法容易理解和掌握,也能满足大多数简单的应用系统对软件的功能要求,因此是一种用得很广的方法。顺序程序设计的缺点是软件的结构不够清晰、软件的修改扩充比较困难、实时性能差。这是因为当功能复杂的时候,执行中断服务程序要花较多的时间,CPU 执行中断程序时不响应低级或同级的中断,这可能导致某些实时中断请求得不到及时的响应,甚至会丢失中断信息。如果多采用一些缓冲器和标志,让大多数工作由主程序完成,中断服务程序只完成一些必需的操作,从而缩短中断服务程序的执行时间,这在一定程度上能提高系统实时性,但是众多的软件标志会使软件结构杂乱,容易发生错误,给调试带来困难。对于复杂的应用系统,可采用实时多任务操作系统。

二、程序设计方法

1. 自顶向下模块化设计方法

随着单片机应用日益广泛,软件的规模和复杂性也不断增加,给软件的设计、调试和维护带来很多困难。自顶向下的模块化设计方法能有效解决这个问题。程序结构自顶向下模块化程序设计方法就是把一个大程序划分成一些较小的部分,每一个功能独立的部分用一个程序模块来实现。分解模块的原则是简单性、独立性和完整性,即:

- 模块具有单一的入口和出口;
- 模块不宜过大,应让模块具有单一功能;
- 模块和外界联系仅限于入口参数和出口参数,内部结构和外界无关。

这样各个模块分别进行设计和调试就比较容易实现。

2. 逐步求精设计方法

模块设计采用逐步求精的设计方法,先设计出一个粗的操作步骤,只指明先做什么后做什么,而不回答如何做。进而对每个步骤细化,回答如何做的问题,每一步越来越细,直至可以编写程序时为止。

3. 结构化程序设计方法

按顺序结构、选择结构、循环结构模式编写程序。

三、算法和数据结构

算法和数据结构有密切的关系。明确了算法才能设计出好的数据结构,反之选择好的算法又依赖于数据结构。

算法就是求解问题的方法,一个算法由一系列求解步骤完成。正确的算法要求组成算法的规则和步骤的含义是唯一确定的,没有二义性的,指定的操作步骤有严格的次序,并在执行有限步骤以后给出问题的结果。

求解同一个问题可能有多种算法,选择算法的标准是可靠性、简单性、易理解性以及代码效率和执行速度。

描述算法的工具之一是流程图又称框图,它是算法的图形描述,具有直观、易理解的优点。前面章节中许多程序算法都用流程图表示。流程图可以作为编写程序的依据,也是程序员之间的交流工具。流程图也采用由粗到细,逐步细化,足够明确后就可以编写程序。

数据结构是指数据对象、相互关系和构造方法。不过单片机中数据结构一般比较简单,多数只采用整型数据,少数采用浮点型或构造性数据。

四、程序设计语言选择和编写程序

单片机中常用的程序设计语言为汇编语言和 C 语言。对于熟悉指令系统并且有经验的程序员,喜欢用汇编语言编写程序,根据流程图可以编制出高质量的程序。对于指令系统不熟悉的程序员,喜欢用 C51 语言编写程序,用 C51 语言编写的结构化程序易读易理解,容易维护和移植。因此程序设计语言的选择是因人而异的。

8.2 开发工具及系统调试

由图 9-1 可见,在单片机应用系统研制中,源程序的编辑器、汇编器或 C51 编译器和固化程序代码的编程器是必不可少的工具,模拟仿真器(调试器)和在线仿真器是可选的调试(排错)工具。

一、硬件故障和静态测试

样机中常见的硬件故障包括设计错误和加工造成的逻辑错误(错线、短路等)、元件失效(型号、安装错误等)、电源故障(电压不符等)。根据电路原理图,用逻辑笔、万用表等工具,通过仔细的不加电和加电的静态测试,可以排除大部分的硬件故障。在故障基本排除后(特别是电源故障),插入 IC 器件,接上外设,准备下一步的调试。

二、Keil C51 的编辑器、宏汇编器和 C51 编译器

1. 编辑器

Keil C51 编辑器和 PC 上许多 Windows 编辑器一样,使用很方便。可同时打开几个窗口,可对多个源程序文件编辑。

2. A51 宏汇编器

A51 是 51 系列单片机的宏汇编器,支持宏汇编和条件汇编,把汇编语言程序编译成可供调试的目标代码,并产生列表文件及 HEX 文件,如源文件有错,则列出错误性质和所在的行,可以立即修改和再汇编。

3. C51 编译器、连接器

KeilC 51 是 51 系列单片机的 C 编译器,将一个或多个 C51 源文件编译、连接产生供调试的目标代码,并产生列表文件,及 HEX 文件,如有错也列出错误性质和位置,可方便修改。

三、Keil C51 软件开发平台—uvision2 IDE

Keil C51 uvision2 IDE 是一个基于 windows 的软件开发平台,包含了一个高效的编辑

器、项目管理器和模拟调试器，支持编译器、连接器、代码转换等工具。下面简单介绍它的用法和项目开发过程。

1. 创建项目

准备源文件和目标文件。运行 Keil C51 后：
- 单击 Project，选 NEW project 建立一个新的项目；
- 选择 51 单片机型号；
- 创建、编辑、保存源文件（*.c 或 *.A51）；
- 将源文件加入项目；
- 编译、修改、编译直至无错误，产生目标代码为止；保存文件；
- 单击 Debug-start/stop，进入调试阶段。

2. 程序运行方式
- go：连续运行直至碰到断点或单击Ⓢ停止；
- step：单步运行，遇到子程序或函数进入；
- step over：单步运行，跳过子程序或函数，相当于逐行运行；
- step out：执行当前函数，结束停止；
- STOP：停止运行。

3. 调试方法
- 使用源程序窗口和反汇编窗口：用单步或跟踪运行观察程序执行流向；
- 使用程序执行断点、存取断点、条件断点，观察程序是否按预定流程执行；
- 使用变量窗口，观察、修改变量值，调试函数；
- 使用 CPU 寄存器窗口，观察、输入寄存器值，结合单步执行，调试子程序；
- 使用存贮器窗口，观察内部和外部数据存贮器内容变化。

4. 模拟仿真方法
- 仿真 I/O 端口：使用 I/O 窗口和断点，修改输入/输出值，观察程序处理结果；
- 仿真外部中断：使用 I/O 窗口，修改外部中断输入脚状态，观察 CPU 是否响应中断以及中断处理结果；
- 仿真外部 I/O 口：修改外部数据存贮器单元，模拟外部 I/O 口输入/输出，观察程序处理结果；
- 使用定时器窗口，模拟定时器计数及溢出中断处理。
- 使用串行口窗口，模拟串行数据输入/输出及中断处理。

5. 固化软件脱机运行

使用上述方法，在逻辑上调通程序后，利用 FLASH 型单片机反复编程优点，尝试用编程器将软件固化，观察脱机运行效果。如有问题，可用示波器测试晶振是否工作，频率是否正确，复位端是否正常等，排除硬件可能存在的故障，再回到软件调试，特别注意与动态特性有关的输入输出程序。

四、在线仿真器

目前国内外有许多性能很高的 51 系列单片机的在线仿真器。衡量其性能优劣的标准

如下:
- 仿真功能:可仿真的品种,在线仿真时运行环境和脱机运行时是否完全一致;
- 调试功能:包括运行控制功能,现场信息的显示和修改功能;
- 用户界面:观察现场信息和操作的简易性和多样性;
- 开发语言:是否支持 C 语言和汇编语言源程序级调试。

1. 硬件调试功能

在线仿真器优点是具有硬件调试和动态性能测试功能,对 I/O 口的读写直接测试出硬件连接是否有故障,运行时可实时观察到外部设备变化,以及实时响应能力。

2. 软件调试功能:好的仿真器可达到 Keil C51 模拟仿真器的调试软件的功能。有的仿真器直接使用 Keil C51 开发平台。

在线仿真器使用方法,请参考所用机器手册操作。

习题(讨论题)

1. 通用编程器方案讨论
   (1) 根据图 8-3 画出通用编程器和 89C52 编程适配器原理图(参阅图 4-62、图 4-65)
   (2) 选择编程器和 PC 机的通信命令及规约:
   - 编程的芯片型号 n 选择命令(n=0~F,分别对应:89C52、89C51……);
   - 程序下载命令(.HEX 文件传送至编程器 RAM);
   - 下载校验(检测编程器 RAM 中内容是否正确);
   - 编程的芯片空片检查;
   - 编程(编程器 RAM 内容固化到编程芯片如 89C52);
   - 校验(如 89C52 FLASH 内容是否等于 RAM 内容);
   - 加密(如对 89C52 的 LB1、2、3 编程,各编程芯片随异号不同);
   - 自动(编程、校验、加密);
   - 读(如读 89C52 FLASH 内容)。
   (3) 针对上述命令,确定程序结构及对 89C52 编程的各命令处理方法(框图)。
2. 指出家中洗衣机的功能,提出一种功能更强、操作更方便的技术指标,设想洗衣机控制器的一种设计方案。
3. 观察一台电梯的功能?设想一下电梯控制器是如何实现这些功能的?
4. 观察一种你可见到的电脑产品,指出它有什么功能技术指标?是如何实现的?
5. 请设计一个小功率的四相八拍步进马达控制器,其功能为可人工控制马达的正、反转、运行、停止、单步正、反转、加速、减速等功能,并显示马达当前的通电、速度档等状态。
6. 试设计一个十字路的交通灯模拟控制器,其功能为具有如下功能:

A、B 道的直行、大转弯、放行切换准备等 8 种状态功能,以及剩余时间显示、10 秒内黄绿灯闪动、蜂鸣器提示等功能。

第 9 章　单片机实验设备

§9.1　单片机的实验和设备

单片机实验实际上是简单的硬件和软件研制,实验过程有图 9-1 所示的两种形式。相应的实验设备为:实验样机(实验板)、编辑器、编译器、模拟调试器或在线仿真器、编程器。实验样机有各种现成产品,也可以作为毕业设计项目自己制作。各种文本编辑器(如 EDIT、写字板)、编译器、在线仿真器或 Keil C51 调试器、编程器,都可以视条件选用,作为实验设备。

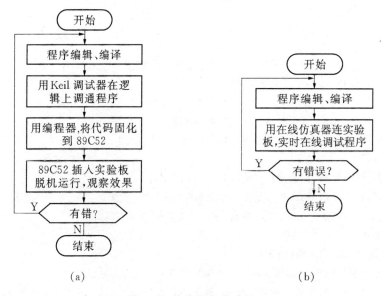

图 9-1　单片机实验过程

9.2　EXR51-Ⅱ单片机实验仪

EXR51-Ⅱ单片机实验仪适用于图 9-1(b)的实验形式,由 EICE51 实验仿真器、实验板和 PC 机组成(见图 9-2)。EICE51 的键盘和显示器可用于调试程序,但主要作为实验的设备。一般 KS 打在上方(连 PC 机)。EICE51 是国内最早(20 世纪 90 年代初)的产品,功能上具有局限性(只适用于汇编语言),考虑到不少学校仍在使用,我们对它作概括性介绍。

9.2.1　EICE51 的结构和功能

EICE51 结构如图 9-3 所示,它是一个特殊的 51 系列扩展系统,扩展 32K EPROM,存放监控程序和实验示范程序,扩展 32K RAM,8000H～8FFFH 作为目标程序存贮器,9000H～EFFFH 作为汇编语言源程序存贮器,还扩展一片 8155,地址为 7E00H～7F05H,PA 口作为键盘显示器的扫描口,PB 口作为显示器的段数据口,PC 口作为键输入口。

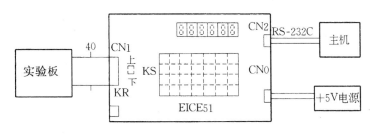

图 9-2　EXR51-Ⅱ实验仪组成

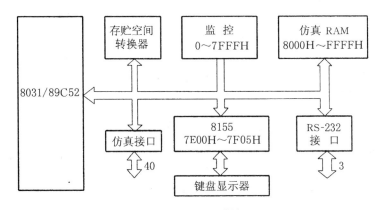

图 9-3　EICE51 逻辑框图

EICE51 是 DOS 界面的功能简单、操作简易、专用于汇编语言程序实验的仿真器,集编辑、汇编、调试于一体,主要有下列功能:

(1) 联机功能:EICE 通过串口和 PC 机相连,运行 EICE 软件,输入操作命令,调试实验程序,测试实验板的硬件;

(2) 仿真功能:EICE51 具有较好的仿真功能,具有单拍、断点、连续运行方式和简易的现场信息读出功能;

(3) 源程序编辑功能:接收 PC 机上汇编语言源文件,也可以用它的编辑命令直接输入源程序;

(4) 汇编功能:可以将 9000H 开始的汇编语言源程序汇编成机器码直接装入 8000H 开始的代码区;

(5) 示范功能:将监控区实验示范程序搬到 8000H 的代码区,直接运行示范程序。

9.2.2　操作命令使用方法

这一节我们结合实验过程来叙述 EICE51 的操作命令和使用方法,符号↙表示回车。

一、连机方法

将 RS-232 连接线接在 EICE51 的串行口和 PC 机的串行口 COM1 或 COM2，打开 PC 机和 EICE51 电源或复位以后，键入命令：

> EICE51（或 EICE51␣2）✓ ；注 EICE51✓ 连 COM1，EICE51␣2✓ 连 COM2 则在屏幕上出现：

PLEASE INPUT BAUD RATE：

BAUD RATE	INPUT
600	1
900	2
1200	3
1800	4
2400	5
3600	6
4800	7
9600	8

在 PC 机上键入一位数 n（n = 1 ~ 8）和回车后，如果连接无误则屏幕上将显示：

EICE51 Emulater V2.0

Copyright 1992 Microcomputer Lab. Fudan University

＊

这表明 EICE51 和 PC 机连接成功，处于监控状态。接着可以输入各种命令，如果连接失败，应检查连接线、串行口、EICE51 上开关 KS，是否打在上方，复位后重新操作。

二、从监控状态转向编辑状态命令：EDIT✓

键入 EDIT✓ EICE 从监控状态（提示符为 ＊）转到编辑状态，显示

FD-EDIT V2.0

Copyright 1987 Microcomputer Lab. Fudan University

>

这里的">"为编辑状态的提示符。

在编辑状态，不能使用监控状态的一切命令，只能使用下面（三、四、五、六）列出的源程序编辑命令和汇编命令。

三、PC 机上汇编语言源程序装入 EICE51 命令：MLD ⓒL

此命令不是以回车结束的而是以ⓒL 结束的，键入命令 MLD ⓒL 后，主机询问：Output Source File Name：输入源文件名后回车，即开始装程序。

在 PC 机上事先编辑好汇编语言源程序文件（例如：EDIR.ASM）后，才能使用本命令。在编辑源文件时注意以下两点：

- 将 8000H 视作复位入口，8003H、8001BH、8013H……视作中断入口；
- 用大写字母输入，标号、符号不能大于 4 个字符。

四、列表显示源程序命令 L✓

源程序装入 EICE51 后可以用列表命令显示检查:

(1) L✓显示第一行至最后一行的全部源程序。在显示时可以用ⓒS暂定显示行的移动,再输入任何字符可以重新显示后面的程序,用ⓒC停止命令的执行而回到行编辑状态。

(2) nL✓显示第 n 行源程序。

(3) n1␣n2L✓显示从第 n1 行到第 n2 行之间的源程序,每行的显示格式如下:

行号(1~5个数字)标号,指令码(2~5个字符)操作码,凡字符数小于最大值时,均填入空格。

五、汇编命令 ASM51✓

输入该命令后,对源程序存贮区中的源程序进行汇编。汇编后的目标程序存放于由 ORG 指令所指出的仿真 RAM 单元中。

执行时,先显示:

FD-ASM51 V2.0

Copyright 1987 Microcomputer Lab. Fudan University

Pass 1

开始对源程序进行第一遍扫描。在这遍扫描中,生成用户符号表,并对程序进行语法检查。

第一遍扫描中,如有错误就显示出错信息,扫描完,显示出错数目,然后返回编辑状态,这时可对源程序修改后重新从三开始操作;如没有错误,则询问是否需要列表显示汇编结果:

Display List? (Y/N)

如果键入"N",则第二遍扫描时不列表显示汇编结果,也不显示用户符号表。

如果键入"Y"和回车,则第二遍扫描时一面汇编,一面在显示器上逐行显示,汇编的结果存入由 ORG m 指出的仿真 RAM(m 为 8000H)。在询问是否要打印时,必须输入 N✓或✓。

在第二遍扫描完成后,如有错误,则显示出错内容,然后回到编辑状态。如没有错误,则显示用户符号表。然后,显示仿真 RAM 中目标程序的下一个空闲单元地址,再返回编辑状态。

在处于编辑状态时还有下述操作命令:

● 行插入命令 I;● 行修改命令 n(n 为行号);
● 删除命令:nD✓删除第 n 行,n1, n2D✓删除 n1~n2 之间源程序;
● 字符串搜索命令 S;源程序记盘命令 MSV ⓒV;
● 源程序清除命令 CLR 等。

六、退出编辑状态命令 EXIT✓

当 EICE51 中源程序正确地汇编成机器码装入代码区后,键入 EXIT✓,退出编辑状态,回到监控状态(提示符由>改为*),可以输入下列监控状态下的操作命令调试程序。

七、反汇编命令 DI n1,n2↙

反汇编命令用于检查代码区 8000H 开始的目标程序,检测前面的汇编结果正确与否。
DI n1↙则反汇编 n1 开始的 16 条指令;
DI n1,n2↙则反汇编 n1~n2 的指令。
n1,n2 为存贮器地址,用 4 位 16 进制数。

八、运行控制命令

1. 单拍运行命令:S n↙

本命令启动用户系统执行地址 n 处的一条指令。键入此命令后,先显示当前的状态:PC、ACC、SP、B、DPTR、R0、R1、PSW 的内容及被执行的指令(以汇编形式),然后显示执行后的 PC、ACC、SP、B、DPTR、R0、R1、PSW 的内容及下一条要执行的指令,接着显示当前的 IE、IP、TCON、T0、T1、TMOD、SCON、P1、P3 及现行工作寄存器区的 R0~R7 的内容,最后显示内部 RAM 20~27H 8 个位寻址单元的内容(以二进制数形式)。显示格式见 CPU 状态读出命令 R。

若缺省 n(仅键入 S),则从上次停下来的地址(即当前 PC 值)处执行一条指令。复位后 PC 值为 8000H。

2. 跟踪运行命令:T n1,n2,n3↙

它从 n1 开始逐条执行用户程序,直到 n3 次遇到地址 n2 为止(相当于自动单步)。即 n1 为开始地址,n2 为断点地址,n3 为断点次数。

每执行一条指令,显示 PC、ACC、SP、B、DPTR、R0、R1、PSW 的内容及指令的汇编码,停止时的显示内容和单拍命令相同。

在跟踪时,可用 ⓒS 命令暂停命令的执行,以方便用户观察程序的执行情况。也可用 ⓒC 命令终止命令的执行,这时显示格式同遇断点后的情况一样。

若缺省 n3(即仅键入 T n1,n2),则遇到断点 n2 时即停止(即断点次数为 1);若缺省 n1、n2、n3(即仅键入 T),则从上次停下来的地址开始执行跟踪操作,并采用上次设置的断点,断点次数为 1。

3. 非全速断点运行命令:BK n1,n2,n3↙

本命令为软件断点命令,它与单拍、跟踪及连续命令一样适用于调试仿真 RAM 中用户程序。

执行此命令,使 CPU 转到 n1 处开始执行用户程序,当 n3 次遇到 n2 地址的指令后停止。执行时,先显示当前 PC、ACC、SP、B、DPTR、R0、R1、PSW 的内容及第一条指令的汇编码,n3 次遇到断点(即 n2)后停止,显示这时的 PC、ACC、SP、B、DPTR、R0、R1、PSW 的内容及下一条汇编指令,并显示 IE 等特殊功能寄存器和现行工作寄存器的内容,以及 20H~27H 位寻址单元的内容。显示格式同 R 命令。

在未 n3 次遇到断点 n2 时,屏幕上将一直处于空白状态,用户可用 ⓒC 来停止该命令的执行。注意:这时屏幕上的显示信息和正常结束显示的信息相同,这可使用户知道目前程序执行到何处以及 CPU 的状态,以便分析出是由于断点设置不正确还是程序错误而引起碰不到断点。

注:在该命令中,如果省略了次数 n3(即输入 BK n1, n2),则 n3 = 1;如果省略了地址参数 n2、n3(即仅输入 BK n),则使用以前的断点,断点次数为 1。如果省略了全部参数(即输入 BK),则从当前 PC 处开始启动,使用以前的断点,断点次数为 1。

4. 全速断点运行:G n1, n2, n3↙

执行该命令,使用户 CPU 全速执行仿真 RAM 内从地址 n1 开始的用户程序,直到执行到地址 n2 时才停下来回到监控,在屏幕上显示 CPU 的基本状态(和 BK 命令相同)。

注:本命令中的参数 n3 为断点 n2 处的中断状态:若断点地址不在中断服务程序中,则 n3 = 1;若 n2 在低级中断服务程序中,则 n3 = 2;若 n2 在高级中断服务程序中,则 n3 = 3。若在键入的命令中省略参数 n3,则作 n3 = 1 处理,使用本命令时应根据所设断点地址 n2 处的中断状态,正确输入参数 n3。

监控执行 G 命令时在仿真 RAM 断点处替换了 3 字节的内容,在断点处产生一条跳转指令,使用户 CPU 全速执行到断点后返回监控,但在碰到断点或复位后会恢复用户程序中这 3 字节的内容。必须注意:在用 G 命令调试时,对于循环程序或有转移的程序,不应有转到断点 n2 处 3 字节内的操作,否则将出现异常现象(因为断点处 3 字节内容已被修改),所以在使用 G 命令时,应合理安排断点 n2 的位置,使它不影响程序的正常运行。在该命令中,也可使用省略方式,即键入 G n1↙ 或 G↙,它的缺省值的含义同 BK 命令。

用全速断点运行命令可提高调试的速度,排除程序中实时的、动态的故障。在调试输入/输出和串行口通信程序时应采用此方式。

在执行本命令时,如未碰到断点(n2),则只有复位 EICE51 才能停止用户系统的运行。

5. 全速连续运行命令:EX n↙

键入该命令后,屏幕上显示:EXECUTE BEGIN。用户 CPU 从地址 n 处连续地全速运行仿真 RAM 内用户程序,这时不受 EICE51 监控程序的控制,只有按 EICE51 的复位按钮 KR 才使 EICE51 返回监控接收用户的操作命令。该命令中若省略地址参数 n,则从当前用户的 PC 值(上次运行停下的地址)开始运行,复位 EICE51 后,用户的 PC 值初始化为 8000H。

连续全速运行命令一般在排除各种软硬件故障后才使用的。

九、符号化运行控制命令

符号化运行控制命令就是用源程序中的标号(以下用 l 或 l_1, l_2 表示)作为地址参数的运行控制命令,命令的执行和显示方式和上小节的运行控制命令相同。下面是命令格式,并用例 9-1 的程序举例说明。

1. 单步运行命令:STEP l↙

例如:STEP STRT↙ 从 STRT 开始执行一条指令。

2. 跟踪命令:TR l_1、l_2↙

例如:TR STRT, LOOP↙ 从 STRT 开始跟踪运行到标号为 LOOP 的地方。

3. 断点运行命令:BE l_1、l_2, [n3]↙

例如:BE STRT, END↙ 从 STRT 慢速运行到 END 结束。

4. 全速断点运行命令:GO l_1、l_2, n3[(n3 = 1～3)]↙

例如:GO STRT, END↙ 全速执行到该程序结束。

5. 连续运行命令:EXEC↙

例 9.1 ORG 8000H

```
STRT:   MOV   R0,#20H
        MOV   R1,#5FH
        MOV   A,#0
LOOP:   MOV   @R0,A
        INC   R0
        DJNZ  R1,LOOP
END:    SJMP  END
```

十、现场状态读出命令

在运行程序前后,用现场状态读出命令,观察其前后的变化,判断程序是否有错误。

1. CPU 状态读出命令:R↙

打入 R 命令后,在屏幕上显示 CPU 和部分 SFR 寄存器、一部分位单元、PC 及当前的指令的汇编码等信息。显示格式如下:

PC	ACC	B	SP	DPTR	R0	R1	PSW	
8005H	00H	00H	07H	0000H	51H	47H	00000000B	MOV A,R5
IE	IP	TCON	T0	T1	TMOD	SCON	P1	P3
00H	00H	00H	0000H	4761H	20H	00H	FFH	FFH
R0	R1	R2	R3	R4	R5	R6	R7	
51H	47H	05H	48H	00H	10H	10H	01H	

20:00000000B 11011011B 01101101B 00110000B
24:10011111B 00011000B 00110011B 00000000B

其中 ACC、B、SP、DPTR、PSW、IE、IP、TCON、T0、T1、TMOD、SCON、P1、P3 为特殊功能寄存器(其中 PSW 用二进制数显示),PC 为当前用户程序计数器的值,MOV A、R5 为当前 PC 值指出的程序存贮器中的一条指令。

R0~R7 为当前工寄存器区的内容;最下面两行为内部 RAM 20~27H 8 个位寻址单元的内容,用二进制数形式显示。

2. 内部 RAM 读出命令:D↙

键入 D 命令后,将显示所有内部 RAM 的内容。它能按使用的单片机为 8031 或 89C52 自动输出 128 个或 256 个单元的内容,显示时先显示单元地址,然后显示 16 个单元的内容,再换一行,显示下一个单元地址和从它开始的另外 16 个单元的内容。

3. 用户程序代码读出命令:DC n1, n2↙

显示用户程序从 n1 开始到 n2 为止的内容。显示时,先显示地址,再显示一行单元的内容,每行可显示 16 个单元的内容。

若缺省 n2(即仅 DC n1),则显示用户程序从 n1 开始的 16 行信息(最多为 256 个单元的内容)。

在执行 DC n1, n2 或 DC n1 命令后,再输入 DC 命令可显示后面 16 行信息。

4. 用户数据存贮器读出命令:DX n1, n2↙

显示用户系统外部数据存贮器中 n1 到 n2 的内容。显示时,先显示地址,再显示一行单元的内容,每行可显示 16 个单元的内容。

若缺省 n2(即仅 DX n1),则显示用户数据存贮器从 n1 开始的 16 行信息(最多为 256 个单元的内容)。

在执行 DX n1, n2 或 DX n1 命令后,再输入 DX 命令,可显示后面 16 行信息。

该命令可读出 51 系列外部扩展器件内容,如 RAM, I/O 接口芯片等。

十一、读出/修改命令

在程序运行前,用读出/修改命令设置程序运行的参数,运行停下时,可用于修改循环控制参数,加快程序的执行,或允许、禁止中断等。

1. 位读出/修改命令:BIT n↙

n 为所要读出/修改的位地址。用它可对内部的 256 个可寻址位进行读出及修改操作。执行后,显示该位的值(0 或 1)。需要修改时,可输入 0 或 1 再按回车键。如输入不是 0 或 1,则偶数为 0,奇数为 1。不需要修改,可直接输入"·"和回车,退出修改。例如:要读出修改位 7(内部 RAH 中(20H.7)可键入:

BIT 7　显示

01 ▁

即位 7 的值为 1,以后可对它进行修改。

2. 特殊功能寄存器读出/修改命令:特殊功能寄存器名↙

可使用 ACC、B、SP、PSW、P0、P1、P2、P3、PCON、IE、IP、DPH、DPL、TMOD、TCON、SBUF、SCON、TH0、TL0、TH1、TL1、TH2、TL2、T2 CON、RCAP2H、RCAP2L 等名字来读出/修改这些寄存器的内容。键入本命令后,显示:"××▁▁",×× 为读出的内容。需修改时,可打入修改值(1 到 2 位十六进制数)和回车,如不需要修改,可直接打入回车。

3. 现行工作寄存器读出/修改命令:Rn↙

Rn 为当前工作寄存器区某一寄存器(n=0～7)。键入本命令后,显示:"××▁▁",×× 为读出的内容。需修改时,可打入修改值(1 到 2 位十六进制数)和回车,如不需要修改,可直接打入回车。

现行工作寄存器区由 PSW 中的 RS1、RS0 决定。

4. 寄存器修改命令:REG n↙

n 为寄存器的地址,显示格式为"××▁▁",修改方法同三。

该命令的 n 取值范围为 80～FFH。读出/修改为 8031/89C52 的特殊功能寄存器(但该命令不能用于读出/修改 P1(90H)、P3(0B0H)、SBUF(99H))。使用该命令,还可完成对 8344 等其他单片机的特殊功能寄存器的读出/修改。

5. 内部 RAM 读出修改命令:SD n↙

n 为内部 RAM 的地址,显示格式为"YY:××▁▁",其中 YY 即为内部 RAM 地址 n,×× 为内容,需修改时,输入 1 到 2 位十六进制数字和回车。不需修改时,直接输入回车。

接着自动显示下一单元的地址和内容,供检查修改。

欲退出修改方式时,则打入"·"(句点和回车),便可回到监控状态。

6. 扩展 RAM/IO 口读出修改命令 SX n↙

n 为扩展的 RAM/IO 口地址,执行后显示"YYYY:XX",其中 YYYY 为地址 n, XX 为读出的内容,需修改时输入 1 到 2 位 16 进制数字和回车,不修改时直接回车,接着显示下一单元内容。欲退出修改输入句点"·"和回车。该命令可用于检测扩展 RAM 和 I/O 口的硬件故障。

十二、仿真 RAM 代码传送命令 M n1, n2, n3↙

该命令将 n1～n2 的代码传送到 n3 开始的区域。可用于将示范程序移到 8000H 开始的代码区。例如 M 64B0, 66FF, 8000↙ 则将电子钟示范程序代码传到 8000H 代码区。可直接运行。

9.3 实 验 板

9.3.1 硬件基础实验板 EBA(EXR_BOARD_A)

EBA 是为 EICE51 配置的硬件基础实验板,配置了开关、指示灯、ADC0809、可调电压输入电路、蜂鸣器、电机驱动电路,加上 EICE51 的键盘显示器和 89C52 的资源,可以做多个硬件基础实验(见 10.1、10.2 节)。适用于大专、中专学生的实验课程。图 9-4 给出了 EBA 的电原理图,图 9-5 给出了 EICE51 的电原理图。实验时请参阅这两个图的有关部分。

9.3.2 通用硬件实验板 EBB(EXR_BOARD_B)

EBB 是通用的硬件实验板,可以采用图 9-1 所示的两种实验形式。可以连 EICE51,也可以连接其他各种在线仿真器。实验的方法和内容与仿真器无关。EBB 配置了键盘、显示器、指示灯、电机驱动和转速采样(霍尔器件 3013)电路、蜂鸣器等电路,可以做多个较复杂的应用实验(详见 10.3 节)。这些实验内容适用于本科生和大、中专学生。EBB 电路原理如图 9-6 所示。EBB 和 EBA 一样,采用特殊地址译码方法(少量 I/O 口采用大系统地址译码方法,少了一个地址锁存器),ADC0809 通道地址为 0B8FFH～0BFFF, 377 地址为 0DFFFH 和 0EFFFH。插针 CN0 在连仿真器时断开,脱机运行时用短路块相连。

第9章 单片机实验设备

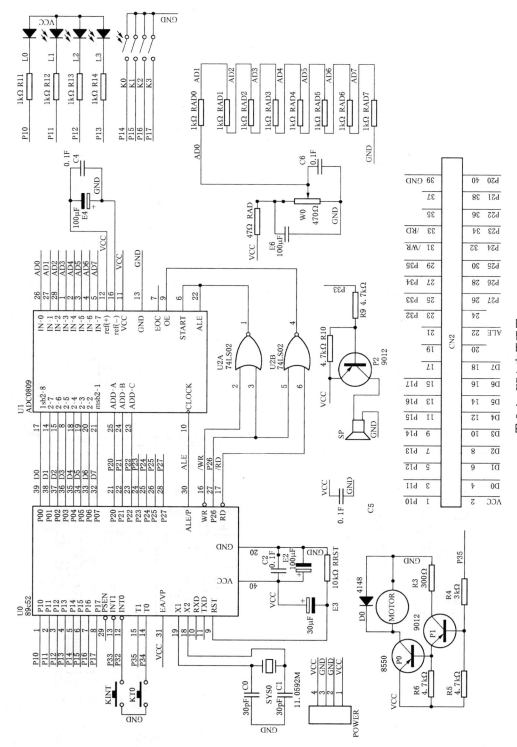

图 9-4 EBA 电原理图

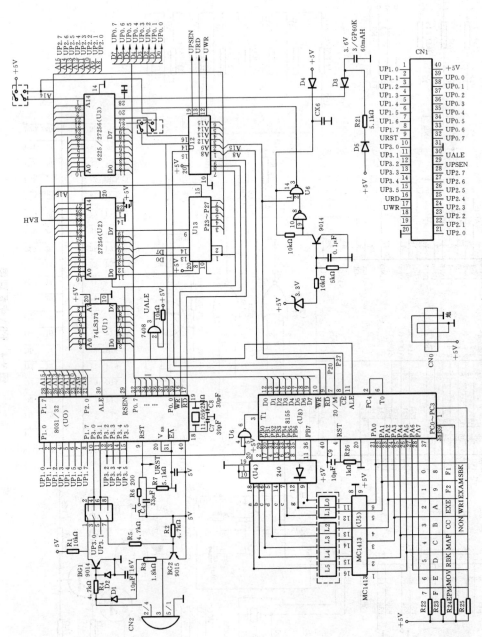

图 9-5 EICE51 电原理图

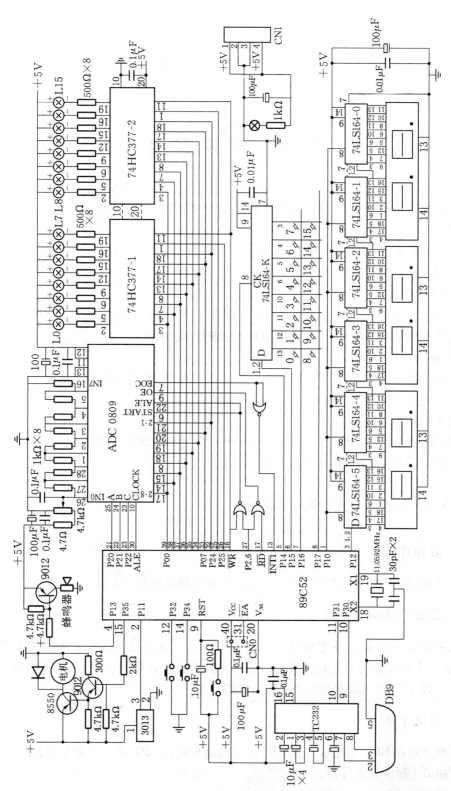

图 9-6 EBB 电原理图

第十章 单片机实验

§10.1 软件实验

本节的软件实验是指用 EICE51 和 89C52 现成资源进行单纯的程序设计和调试训练实验(带 * 号部分只适用于本科生实验课程)。下面为 EICE51 提供的实验资源：

1. 8155

RAM 地址为 7E00H～7EFFH,键盘显示器扫描口 PA(7F01H),显示器段数据口 PB(7F02H)、键输入口 PC(7F03H)。

2. 显示子程序

入口地址 0026H,使用 A、DPTR、R0～R7 寄存器,其功能为将 3EH～39H 内的 6 位十六进制数在显示器上显示一遍,循环调用才能使显示器稳定。

3. 键输入子程序

入口地址为 0036H,使用 A、DPTR、R0～R7 寄存器,其功能为等待键盘上输入,按下键后键号写入 A 返回。

4. EICE 软件

在 PC 机上运行后,PC 机上键入字符,串行传送到 EICE51 的串行口接收缓冲器,EICE51 串行口输出的字符传送到 PC 机,显示在屏幕上。

10.1.1 实验一 定时器定时实验

一、实验目的

掌握定时器 T0 的方式选择和编程方法。了解中断程序设计和调试技巧。

二、实验内容和程序框图

编写并调试一个程序,用定时器 T0 的定时中断控制软件计数器计数,软件计数器初态为 0,每隔 1 秒左右加 1(十进制),调用显示子程序,将软件计数器值实时显示在 EICE51 的显示器上。图 10-1 给出了实验程序的参考框图。

三、调试方法

(1) 断点设在 BP1,全速断点运行程序,应能碰到断点 BP1,进入中断服务程序,否则应检查 T0 初始化程序正确与否。

(2) 程序连续运行,显示器从 0 开始加 1。

第十章 单片机实验

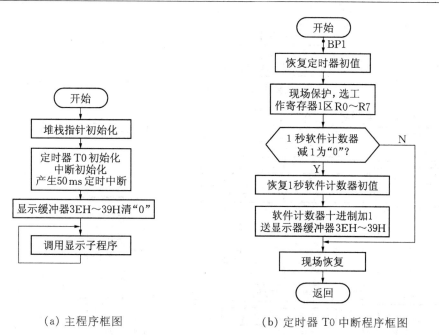

(a) 主程序框图　　　　(b) 定时器 T0 中断程序框图

图 10-1　定时器实验参考程序框图

若有错误应改用单步或断点方式运行程序,排除软件错误,直至正确为止。

四、思考题

若 6 位显示器计数值从 999999 减 1 计数,程序应怎样修改?

*10.1.2　实验二　电子钟实验(定时器、串行口、中断综合实验)

一、实验目的

熟悉 51 的定时器、串行口和中断初始化编程方法,了解定时器、串行口的应用和实时程序的设计与调试技巧。

二、实验内容和程序框图

编写并调试一个程序,其功能为读出从 EICE51 键盘上输入的时间初值或者利用 EICE 通信软件功能从主机上输入的时间初值,用定时器 T0 产生 250μs 定时中断,在中断服务程序中使用软件计数器对 T0 中断次数进行计数,每当计数到 4000 次(1s),对实时时钟计数器计数,并将时钟计数值实时地送 EICE51 显示缓冲器显示和送主机显示。

主机上输入时间格式:　　INPUT TIME：××：××：××
主机屏幕上显示格式:　　IT　　IS　　　××：××：××
键盘上输入时间格式:　　××××××
显示器上显示时间格式:　××××××

图 10-2 给出了实验程序的参考框图。

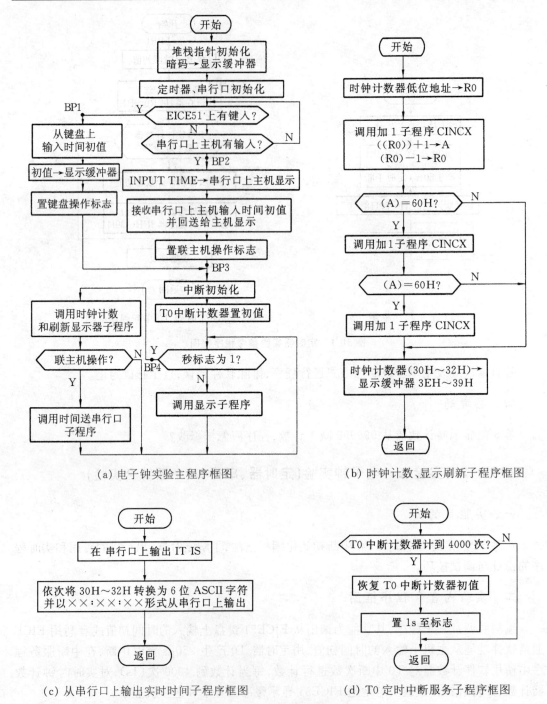

(a) 电子钟实验主程序框图 (b) 时钟计数、显示刷新子程序框图

(c) 从串行口上输出实时时间子程序框图 (d) T0 定时中断服务子程序框图

图 10-2 电子钟实验参考程序框图

三、调试方法

本实验为实时 I/O 实验,因此软件的调试一般用全速断点方式运行。将断点分别设在 BP1~BP4,分别以全速断点运行方式开始运行,若都能碰到断点,则说明程序的总体结构是

正确的。碰到断点以后检查运行结果是否正确,如果有错,再将断点设在处理部分,检查出错原因,直至正确为止。例如:断点设在 BP1 开始以全速断点运行,则从键盘上按任意一个数字键,则应碰到断点 BP1。再将断点设在 BP3,以全速断点方式运行,从主机上输入时间初值(格式为××:××:××)或从键盘上输入时间初值(××××××)后,则应碰到 BP3,此时可检查 30～32H 的内容是否和输入时间初值对应。

四、思考题

(1) 修改程序图,使时间初值只从主机上输入或只从 EICE51 键盘上输入。
(2) 修改程序框图,使实时时间只在主机上输出或只在 EICE51 显示器上显示。

10.1.3 实验三 程控扫描和定时扫描显示器实验

一、实验目的

掌握显示器的动态显示工作原理,以及程控扫描和定时扫描显示器的程序设计方法。

二、实验内容

(1) 验证并说明下面实验程序的功能;
(2) 在下面实验程序的 MLP1 处作如下修改,重新汇编运行,观察显示现象,说明这种程控扫描的局限性。

```
MLP1:   LCALL   DIRB
        LCALL   DL1
        MOV     R7,#0       ;表示 CPU 有其他事情要处理
        MOV     R6,#0       ;这里用延时代替
MLP:    DJNZ    R6,$
        DJNZ    R7,MLP
        LJMP    MLP1
```

*(3) 参考例 5.7 和图 10-3 的程序框图,重新编写一个实验程序,使 T2 产生 1ms 定时中断,由 T2 中断程序对日历时钟计数,并调用显示一位子程序,使显示器稳定显示时钟,并不受 CPU 空或忙的影响。

实验程序
```
DBF     EQU     39H             ;定义显示缓冲器和指针
DBFP    EQU     3FH
        ORG     8000H
STRT:   MOV     SP,#0EFH        ;栈指针初始化
        MOV     DBFP,#DBF       ;显示指针初始化
        MOV     DPTR,#7F00H     ;8155 初始化
        MOV     A,#0C3H
        MOVX    @DPTR,A
        MOV     A,#1            ;显示缓冲器初始化
```

```
                MOV     R0, #DBF
                MOV     R7, #6
        MLP0:   MOV     @R0, A
                INC     R0
                INC     A
                DJNZ    R7, MLP0
        MLP1:   LCALL   DIRB            ;调用显示1位子程序
                LCALL   DL1
                LJMP    MLP1
        DL1:    MOV     R7, #2          ;延时1ms
        DL:     MOV     R6, #0FFH
        DL6:    DJNZ    R6, DL6
                DJNZ    R7, DL
                RET
        DIRB:   MOV     A, DBFP         ;显示1位子程序
                CLR     C
                SUBB    A, #DBF         ;计算(DBFP)-DBF
                MOV     DPTR, #BTAB
                MOVC    A, @A+DPTR
                MOV     DPTR, #7F01H
                MOVX    @DPTR, A        ;模式字→PA口
                MOV     R0, DBFP
                MOV     A, @R0
                MOV     DPTR, #DSEG
                MOVC    A, @A+DPTR
                MOV     DPTR, #7F02H
                MOVX    @DPTR, A        ;段数据→PB口
                MOV     A, DBFP
                INC     DBFP            ;修改显示指针
                CJNE    A, #DBF+5, DBT1
        DBT1:   JC      DBTR
                MOV     DBFP, #DBF
        DBTR:   RET
        BTAB:   DB      1, 2, 4, 8, 10H, 20H
        DSEG:   DB      3FH, 06H, 5BH, 4FH, 66H, 6DH, 7DH, 07H, 7FH, 6FH
                DB      77H, 7CH, 39H, 5EH, 79H, 71H, 0
```

三、调试方法

用全速断点或连续运行方式调试程序。

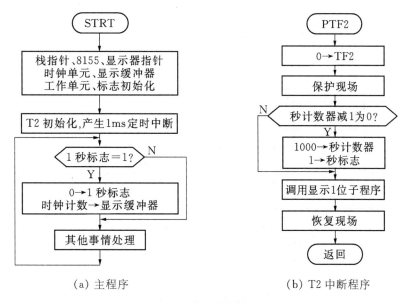

图 10-3　定时扫描显示器参考程序框图

四、思考题

(1) 主程序控制扫描显示器有什么缺点？CPU 主要忙于什么？
(2) 定时扫描显示器方法是如何提高 CPU 效率的？

10.1.4　实验四　键盘实验

一、实验目的

掌握由主程序控制扫描键盘的键输入程序设计方法。

二、实验内容

(1) 根据图 10-4 所示程序框图和图 9-5 所示 EICE51 原理图，参考例 5.8，分别编写判键盘上有无闭合键子程序 KS，键输入子程序 KEYI 和主程序。
(2) 调试程序，在 EICE51 键盘上按下任意键后，键号显示在显示器上。

三、调试方法

用全速断点和连续运行方法，分段调试程序。

四、思考题

(1) 键输入子程序中有 3 处调用 0026H，其作用是什么？
(2) 若按下键不放，则会出现什么情况？若 CPU 有很多事情要处理，会有什么情况？

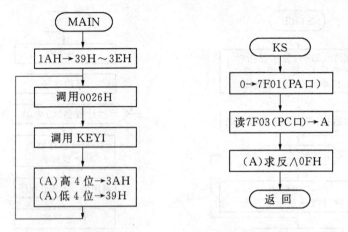

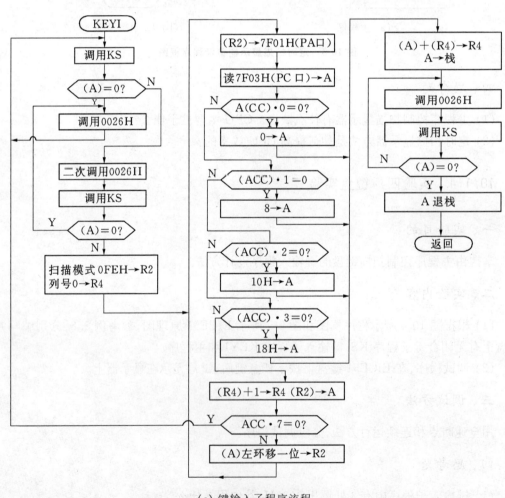

(a) 主程序流程　　(b) 判键盘有无闭合键子程序流程

(c) 键输入子程序流程

图 10-4　键盘实验参考程序框图

10.1.5 实验五 串行口通信实验

一、实验目的

掌握串行口的初始化编程,以及用查询方式和中断方式发送接收数据的程序设计方法。

二、实验内容

(1) 验证并说明下面给出的实验程序功能;画出程序框图。
(2) 修改程序,使串行口每次收到字符后,将刚收到的字符发送出去。
*(3) 改用串行口中断方式控制数据的发送接收,实现和下面程序相同的功能。

三、调试方法

用全速断点、连续方式分段调试程序。

四、思考题

(1) 在给出的本实验程序中,没有对串行口初始化,因为连机时 EICE51 监控已根据所选波特率对串行口进行了初始化。请问怎样在下面程序中加入一段初始化程序使其功能不变?
(2) CPU 在下面的实验程序中大部分时间在做什么?为什么?

五、实验程序

```
              ORG    8000H
STRT:    MOV    DPTR, #STAB    ;查表将 STAB 中字符串
         SETB   TI
LP0:     JNB    T1, $          ;送 PC 机显示
         CLR    TI
         CLR    A
         MOVC   A, @A+DPTR     ;查表
         INC    DPTR
         JZ     LP1            ;查表得到的数为 0 表示表结束
         MOV    SBUF, A        ;查表得到的数不为 0 送 PC 机显示
         SJMP   LP0
LP1:     MOV    R0, #40H       ;指针 R0,字符计数器 R7 初始化
         MOV    R7, #0
LP11:    JNB    RI, $          ;等待 PC 机键盘上输入字符
         CLR    RI
         MOV    A, SBUF
         MOV    @R0, A         ;输入字符写入(R0)指出的 RAM 单元
```

```
              INC     R0                          ;指针加1
              INC     R7                          ;字符个数加1
              CJNE    A,#0DH,LP10                 ;判是否接收到回车
              SJMP    LP2                         ;是回车转输出
LP10:         CJNE    R7,#0BH,LP11                ;判是否已接收到10个字符
LP2:          MOV     R0,#40H
LP20:         MOV     SBUF,@R0                    ;接收到的字符回送给PC机显示
              INC     R0
              JNB     TI,$
              CLR     TI
              DJNZ    R7,LP20
              MOV     SBUF,#0DH
              JNB     TI,$
              CLR     TI
              LJMP    LP1
STAB:         DB      Embedded MICROCONTROLLER
              DB      0AH,0DH,0                   ;0为表结束标志
```

§10.2 硬件基础实验

本节是使用 EBA 实验板编排的硬件基础实验,大多比较简单,适用于大专、中专学生的实验课程,实验前,要找出图9-4所示 EBA 电路中和实验有关的部分线路,理解其工作原理。

10.2.1 实验一 外部中断和 P1 口应用——开关指示灯实验

一、实验目的

掌握 P1 口应用程序和外部中断程序的设计方法。

二、实验内容

(1) 验证并说明下面给出的实验程序功能,画出其程序框图。

(2) 修改程序,用程序延时方法,每隔0.5秒读开关状态,使指示灯随开关状态变化而变化(Ki=0,Li亮)。

三、调试方法

(1) 全速运行程序,拨动开关,按下 KINT 后,观察指示灯是否和开关状态对应。

(2) 若指示灯不变化或不对应,用全速断点运行方式分段调试程序。

第十章 单片机实验

四、思考题

按一下 KINT 键,CPU 执行 1 次中断服务程序吗？为什么？不按 KINT,指示灯会变化吗？为什么？

五、实验程序

```
            ORG     8000H
STRT:       LJMP    MAIN
            ORG     8003H
PINT0:      PUSH    ACC              ;外部中断 0 服务程序
            PUSH    PSW              ;保护 ACC、PSW→栈
            MOV     PSW,#8           ;选工作寄存器区 1
            MOV     A,P1             ;读开关状态→显示缓冲器 39H
            SWAP    A
            ANL     A,#0FH
            MOV     39H,A
            CPL     A                ;开关状态求反
            MOV     P1,A             ;开关状态送 L0～L3 显示
            POP     PSW              ;恢复 PSW、ACC
            POP     ACC
            RETI
MAIN:       MOV     SP,#6FH          ;堆栈指针初始化
            MOV     A,P1             ;开关状态写入显示缓冲器 39H
            SWAP    A
            ANL     A,#0FH           ;开关初态写入显示缓冲器 39H
            MOV     39H,A
            MOV     3AH,#1AH         ;暗码写入显示缓冲器 3AH～3EH
            MOV     3BH,#1AH
            MOV     3CH,#1AH
            MOV     3DH,#1AH
            MOV     3EH,#1AH
            SETB    IT0              ;外部中断 0 设为负跳变触发方式
            MOV     IE,#81H          ;允许外部中断 0 中断请求
MLP0:       LCALL   0026H            ;循环调用显示子程序,显示开关
            LJMP    MLP0             ;状态
```

10.2.2 实验二 T0 外部事件计数和定时方式实验

一、实验目的

掌握 T0、T1 外部事件计数方式和定时器方式的区别,以及相应程序设计方法。

二、实验内容

（1）验证并说明下面给出的程序功能，画出其程序框图。
（2）修改程序，使T0改为定时器方式，观察程序运行的结果有什么变化，并解释其现象。

三、调试方法

（1）全速运行程序，反复按KT0，观察显示器的变化；
（2）若按KT0对显示器无影响，改用全速断点运行方式，分析现场，排除程序错误。

四、思考题

外部事件计数和定时器方式根本不同是什么？各有什么用途？

五、实验程序

```
            ORG     8000H
STRT:       MOV     TMOD, #25H      ;T0 初始化为外部事件计数方式
            MOV     TL0, #0
            MOV     TH0, #0
            SETB    TR0
            MOV     3EH, #0         ;显示缓冲器 3DH, 3EH 写入 0
            MOV     3DH, #0         ;高 2 位显示器总显示 0
LP0:        MOV     A, TL0          ;读 T0 当前计数值→显示缓冲器
            MOV     B, A            ;39H~3CH 单元, 读 TL0 值→A、B
            ANL     A, #0FH         ;取(A)低 4 位→39H
            MOV     39H, A
            MOV     A, B            ;TL0 值→A
            ANL     A, #0F0H        ;取 A 的高 4 位→3AH
            SWAP    A
            MOV     3AH, A
            MOV     A, TH0          ;读 T0 的高 8 位值 A
            MOV     B, A            ;(A)→B 保护
            ANL     A, #0FH         ;取 A 的低 4 位→3BH
            MOV     3BH, A
            MOV     A, B            ;B→A(T0 的高 8 位值)
            ANL     A, #0F0H        ;取 A 的高 4 位→3CH
            SWAP    A
            MOV     3CH, A
            LCALL   0026H           ;调用显示子程序显示计数值
            LJMP    LP0             ;转 LP0 循环读 T0 值
```

10.2.3 实验三 定时器 T0 方式 1 中断应用——定时发光发声实验

一、实验目的

掌握用定时器产生定时中断实现定时操作的方法,以及指示灯、蜂鸣器等驱动程序设计方法。

二、实验内容

(1) 验证并说明下面给出的程序功能,画出其程序框图。
(2) 修改程序,不用定时器中断,用程序延时方法,定时对 P1.0～P1.3 和 P3.3 操作,实现原来程序的功能。

三、调试方法

(1) 连续运行程序,观察指示灯和蜂鸣器状态是否定时变化。
(2) 若有问题,改用全速断点方式,判断是否响应 T0 中断以及中断处理是否有误,修改程序直至正确为止。

四、思考题

(1) 如何确定 T0 的定时时间？如何实现大于 T0 定时时间的定时操作？
(2) 采用 T0 定时中断实现定时操作优点是什么？

五、实验程序

```
          ORG     8000H
STRT:     LJMP    MAIN            ;跳转到主程序 MAIN
          ORG     800BH           ;T0 中断程序入口
PTF0:     MOV     TH0, #03CH      ;恢复 T0 初值,3CB0H = 15536
          MOV     TL0, #0B0H      ;50ms 定时
          DJNZ    30H, PT01
          MOV     30H, #28H       ;蜂鸣器响 2 秒停 2 秒(40 次中断)
          CPL     P3.3            ;蜂鸣器状态取反
PT01:     DJNZ    31H, PT0R
          MOV     31H, #14H       ;LED 亮 1 秒,暗 1 秒(20 次中断)
          MOV     A, P1           ;指示灯 L0～L3 状态取反
          CPL     A
          ORL     A, #0F0H
          MOV     P1, A
PT0R:     RETI
MAIN:     MOV     SP, #6FH        ;堆栈初始化
```

```
        MOV    30H,#28H      ;工作单元和P1口初始化
        MOV    31H,#14H
        MOV    P1,#0F0H
        MOV    TMOD,#21H     ;T0 初始化为产生 50ms 定时中断
        MOV    TH0,#3CH
        MOV    TL0,#0B0H
        SETB   TR0
        MOV    IE,#82H
HERE:   LJMP   HERE          ;主程序无事处理踏步,实际应用中处理日
                              常事务
```

10.2.4 实验四 0809 A/D 实验

一、实验目的

掌握对 0809 的编程方法。

二、实验内容

(1) 验证并说明下面给出的实验程序功能,画出程序框图。
(2) 修改程序,使其仅对通道 7 采样,并将 A/D 结果转换为十进制数显示在显示器上。

三、调试方法

(1) 连续运行,观察显示的通道号地址和 A/D 采样结果是否周期性变化;调节 EBA 上电位器,观察显示数据是否随之变化。
(2) 如有问题,改为断点方式分段调试程序。分析现场信息排除错误。

四、思考题

(1) 指出 0809 的通道地址,在程序中哪些指令去掉后不影响功能?
(2) 如何定时驱动和读出 A/D 结果?

五、实验程序

```
        ORG    8000H
STRT:   MOV    39H,#1AH       ;暗码写入显示缓冲器
        MOV    3AH,#1AH       ;39H~3EH
        MOV    3BH,#1AH
        MOV    3CH,#1AH
        MOV    3DH,#1AH
        MOV    3EH,#1AH
LOP:    MOV    DPTR,#0B8FFH   ;0809 通道 0 地址写入 DPTR
```

LP0:	MOVX	@DPTR, A	;启动0809AD转换器
	PUSH	DPH	;0809通道地址进栈保护
	PUSH	DPL	
	MOV	50H, #080H	;128次调用显示子程序
LP1:	LCALL	0026H	;作为延时
	DJNZ	50H, LP1	
	POP	DPL	;0809通道地址从栈中取出
	POP	DPH	
	MOV	A, DPH	;0809通道地址→3DH、3EH
	ANL	A, #0FH	
	MOV	3DH, A	
	MOV	A, DPH	
	ANL	A, #0F0H	
	SWAP	A	
	MOV	3EH, A	
	MOVX	A, @DPTR	;读出A/D结果→39H、3AH
	MOV	B, A	
	ANL	A, #0FH	
	MOV	39H, A	
	MOV	A, B	
	ANL	A, 0F0H	
	SWAP	A	
	MOV	3AH, A	
	INC	DPH	
	MOV	A, DPH	
	CJNE	A, #0C0H, LP0	;判是否已启动了0809的七通道
	LJMP	LOP	;回复到启动采样0809的通道0

10.2.5 实验五 T0方式2应用——软件产生PWM信号控制电机转速实验

一、实验目的

了解用软件产生PWM信号的方法,掌握电机转速控制的一种方式。

二、直流电机转速控制原理

EBA实验板中的直流小电机最大驱动电压为6V,最大转速为2400/分,电机转速与两端的平均电压成正比。由图9-5 EBA电原理图可见,P3.5输出低电平时,PNP三极管P0、P1导通,电机两端电压接近5V;P3.5输出高电平时,三极管截止,电机两端电压为0。若

P3.5 输出不同占空比的脉冲(称之为脉冲宽度调制信号 PWM),则电机两端的平均电压随之变化,导致电机转速的变化。图 10-5 给出了 P3.5 输出占空比为 $\frac{1}{2}$ 和 $\frac{1}{5}$ 时电机两端的平均电压波形。

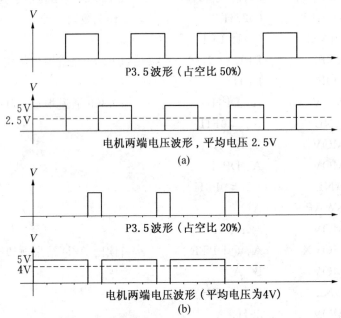

图 10-5　电机两端电压波形

三、实验内容

验证并说明下面实验程序的功能,并画出程序框图。

四、调试方法

(1) 用位读出/修改命令,分别将 0 和 1 写入 P3.5,观察电机的状态。
(2) 连续运行程序,拨动开关 K3~K0,观察电机转速的变化。
(3) 如果电机不转或不变化,则改用断点运行方式调试程序。

五、思考题

(1) 指出程序中常数表 LTAB 和 HTAB 用途以及和开关状态的关系。
(2) T0 中断程序中没有现场的保护和恢复,只适用于本实验特殊情况,为什么?如何加上现场保护和恢复的程序?

六、实验程序

```
LOW         BIT     0
            ORG     8000H
STRT:       LJMP    MAIN
```

	ORG	800BH	
PTF0:	JB	LOW, PLOW	; LOW = 1 转 PLOW
PHI:	DJNZ	31H, PT0R	;中断次数计数器减1不为零转返回
PHI0:	CLR	P3.5	
	SETB	LOW	;0→P3.5, 1→LOW
	MOV	A, P1	;读开关状态
	SWAP	A	
	ANL	A, ♯0FH	
	MOV	DPTR, ♯LTAB	;根据开关状态
	MOVC	A, @A+DPTR	;查 LTAB 表得到维持
	MOV	31H, A	;低电平中断次数→31H
	LJMP	PT0R	
PLOW:	DJNZ	31H, PT0R	;中断次数计数器减1不为零返回
PLO0:	SETB	P3.5	;1→P3.5, 0→LOW
	CLR	LOW	
	MOV	A, P1	;读开关状态
	SWAP	A	
	ANL	A, ♯0FH	
	MOV	DPTR, ♯HTAB	;根据开关状态查表 HTAB
	MOVC	A, @A+DPTR	;得到维持高电平中断次数
	MOV	31H, A	;→31H
PT0R:	RETI		
LTAB:	DB	10H, 0FH, 0EH, 0DH, 0CH, 0BH, 0AH	
	DB	9, 8, 7, 6, 5, 4, 3, 2, 1, 0	
HTAB:	DB	1, 2, 3, 4, 5, 6, 7, 8, 9	
	DB	0AH, 0BH, 0CH, 0DH, 0EH, 0FH, 10H	
	DB	0	
MAIN:	MOV	SP, ♯6FH	;主程序,栈指针初始化
	SETB	LOW	;1→LOW
	MOV	A, P1	;读开关状态
	SWAP	A	
	ANL	A, ♯0FH	
	MOV	DPTR, ♯LTAB	;根据开关状态查表
	MOVC	A, @A+DPTR	;LTAB 得到维持低
	MOV	31H, A	;电平中断次数→31H
	MOV	TMOD, ♯22H	;T0 初始化为产生 250μs
	MOV	TL0, ♯6	;定时中断
	MOV	TH0, ♯6	

```
          SETB    TR0
          MOV     IE,#82H
          CLR     P3.5              ;0→P3.5(LOW=1)
HERE:     LJMP    HERE              ;主程序无事处理踏步
```

*10.2.6 实验六 EBA板系统综合实验

一、实验目的

掌握简单的单片机应用系统软件设计方法。

二、功能要求

(1) 按一下KINT0,蜂鸣器发一声嘟；
(2) L0~L3实时地随K0~K3变化；
(3) 电机转速随K0~K3变化而变化。

三、设计思想和程序框图

1. 程序结构和功能分配

实验由主程序、外部中断程序和T0中断程序组成。
● 主程序功能:系统初始化,定时读开关状态输出至指示灯显示,处理外部中断程序的发声请求；
● T0中断程序功能:根据K0~K3状态控制电机转速；
● 外部中断0程序功能:置位请求主程序发声的标志。

2. 标志和工作单元
● KST:主程序采样到的开关状态缓冲器单元；
● TEMP:P3.5当前状态剩余时间缓冲器(中断次数,以250μs为单位)；
● FS:请求蜂鸣器发声标志(外部中断程序置"1"时有效)；
● FSP:已处理FS的发声请求；
● LOW:P3.5当前状态标志。LOW=1,当前P3.5输出0；LOW=0,P3.5=1。

实验参考程序框图如图10-6所示。

四、实验内容

根据图10-6,设计并调试一个实现上述功能的程序。

五、思考题

(1) 如果键KINT按下时有10ms抖动,向CPU多次请求抖动,程序框图中是如何解决按下一次只响一次的？
(2) 为什么外部中断程序不保护现场,TF0中断程序要保护现场？

第十章 单片机实验

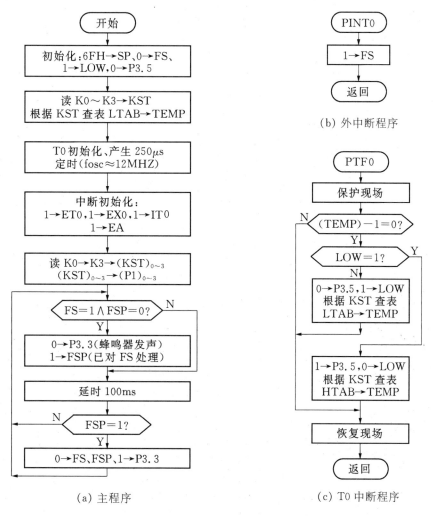

图 10-6 EBA 系统综合实验程序参考框图

*10.3 应 用 实 验

本节使用 EBB 实验板编排的应用实验,要求较高,只给出实验程序的参考框图,要求用汇编语言或 C51 语言编写并调试实验程序,适合于本科生实验课程或大、中专的毕业设计课程。程序调试方法与工具有关,请参阅所用型号仿真器或调试器的用户手册。实验前找出图 9-6(EBB 电原理图)中相关线路,掌握其工作原理,并根据程序框图编写好程序,再上机实验,实验中若用仿真器 EICE51 或其他型号仿真器调试时,首先用读写命令检测硬件。

10.3.1 实验一 串行扩展时序模拟——时钟和静态显示器实验

一、实验目的

掌握用软件模拟串行扩展时序的方法,以及串行接口静态显示器的程序设计和应用。

二、实验程序功能

(1) 时、分、秒实时计数；
(2) 时钟值稳定地显示在显示器上；
(3) 每分钟蜂鸣器响一声。

三、程序结构和功能分配

实验程序由主程序 MAIN 和 T2 中断程序 PTF2 组成。
(1) MAIN 功能：系统初始化，处理 T2 中断的时钟计数请求，控制蜂鸣器发声，显示时钟。
(2) PTF2 功能：1 秒定时到，置标志请求主程序处理。

四、程序设计方法和程序参考框图

1. 符号定义
- CK：定义 74LS164-5～74LS164-0 的时钟线 P1.0 为 CK；
- DATA：定义 74LS164-5 的数据线 P1.2 为 DATA；
- FSP：定义蜂鸣器发声控制线 P1.3 为 FSP；
- SS：定义一个位单元为秒标志 SS；
- SCNT：定义一个单元为秒定时的软件减"1"计数器 SCNT；
- DBUF：定义 6 个 RAM 单元为显示缓冲器单元 DBUF～DBUF+5；
- TBUF：定义 3 个 RAM 单元为时钟缓冲器单元 TBUF～TBUF+2，对应 S(秒)、M(分)、H(时)。
- DSEG：段数据表首地址，其定义和 10-1(三)实验程序相同。

2. 子程序
- SOUT(串行输出)：将(A)串行输出至 74LS164-5，其他 74LS164 依次右移 8 位；
- SDIR(显示器刷新)：将 DBUF～DBUF+5 依次转为段数据调用 SOUT 输出；
- CLOCK(时钟计数)：对 S、M、H 时钟计数，S 向 M 进位时，蜂鸣器发声；
- THMS(时钟送显示缓冲器)：S、M、H 分别拆成 2 位十进制数写入 DBUF～DBUF+5。

3. 参考程序框图
图 10-7 给出了程序参考框图，主程序中包含 4 个子程序。

10.3.2 实验二 定时扫描键盘输入实验

一、实验目的

掌握定时扫描键盘的程序设计方法。

二、实验程序功能

(1) 键按一下蜂鸣器发一声；
(2) 键号显示在显示器低位。

第十章 单片机实验

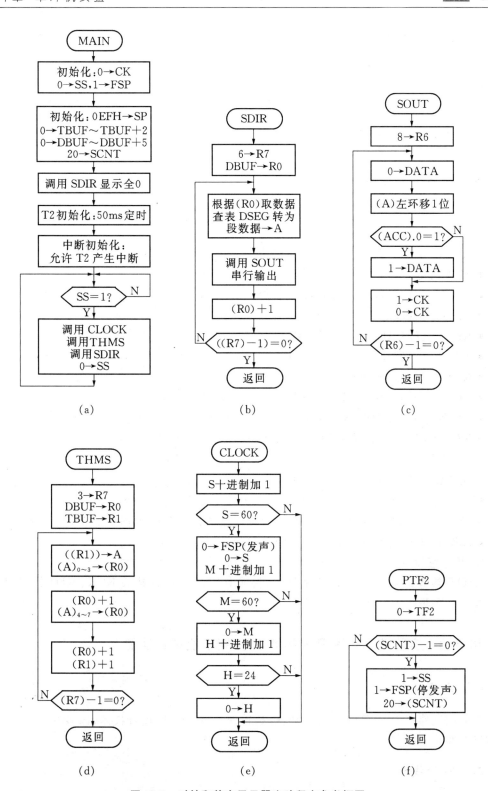

图 10-7 时钟和静态显示器实验程序参考框图

三、程序结构和功能分配

程序由主程序 MAIN 和 T0 中断程序 PTF0 组成。

(1) MAIN 功能：系统初始化，输入键的处理(键号写入显示缓冲器，调用显示子程序显示键号)。

(2) PTF0 功能：判断键盘上有无键闭合，扫描键盘，键号写入缓冲器，置位标志，请求主程序对输入键处理，蜂鸣器发声控制。

四、程序设计方法和程序框图

本实验的程序设计方法可参考例 5.8 和例 5.9。

1. 符号定义

- KBUF:定义 1 个 RAM 单元作为键号缓冲器 KBUF；
- FLAG:定义一个位寻址单元作为键输入标志单元；
- KD:定义(FLAG)·0 为键的去抖动标志；
- KIN:定义(FLAG)·1 为申请键处理标志；
- KP:定义(FLAG)·2 为闭合键已处理的标志；
- KONE:定义键输入线 P1.6 为 KONE；
- KTWO:定义键输入线 P1.7 为 KTWO；
- KCK:定义 74LS164-K 的时钟线 P1.4 为 KCK；
- KDT:定义 74LS164-K 的数据线 P1.5 为 KDT；
- FSP、DBUF、CK、DATA 符号含义和实验 10.3 相同。

2. 子程序

本实验使用上个实验的 SDIR、SOUT 子程序。

- SYS(判键盘状态):键盘有键闭合时 0→CY，无键闭合时 1→CY；
- SKEY(扫描键盘):扫描到闭合键时，键号在 A，0→CY，未扫到闭合键时 1→CY；
- KSOT(串行输出):(A)串行输出至 74LS164-K。

3. 程序框图

KSOT 参考实验 10.3 中 SOUT 框图，将其中 CK、DATA 换成 KCK、KDT 即是，其他程序参考框图见图 10-8。

10.3.3 实验三 转速测量和 A/D 控制电机转速实验

一、实验目的

掌握用软件产生 PWM 信号驱动电机和转速控制的程序设计技术，以及用 T2 捕捉方式测量脉冲频率的方法。

二、实验线路

软件产生 PWM 信号驱动电机的原理和方法和 10.2(五)实验相同，采用电机停电时间

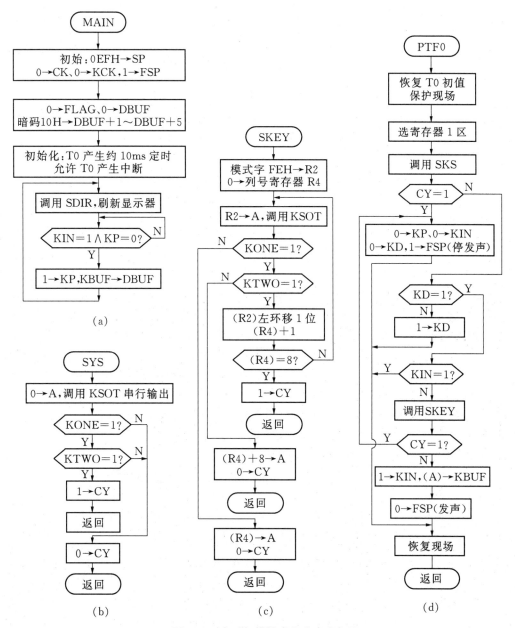

图 10-8　定时扫描键盘程序参考框图

固定(1ms),而加电时间由 A/D 结果平均值除以 8 决定的方法控制电机的转速。EBB 实验板在电机转盘上装上 1 粒磁钢,转盘旁装了霍尔器件 3013,电机每转一周,3013 的 3 脚输出一个脉冲,测出该脉冲周期 T,便可计算出电机每分钟转数 N。设 fosc = 12MHz,电机每分钟转数 N 控制在 1200~240 转之间,则旋转脉冲的周期 T 的变化范围在 50000~250000 个机器周期之间。采用 T2 的捕捉方式,用一个 RAM 单元对 T2 溢出计数。为了测出完整的脉冲周期,首次捕捉到脉冲的下跳变作为测量的开始,并将捕捉值 t1 写入缓冲器,第二次捕捉到脉冲下跳变时将捕捉值 t2 写入缓冲器。若在两次捕捉之间 T2 的溢出次数为 n,则脉

冲周期 $T = [n * 2^{16} + t2 - t1] * 10^{-6}$ 秒。每分钟转数 $N = 60 * 10^6 / [n * 2^{16} + t2 - t1]$。

三、实验程序功能

(1) 1 秒钟 8 次启动 0809 的 0 通道 A/D 转换,取 A/D 平均值显示在显示器高 2 位(十六进制),并控制电机转速,调节 EBB 上电位器使 A/D 越大转速越快。

(2) 1 秒钟测量一次电机转速并实时显示在显示器低 4 位(十进制形式)。

四、程序结构和功能分配

实验程序由主程序 MAIN、T1 中断程序 PTF1、T2 中断程序 PTF2 组成。

(1) MAIN 功能:系统初始化,启动 A/D,读 A/D 结果,计算平均值和 PWM 参数,控制 T2 捕捉是否允许,计算转速,调用 SDIR 显示 A/D 值和转速。

(2) PTF1 功能:1 秒定时,产生 PWM 信号驱动电机。

(3) PTF2 功能:对 T2 溢出计数,读取捕捉值。

五、程序设计方法和程序参考框图

1. 符号定义
- LOW:定义 1 个位单元作为 P3.5 状态标志 LOW;
- HBUF:定义 1 个 RAM 单元作为 P3.5 输出高电平时间参数缓冲器 HBUF;
- LBUF:定义 1 个 RAM 单元作为 P3.5 输出低电平时间参数缓冲器 LBUF;
- TEMP:定义 1 个 RAM 单元作为 P3.5 当前状态时间计数单元 TEMP;
- SCNT:定义 2 个 RAM 单元作为 1 秒定时的减 1 计数器 SCNT;
- SS:定义 1 个位单元作为秒标志 SS;
- BUF1:定义 2 个 RAM 单元作为 T2 首次捕捉值 t_1 缓冲器 BUF1;
- BUF2:定义 2 个 RAM 单元作为 T2 第 2 次捕捉值 t_2 缓冲器 BUF2;
- TF2CNT:定义 1 个 RAM 单元作为 T2 溢次次数计数器 TF2CNT;
- ECAP:定义 1 个位单元作为允许 T2 捕捉测量标志 ECAP;
- BGN:定义 1 个位单元作为 T2 捕捉开始标志 BGN;
- FCAP:定义 1 个位单元作为 T2 一次测量结束标志;
- ADTP:定义 2 个 RAM 单元作为 A/D 结果累加器 ADTP;
- ADCNT:定义 1 个 RAM 单元作为启动 A/D 次数缓冲器 ADCNT;
- CK、DATA、DBUF 的定义和 10.3.1 实验相同。

2. 子程序
- SUB1:计算 A/D 平均值、计算 PWM 时间参数;
- SUB2:转速计算程序;
- 使用 10.3.1 实验中的 SDIR、SOUT 子程序。

3. 程序参考框图

SUB1、SUB2 计算子程序参考 6.1 节定点数运算程序编写或用 C51 语言编写。图 10-9 给出主程序和中断程序的框图。

第十章 单片机实验

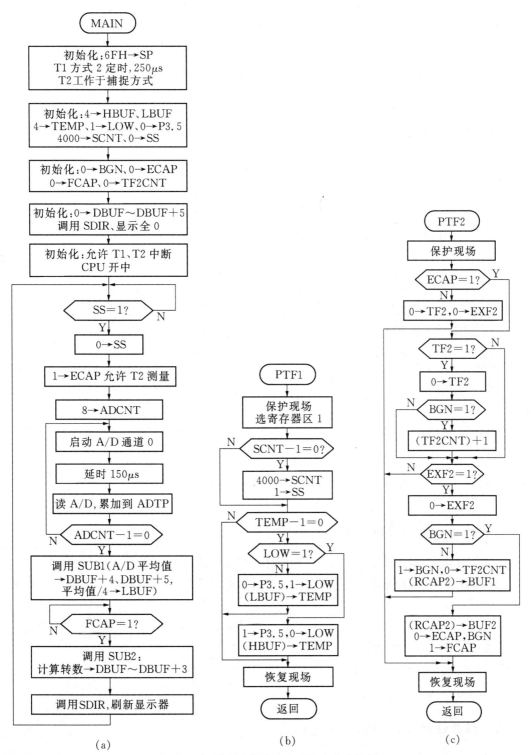

图 10-9 A/D 控制电机转速实验程序参考框图

10.3.4 实验四 显示时间的复杂路口交通灯控制实验

一、实验目的

掌握多状态转换的一种程序设计方法。

二、实验程序功能

(1) 实现表 10-1 所示十字路口交通灯 8 种状态的切换；
(2) 实时显示每种状态的剩余时间。

表 10-1 交通灯状态表

交通灯状态	74HC377-1 A 交通灯								74HC377-2 B 道交通灯								A 道状态字 74LS164-1	B 道状态字 74LS164-2	时间(秒)
	L7	L6	L5	L4	L3	L2	L1	L0	L15	L14	L13	L12	L11	L10	L9	L8			
状态	人行红	人行绿	大转红	大转黄	大转绿	直行红	直行黄	直行绿	人行红	人行绿	大转红	大转黄	大转绿	直行红	直行黄	直行绿			
A 道车直行	1	0	0	1	1	1	1	0	0	1	0	1	1	0	1	1	9E	5B	240
切换准备	0	1	0	1	1	1	0	1	0	1	0	1	1	0	1	1	5D	5B	5
A 道车大转	0	1	1	1	0	0	1	1	0	1	0	1	1	0	1	1	73	5B	120
切换准备	0	1	1	0	1	0	1	1	0	1	0	1	1	0	1	1	6B	5B	5
B 道车直行	0	1	0	1	1	0	1	1	1	0	0	1	1	1	1	0	5B	9E	200
切换准备	0	1	0	1	1	0	1	1	0	1	0	1	1	1	0	1	5B	5D	5
B 道车大转	0	1	0	1	1	0	1	1	0	1	1	1	0	0	1	1	5B	73	120
切换准备	0	1	0	1	1	0	1	1	0	1	0	1	0	1	1	1	5B	6B	5

注：灯亮为 0，灯暗为 1。

三、程序结构和功能分配

实验程序由主程序 MAIN 和 T1 中断程序 PTF1 组成。
(1) MAIN 功能：初始化，按下面的次序循环切换交通灯，显示每一个状态的剩余时间。

(2) PTF1：1 秒定时。

四、程序设计方法和程序参考框图

1. 符号定义

● SCNT：定义 2 个 RAM 单元作为 1 秒定时的减 1 计数器 SCNT；

- SS:定义1个位作为秒标志SS;
- TEMP:定义1个RAM单元作为当前状态剩余时间单元TEMP;
- STN:定义1个RAM单元作为当前状态数寄存器STN;
- 使用10.3.1实验中定义的符号,并定义STTB状态字、时间常数表:

STTB:DB　9EH,5BH,0F0H,5DH,5BH,5,73H,5BH,78H,6BH,5BH,5
　　 DB　5BH,9EH,0C8H,5BH,5DH,5,5BH,73H,78H,5BH,6BH,5

2. 子程序
- SUB3:查STTB表的状态字1、状态字2、时间,分别写入377-1,377-2,TEMP;
- 使用10.3.1实验中子程序SDIR、SOUT。

3. 程序参考框图

图10-10给出了本实验程序框图。

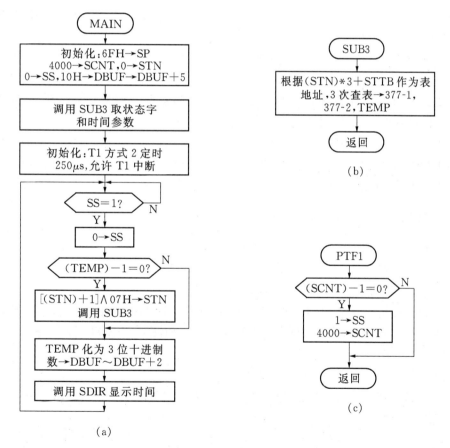

图10-10　交通灯实验程序框图

五、思考题

观察路口交通灯、修正表10-1、STTB中参数。若一个五岔路口有24个交通灯,16个状态,硬件和程序需作什么改动。

10.3.5 实验五 EBB板系统综合实验

一、实验目的

掌握单片机应用系统软件的设计和调试方法。

二、实验程序功能

(1) A/D 结果实时控制电机转速，A/D 值和电机转速显示在显示器上；

(2) 根据输入键实时控制指示灯的显示方式，键盘上有键闭合时蜂鸣器发声。

三、程序结构和功能分配

实验程序由主程序 MAIN、T0 中断程序 PTF0、T1 中断程序 PTF1、T2 中断程序 PTF2、外部中断程序 PINT1 组成。

(1) MAIN 功能：系统初始化、实时刷新显示器、计算 A/D 值、电机转速和 PWM 信号参数值、键输入处理等。

(2) PTF0 功能：判键盘状态、去除键抖动、扫描键盘、闭合键键号写入缓冲器，置位标志，请求主程序处理、控制蜂鸣器发声；

(3) PTF1 功能：1 秒定时、产生 PWM 信号驱动电机；

(4) PTF2 功能：对 T2 溢出计数、读取旋转脉冲捕捉值、置标志请求主程序处理；

(5) PINT1 功能：读 A/D 结果、启动下一次 A/D 转换，8 次后置标志请求主程序处理。

四、程序设计方法

1. 使用 10.3.1、10.3.2 和 10.3.3 实验中相关的中断程序、子程序和符号

由上述可见，PTF0、PTF1、PTF2 的功能分别和 10.3.2 和 10.3.3 实验程序功能相同，因此使用相关中断程序和子程序设计方法：

● 实验 10.3.1：子程序 SDIR、SOUT 和符号 CK、DATA、FSP、DBUF、DSEG

● 实验 10.3.2：中断程序 PTF0，子程序 SYS、SKEY、KSOT，符号：KDT、KCK、KIN、KD、KP、KBUF、FLAG；

● 实验 10.3.3：中断程序 PTF1、PTF2，符号：
SS、SCNT、BUF1、BUF2、TF2CNT、LOW、LBUF、HBUF、ADCNT、ADTP、TEMP、ECAP、FCAP、BGN 等。

2. 新的符号定义

● FAD：定义 1 个位单元作为采样到一组 A/D 结果标志；

● NAD：定义 1 个位作为计算得到新的 A/D 平均值标志 NAD，用于可显示判定；

● EAD：定义一个位作为允许 $\overline{INT0}$ 中断读 A/D 和启动下一次 A/D 转换；

● NCAP：定义 1 个位作为计算到新的转速值标志，用于可显示判定；

● LTMP：定义 2 个 RAM 单元作为 377-1、377-2 状态缓冲器。

第十章 单片机实验

3. 程序参考框图
- SDIR、SOUT、KSOT 程序框图见图 10-7；
- PTF0、SKEY、SYS 程序框图见图 10-8；
- PTF1、PTF2 程序框图见图 10-9。

图 10-11 给出了 MAIN、PINT1 程序框图。

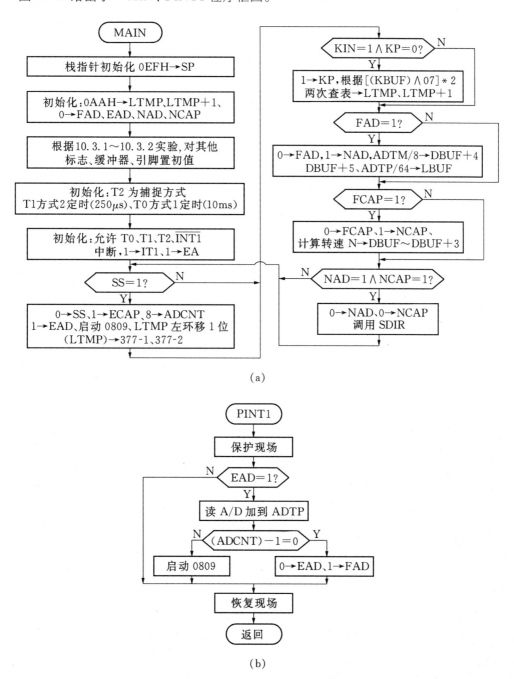

(a)

(b)

图 10-11 EBB 板系统综合实验程序参考框图

10.3.6 参考实验

根据实验课程或毕业设计需求,可以编排下列参考实验:

(1) 系统通信实验:根据主机命令对 EBB 设备操作,结果回送给主机;

(2) 八层楼电梯控制器模拟实验:键盘作为各层向上、向下请求,指示灯作为各层请求标志,显示器显示当前所在层次和运行方向。

(3) 洗衣机模拟实验:显示器显示时间、键盘用作洗衣程式设定、指示灯指示程式和状态,A/D 作为水、衣物重量采样。

以上实验要求学生在观察相应产品工作规律基础上自己设计。

附　录

附录1　C语言运算符优先级和结合性

优先级	运算符	含义	运算对象个数	结合方向
1	( )	圆括号		自左至右
	[ ]	下标运算符		
	→	指向结构体成员运算符		
	.	结构体成员运算符		
2	!	逻辑非运算符	1(单目运算符)	自右至左
	~	按位取反运算符		
	++	自增运算符		
	--	自减运算符		
	-	负号运算符		
	(类型)	类型转换运算符		
	*	指针运算符		
	&	取地址运算符		
	sizeof	长度运算符		
3	*	乘法运算符	2(双目运算符)	自左至右
	/	除法运算符		
	%	求余运算符		
4	+	加法运算符	2(双目运算符)	自左至右
	-	减法运算符		
5	<<	左移运算符	2(双目运算符)	自左至右
	>>	右移运算符		
6	< <= > >=	关系运算符	2(双目运算符)	自左至右
7	==	等于运算符	2(双目运算符)	自左至右
	!=	不等于运算符		
8	&	按位与运算符	2(双目运算符)	自左至右

(续表)

优先级	运算符	含义	运算对象个数	结合方向
9	^	按位异或运算符	2(双目运算符)	自左至右
10	|	按位或运算符	2(双目运算符)	自左至右
11	&&	逻辑与运算符	2(双目运算符)	自左至右
12	||	逻辑或运算符	2(双目运算符)	自左至右
13	?:	条件运算符	3(三目运算符)	自右至左
14	= += -= *= /= %= >>= <<= &= ^= |=	赋值运算符	2(双目运算符)	自右至左
15	,	逗号运算符(顺序求值)		自左至右

附录2 EICE51 实验示范程序存贮地址

- 定时器定时实验(10-1(一)):6620H~66FFH
- 电子钟实验(10-1(二)):64B0H~66FFH
- 键盘实验(10-1(四)):6990H~69BFH
- 串行口通信实验(10-(五)):6B50H~6BFFH
- P1 口应用实验(10-2(一)):7580H~75FFH
- T0 外部事件计数实验(10-2(二)):7800H~7834H
- 发光发声实验(10-2(三)):6B00H~6B41H
- PWM 信号控制电机实验(10-2(五)):7500H~757BH
- EBA 板系统综合实验(10-2(六)):69C0H~6C4BH

参 考 文 献

[1] 涂时亮等:单片微机控制技术,复旦大学出版社,1994年11月
[2] 夏宽理等:程序设计,复旦大学出版社,2000年7月
[3] 谭浩强:C程序设计(第二版),清华大学出版社,1999年12月
[4] 尹勇等:μVision2单片机应用程序开发指南,科学出版社,2005年2月
[5] AT89C52 datasheet,可在中国电子资源网/集成电路资料下载

图书在版编目(CIP)数据

单片微型机原理、应用与实验/张友德,赵志英,涂时亮编著.—第五版.
—上海:复旦大学出版社,2006.10(2017.8 重印)
ISBN 978-7-309-05149-0

Ⅰ.单… Ⅱ.①张…②赵…③涂… Ⅲ.单片微型计算机 Ⅳ.TP368.1

中国版本图书馆 CIP 数据核字(2006)第 100780 号

单片微型机原理、应用与实验(第五版)
张友德　赵志英　涂时亮　编著
责任编辑/梁　玲

复旦大学出版社有限公司出版发行
上海市国权路 579 号　邮编:200433
网址:fupnet@fudanpress.com　http://www.fudanpress.com
门市零售:86-21-65642857　团体订购:86-21-65118853
外埠邮购:86-21-65109143　出版部电话:86-21-65642845
上海华业装潢印刷厂有限公司

开本 787×1092　1/16　印张 22.25　字数 539 千
2017 年 8 月第 5 版第 10 次印刷
印数 45 501—47 100

ISBN 978-7-309-05149-0/T·306
定价:36.00 元

如有印装质量问题,请向复旦大学出版社有限公司出版部调换。
版权所有　侵权必究